高等院校电类专业应用型规划教材——微电子技术专业

Xilinx FPGA应用开发

（第2版）

贺敬凯 编著

清华大学出版社
北京

内容简介

本书通过FPGA应用开发中的27个典型的实战项目及各个实战项目涉及的知识点来详细介绍FPGA应用开发技术。主要内容包括FPGA应用开发硬件平台、ISE集成开发环境、Vivado集成开发环境、Verilog HDL硬件描述语言、组合逻辑电路设计、时序逻辑电路设计、FPGA与外设接口的应用设计、一款CPU的设计。

本书以实战项目为主线编排教学内容；配有电子教学课件、源代码和习题集，方便开展实践教学，可作为高等院校应用型本科、专科电子类专业EDA技术和FPGA应用开发等课程的教材。

图书在版编目(CIP)数据

Xilinx FPGA应用开发/贺敬凯编著. —2版. —北京：清华大学出版社，2017(2024.1重印)
(高等院校电类专业应用型规划教材. 微电子技术专业)
ISBN 978-7-302-47759-4

Ⅰ. ①X… Ⅱ. ①贺… Ⅲ. ①可编程序逻辑器件—系统设计—高等学校—教材
Ⅳ. ①TP332.1

中国版本图书馆CIP数据核字(2017)第166901号

责任编辑：刘翰鹏
封面设计：常雪影
责任校对：袁 芳
责任印制：宋 林

出版发行：清华大学出版社
网　　址：https://www.tup.com.cn，https://www.wqxuetang.com
地　　址：北京清华大学学研大厦A座　　**邮　　编**：100084
社 总 机：010-83470000　　**邮　　购**：010-62786544
投稿与读者服务：010-62776969，c-service@tup.tsinghua.edu.cn
质量反馈：010-62772015，zhiliang@tup.tsinghua.edu.cn
课件下载：https://www.tup.com.cn，010-83470236
印 装 者：涿州市般润文化传播有限公司
经　　销：全国新华书店
开　　本：185mm×260mm　　**印　　张**：15.5　　**字　　数**：343千字
版　　次：2015年2月第1版　2017年10月第2版　　**印　　次**：2024年1月第7次印刷
定　　价：45.00元

产品编号：075482-02

PREFACE 前言

FPGA应用开发是电子类专业以及相关专业的技术主干课。目前，有关FPGA应用开发方面的教材大多与开发实用的应用系统有差距。基于这一点，编著者结合Basys2开发板和Basys3开发板，对以前编写的《Xilinx FPGA应用开发》(清华大学出版社，2015年)一书进行整理、改版，增减了相关案例，使其更加有代表性、先进性和实用性。

本书的编写基于一套开发环境：Basys2开发板和Basys3开发板、ISE集成开发环境和Vivado集成开发环境。

编著者长期从事硬件描述语言、数字系统设计以及FPGA应用开发等课程的教学工作。在教学过程中，不断地充实和完善讲义，提炼了27个典型的实战项目。

本书共分4个部分，以27个实战项目为主线，按照知识递进、难度递进的原则，根据实战项目的知识点来组织内容。

第1部分以4个实战项目为主线，介绍FPGA应用开发基础知识，包含第1章和第2章，涉及的知识点包括本书采用的硬件平台、ISE集成开发环境、Vivado集成开发环境以及Verilog HDL硬件描述语言。

第2部分以10个实战项目为主线，介绍FPGA在简单数字电路设计中的应用，包括第3章和第4章，涉及的知识点包括基本门电路、比较器、数据选择器、编码器、译码器、ALU、D触发器、寄存器、计数器、分频器以及秒表计数器等电路。

第3部分以12个实战项目为主线，介绍FPGA与外设接口的应用设计，包括第5章和第6章，涉及的知识点包括拨码开关、LED灯、按键、数码管、液晶和VGA。

第4部分以1个实战项目为主线，介绍一款CPU的设计，包括第7章，涉及的知识点有处理器设计的核心元素，包括指令集、数据路径、控制器，以及处理器的验证技术(包括仿真验证和FPGA验证)。

书中的内容全部符合IEEE 1364—2001标准。

本书的特色是：①以实战项目为主线编排教学内容；②实战项目大多来源于实践，方便开展实践教学；③实战项目设计遵从自顶向下的理念，便于读者理解和掌握；④实战项目大多配套了项目描述视频，可直观感受目标效果，扫描实战项目处的二维码文件即可观看。

根据教学计划,本书对56～108学时的课程都是适用的,建议授课28学时左右,其余时间作为实践教学环节。书中章节的次序和内容可依各专业要求酌情调整。

本书主要面向高等院校应用型本科、专科电子类专业EDA技术和FPGA应用开发等课程,推荐作为授课教材或主要参考书。

本书的出版得到了广东省高等教育品牌专业建设项目(2016gzpp126)、广东省教育教学成果奖培育项目(JXCG201518)、全国高等院校电子信息类课程教学资源建设项目(GXH2015-22)、校级精品资源共享课程建设项目(10600-15-010201-0245)和校级教材建设项目“FPGA应用开发”的资助。

本书由贺敬凯编著,陈庶平参加了部分章节的排版与校对工作。本书在编写过程中引用了许多学者的著作和论文中的研究成果,也得到了依元素科技公司、Digilent公司的帮助,在此一并表示感谢!

由于编著者水平有限,书中不足之处在所难免,请广大读者批评、指正,并且可与编著者联系,QQ:2372775147。

本书提供PPT课件和源代码,有需要的读者可向出版社索取。

编著者

2017年6月

CONTENTS 目录

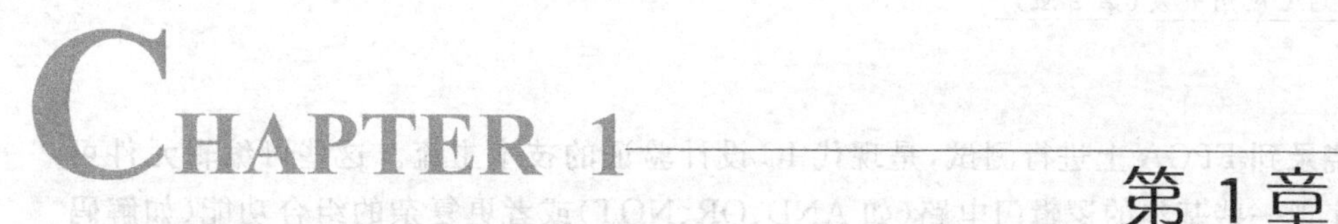

第1章 硬件平台及集成开发环境

本章首先介绍FPGA工作原理和Xilinx FPGA芯片，然后介绍本书所用的硬件平台，重点介绍硬件平台的硬件接口：按键、拨码开关、LED灯、数码管、VGA等，最后介绍ISE和Vivado集成开发环境，以及基于ISE和Vivado的数字设计流程。

学习本章，主要目标有2个：①通过FPGA软件开发流程，为后续应用项目的开发设计打下坚实的基础；②通过学习硬件平台的原理图，为后续项目的开发设计提供参考依据。

实战项目1　键控LED灯亮灭

【项目描述】 通过一个拨码开关控制一个LED灯的亮灭。

要求拨码开关的两种状态与LED灯的两种状态一一对应。

【知识点】 本项目需要学习以下知识点。

(1) FPGA的工作原理。

(2) FPGA硬件开发平台以及一些常用接口的电路原理图。

(3) ISE集成开发环境以及基于ISE的数字设计流程，包括设计输入编辑、分析与综合、适配以及编程下载几个步骤。

(4) Vivado集成开发环境以及基于Vivado的数字设计流程，包括设计输入编辑、分析与综合、实现以及编程下载几个步骤。

实战项目1.mp4
(2.33MB)

1.1　FPGA工作原理及芯片

1.1.1　FPGA工作原理

FPGA(Field-Programmable Gate Array)即现场可编程门阵列，它是在PAL、GAL、CPLD等可编程器件的基础上进一步发展的产物。它是作为专用集成电路(ASIC)领域中的一种半定制电路出现的，既解决了定制电路的不足，又克服了原有可编程器件门电路数量有限的缺点。

以硬件描述语言(Verilog或VHDL)完成的电路设计，可以经过简单地综合与布局，快速地烧录到 FPGA 上进行测试,是现代 IC 设计验证的技术主流。这些可编辑元件可以用来实现一些基本的逻辑门电路(如 AND、OR、NOT)或者更复杂的组合功能(如解码器或数学方程式)。在大多数 FPGA 里面,这些可编辑的元件里还包含记忆元件(如触发器、存储块)。

系统设计师可以根据需要,通过可编辑的连接把 FPGA 内部的逻辑块连接起来,就好像一块电路试验板被放在一个芯片里。一个出厂后的成品 FPGA 的逻辑块和连接可以按照设计者的意愿而改变,所以 FPGA 可以完成所需要的逻辑功能。

FPGA 是由存放在片内 RAM 中的程序来设置其工作状态的,因此,工作时需要对片内 RAM 编程。用户可以根据不同的配置模式,采用不同的编程方式。加电时,FPGA 芯片将 PC 或 EPROM 中的数据读入片内编程 RAM;配置完成后,FPGA 进入工作状态。掉电后,FPGA 恢复成白片,内部逻辑关系消失。因此,FPGA 能够反复使用。对于同一片 FPGA,针对不同的编程数据,可以产生不同的电路功能。因此,FPGA 的使用非常灵活。

FPGA 内部有丰富的触发器和 I/O 引脚,可以使用 FPGA 做其他全定制或半定制 ASIC 电路的中试样片,也可以采用 FPGA 设计 ASIC 电路(专用集成电路),用户不需要投片生产,就能得到合用的芯片。一般来说,FPGA 比 ASIC 的速度要慢,实现同样的功能比 ASIC 电路面积要大,但是它们有很多优点,比如可以快速成品,可以被修改来改正程序中的错误和获得更便宜的造价。

FPGA 的开发相对于传统 PC、单片机的开发有很大不同。FPGA 以并行运算为主,以硬件描述语言来实现;而 PC 或单片机(无论是冯·诺依曼结构,还是哈佛结构)以顺序操作为主。FPGA 开发和单片机开发的步骤相似,都涉及顶层设计、模块分层、逻辑实现、软硬件调试等几个方面。

由于 FPGA 需要被反复烧写,它实现组合逻辑的基本结构不可能像 ASIC 那样通过固定的与非门来完成,只能采用一种易于反复配置的结构。查找表可以很好地满足这一要求。目前的主流 FPGA 都采用基于 SRAM 工艺的查找表结构,也有一些军品和宇航级 FPGA 采用 Flash 或者熔丝与反熔丝工艺的查找表结构。通过烧写文件改变查找表内容的方法,可实现对 FPGA 的重复配置。

由数字电路的基本知识可知,对于一个 n 输入的逻辑运算,不管是与或非运算,还是异或运算,最多只可能有 2^n 种结果。所以,如果事先将相应的结果存放在一个存储单元中,就相当于实现了与非门电路的功能。FPGA 的原理也是如此,它通过烧写文件去配置查找表的内容,从而在相同的电路情况下实现了不同的逻辑功能。

查找表(Look Up Table)简称 LUT,其本质就是一个 RAM。目前 FPGA 中多使用 4 输入 LUT,所以每一个 LUT 可以看成一个有 4 位地址线的 RAM。当用户通过原理图或 HDL 语言描述了一个逻辑电路以后,FPGA 开发软件会自动计算逻辑电路的所有可能结果,并把真值表(即结果)事先写入 RAM。这样,每输入一个信号进行逻辑运算,就等于输入一个地址进行查表,找出地址对应的内容,然后输出即可。

下面给出一个 4 与门电路的例子来说明 LUT 实现逻辑功能的原理。

【例 1-1】 使用 LUT 实现 4 输入与门电路的真值表(见表 1-1)。

表 1-1　4 输入与门电路的真值表

实际逻辑电路		LUT 的实现方式	
a、*b*、*c*、*d* 输入	逻辑输出	RAM 地址	RAM 中存储的内容
0000	0	0000	0
0001	0	0001	0
⋮	⋮	⋮	⋮
1111	1	1111	1

从表 1-1 可以看到,LUT 具有和逻辑电路相同的功能。实际上,LUT 具有更快的执行速度和更大的规模。

由于基于 LUT 的 FPGA 具有很高的集成度,其器件密度从数万门到数千万门不等,可以完成极其复杂的时序逻辑与组合逻辑电路功能,所以适用于高速、高密度的高端数字逻辑电路设计领域;其组成部分主要有可编程输入/输出单元、基本可编程逻辑单元、内嵌 RAM、丰富的布线资源、底层嵌入功能单元、内嵌专用单元等;主要设计和生产厂家有 Xilinx、Altera、Lattice、Actel 和 Atmel 等公司,最大的是 Xilinx、Altera 两家。

1.1.2　Xilinx FPGA 芯片

Xilinx 的主流 FPGA 分为两大类:一类侧重低成本应用,容量中等,性能可以满足一般的逻辑设计要求,如 Spartan 系列;另一类侧重于高性能应用,容量大,性能能满足各类高端应用,如 Virtex 系列。用户可以根据实际应用要求进行选择,在性能可以满足的情况下,优先选择低成本器件。

2012 年赛灵思公司(Xilinx)全面推广最新一代的 7 系列 FPGA 芯片,包括 3 个子系列,即 Artix-7、Kintex-7 和 Virtex-7。

本书所用的开发平台 Basys2 采用的 FPGA 是 Spartan3E-100 CP132,属于 Spartan3E 系列。本书所用的另一个开发平台 Basys3 采用的 FPGA 是 XC7A35T-1CPG236C,属于 Artix-7 系列。下面将简单介绍。

(1) Spartan 系列

Spartan 系列适用于普通的工业、商业等领域,目前主流的芯片包括 Spartan-3、Spartan-3A、Spartan-3E 以及 Spartan-6 等种类。其中,Spartan-3 最高可达 500 万门;Spartan-3A 和 Spartan-3E 不仅系统门数更大,还增强了大量的内嵌专用乘法器和专用块 RAM 资源,具备实现复杂数字信号处理和片上可编程系统的能力。

Spartan-3 基于 Virtex-Ⅱ FPGA 架构,采用 90 技术,8 层金属工艺,系统门数超过 500 万,内嵌了硬核乘法器和数字时钟管理模块。从结构上看,Spartan-3 将逻辑、存储器、数学运算、数字处理器、I/O 以及系统管理资源完美地结合在一起,使之有更高层次、更广泛的应用，获得了商业上的成功，占据了较大份额的中低端市场。其主要特性如下所述。

① 采用 90 工艺，密度高达 74880 逻辑单元。

② 最高系统时钟为 340MHz。

③ 具有专用的乘法器。

④ 核电压为 1.2V，端口电压为 3.3V、2.5V、1.2V，支持 24 种 I/O 标准。

⑤ 高达 520Kb 分布式 RAM 和 1872Kb 的块 RAM。

⑥ 具有片上时钟管理模块(DCM)。

⑦ 具有嵌入式 Xtrema DSP 功能，每秒可执行 3300 亿次乘加。

Spartan-3E 具有系统门数从 10 万到 160 万的多款芯片，是在 Spartan-3 成功的基础上的改进产品，提供了比 Spartan-3 更多的 I/O 端口和更低的单位成本，是 Xilinx 公司性价比较高的 FPGA 芯片。由于更好地利用了 90 纳米工艺，在其单位成本上实现了更多的功能和处理带宽，是 Xilinx 公司新的低成本产品代表，是 ASIC 的有效替代品，主要面向消费电子应用，如宽带无线接入、家庭网络接入以及数字电视设备等。其主要特点如下所述。

① 采用 90 纳米工艺。

② 大量用户 I/O 端口，最多可支持 376 个 I/O 端口或者 156 对差分端口。

③ 端口电压为 3.3V、2.5V、1.8V、1.5V、1.2V。

④ 单端端口的传输速率可以达到 622Mb/s，支持 DDR 接口。

⑤ 最多可达 36 个专用乘法器、648 块 RAM、231 块分布式 RAM。

⑥ 宽的时钟频率以及多个专用片上数字时钟管理(DCM)模块。

Spartan-3E 系列 FPGA 的主要技术特征如表 1-2 所示。

表 1-2 Spartan-3E 系列 FPGA 的主要技术特征

型 号	系统门数	SLICE 数目	分布式 RAM 容量/Kb	块 RAM 容量/Kb	专用乘法器数	DCM 数目	最大可用 I/O 数	最大差分 I/O 对数
XC3S100E	100k	960	15	72	4	2	108	40
XC3S250E	250k	2448	38	216	12	4	172	68
XC3S500E	500k	4656	73	360	20	4	232	92
XC3S1200E	1200k	8672	136	504	28	8	304	124
XC3S1600E	1500k	14752	231	648	36	8	376	156

(2) 7 系列 FPGA

7 系列 FPGA 是 Xilinx 开发的新一代产品，包括 Virtex-7、Kintex-7 和 Artix-7。其中，Virtex-7 FPGA 面向高性能应用；Kintex-7 FPGA 面向以性价比衡量的应用，如 ASIC 应用；Artix-7 FPGA 面向大批量、成本敏感型便携式应用。

这 3 个子系列的异同点以及与前一代产品的比较，如表 1-3 所示。

表 1-3 全新 Xilinx FPGA 7 系列子系列比较

比较	Artix-7	Kintex-7	Virtex-7
	业界最低功耗和成本	业界最佳性价比	业界最高系统性能和容量
不同点	与 Spartan-6 系列相比： ➢ 性能提高 30% ➢ 成本降低 35% ➢ 功耗降低 50% ➢ 占用面积缩减 50%	与 Virtex-6 系列相比： ➢ 性能相当 ➢ 成本降低 50% ➢ 功耗降低 50%	与 Virtex-6 系列相比： ➢ 容量扩大 2.5 倍 ➢ 多达 200 万个逻辑单元 ➢ 串行带宽达 1.9Tb/s ➢ 线速高达 28Gb/s
相同点	3 个子系列基于统一的 Virtex 架构设计		

所有 7 系列 FPGA 采用统一的架构，使客户在功能方面收放自如，既能降低成本和功耗，也能提高性能和容量，从而降低低成本和高性能系列产品的开发投资。该架构建立在 Virtex-6 系列架构基础之上，旨在简化当前 Virtex-6 和 Spartan-6 设计方案的重用。用户可以先用 Virtex-6 和 Spartan-6 进行设计，在时机成熟时，将设计方案移植到 7 系列 FPGA，进一步实现节能或提高系统性能和容量。表 1-4 所示是 Xilinx 的 FPGA 系列芯片的性能对比。

表 1-4 Xilinx 的 FPGA 系列芯片的性能对比

特　性	Artix-7	Kintex-7	Virtex-7	Spartan-6	Virtex-6
逻辑单元	352000	480000	2000000	150000	760000
BlockRAM/Mb	19	34	85	4.8	38
DSP Slice	1040	1920	5280	180	2016
DSP 性能(对称 FIR)	1129 GMACS	2450 GMACS	6737 GMACS	140 GMACS	2419 GMACS
收发器数量	16	32	96	5	72
收发器速度/(Gb/s)	6.6	12.5	28.05	3.125	11.18
总收发器带宽(全双工)/(Gb/s)	211	800	2784	50	536
存储器接口(DDR3)/(Mb/s)	1066	1866	1866	800	1066
灵活混合信号(AMS)/XADC	有	有	有	无	有
配置 AES	有	有	有	有	有
最大 I/O 引脚数	600	500	1200	576	1200
I/O 电压/V	1.2、1.35、1.5、1.8、2.5、3.3	1.2、1.35、1.5、1.8、2.5、3.3	1.2、1.35、1.5、1.8、2.5、3.3	1.2、1.5、1.8、2.5、3.3	1.2、1.5、1.8、2.5

1.2 硬件开发平台

硬件开发平台为 Digilent 公司开发的 Basys2 和 Basys3 开发板，其外观如图 1-1 所示。

图 1-1 Basys2 和 Basys3 开发板

Basys2 开发板有以下主要特性。

(1) 10 万门 FPGA 芯片——Spartan3E-100 CP132。

(2) 8 个 LED,4 个七段数码管,4 个按键,8 个拨码开关。

(3) PS/2 接口和 8bit VGA 接口。

(4) 4 个 6 针 PMOD 口,用于扩展外设。

(5) 用户可设置时钟频率(25/50/100MHz),还配置有可外接振荡器的第二时钟接口。

(6) Atmel AT90USB2 全速 USB 2.0 接口,提供开发板电源、FPGA 编程接口和数据传输接口。

(7) Xilinx 闪存 ROM——XCF02S,用于存储 FPGA 的配置文件。

Basys3 开发板有以下主要特性。

(1) Xilinx Artix®-7 FPGA 芯片 XC7A35T-1CPG236C。FPGA 内部含有:

① 33280 个逻辑单元,6 输入 LUT 结构。

② 1800Kb 快速 RAM 块。

③ 5 个时钟管理单元,均各含一个锁相环(PLL)。

④ 90 个 DSP 片。

⑤ 内部时钟最高可达 450MHz。

⑥ 1 个片上模数转换器(XADC)。

(2) 16 个 LED,4 位七段数码管,5 个按键,16 个拨码开关。

(3) 12bit VGA 接口。

(4) 3 个 Pmod 连接口和一个专用 AD 信号 Pmod 接口。

(5) USB-UART 桥。

(6) 串口 Flash。

(7) 用于 FPGA 编程和通信的 USB-JTAG 口。

(8) 可连接鼠标、键盘、记忆棒的 USB 口。

下面简单介绍 LED 灯、拨码开关、按键、数码管、VGA 接口与 FPGA 引脚的连接关系。详细的电路连接图请参见原理图文档 Basys2_sch. pdf 和 Basys3_sch. pdf,这些文档均可从网站 www. digilentinc. com 下载。

1.2.1　开发板常用接口电路

图 1-2 中简洁、明了地标识出 LED 灯、拨码开关、按键、数码管与 FPGA 引脚的对应关系。其中,拨码开关和按键是常用的用户与 FPGA 交互信息的手段之一,通常用于输入信息;LED 灯和数码管是常用的用户与 FPGA 交互信息的手段之一,通常用于输出信息。

下面简单说明图 1-2 中 LED 灯、拨码开关、按键、数码管与 FPGA 引脚的电平关系。当 FPGA 向 LD 端给出高电平时,相应的 LED 灯亮;否则,当 FPGA 向 LD 端给出低电平时,相应的 LD 灯不亮。拨码开关 SW 的 ON/OFF 挡位分别对应高电平和低电平,

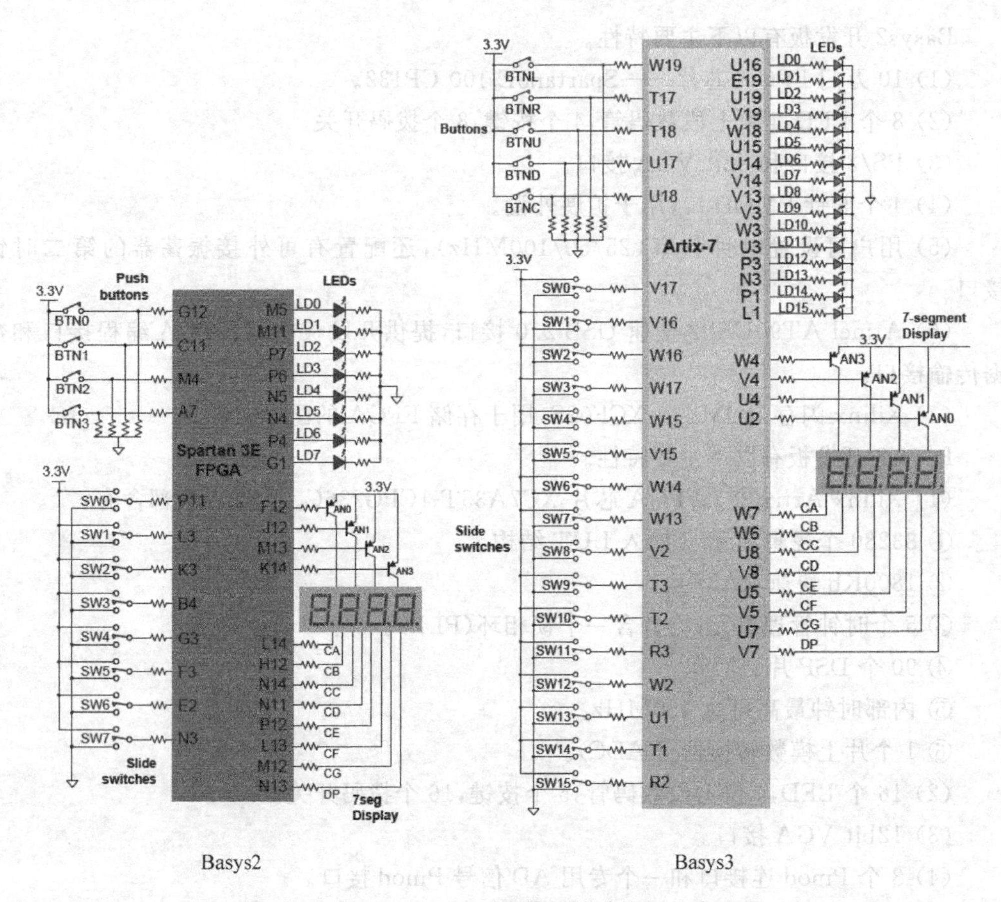

图 1-2 Basys2 和 Basys3 开发板简单接口电路汇总

Push buttons、Buttons—按键；Slide switches—拨码开关；7-segment Display、7seg Display—七段数码管

FPGA 可读取该电平状态。4 个数码管的亮灭分别由 AN0～AN3 控制，并且低电平时，数码管亮；数码管的 8 个段分别由 CA～CG 和 DP 控制，当控制端低电平时，相应的段亮。按键未按下时，按键闭合，即 FPGA 从 BTN 读回的状态值为 0；当按下按键(不释放)时，FPGA 从 BTN 读回的状态值为 1。

1.2.2 VGA 接口电路

VGA 显示器是常用的用户与 FPGA 交互信息的手段之一，通常用于输出信息。

在图 1-3 中，Basys2 由 10 根线控制 VGA 的显示，包括 R 3 根线、G 3 根线、B 2 根线、HS 和 VS 各 1 根线。红、绿、蓝三基色由 8 根线控制，可以显示 256 种颜色。按 VGA 接口时序，对这 10 根线赋予不同的值，实现 VGA 的显示控制。

Basys3 由 14 根线控制 VGA 的显示，包括 R、G、B 各 4 根线，HS 和 VS 各 1 根线。红、绿、蓝三基色由 12 根线控制，可以显示 4096 种颜色。按 VGA 接口时序，对这 14 根线赋予不同的值。实现 VGA 的显示控制。

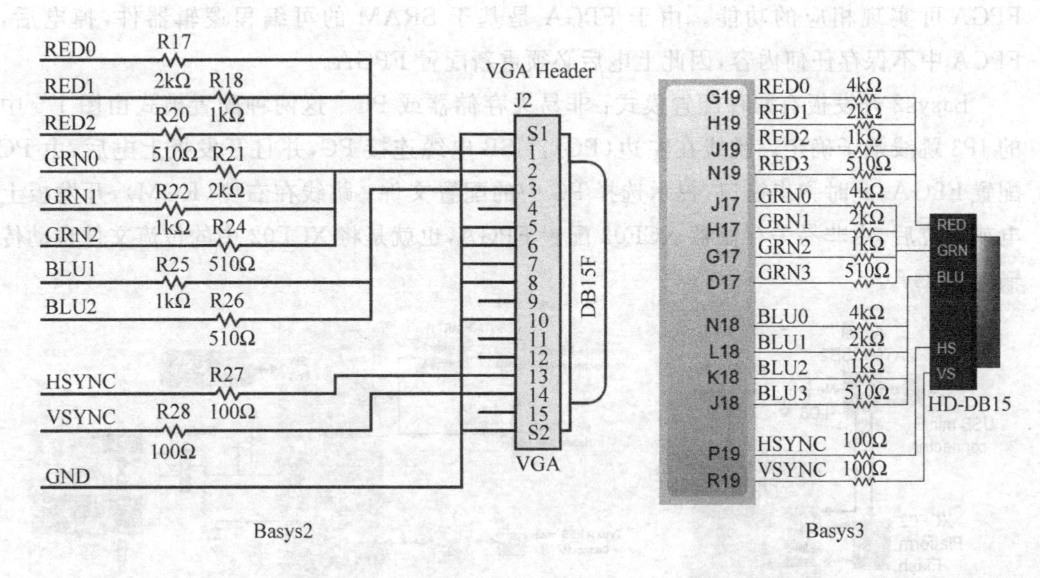

图 1-3　VGA 接口

VGA Header—VGA 连接器

1.2.3　时钟电路

在图 1-4 中，对于 Basys2 开发板，LTC6905 产生的时钟信号 MCLK 接至 Spartan-3E FPGA 的 B8 引脚，其频率由跳线 JP4 控制。当 DIV 与 VCC3V3 短接时，频率为 100MHz；当 DIV 与 GND 短接时，频率为 25MHz；当 DIV 既不与 VCC3V3 短接，也不与 GND 短接时，频率为 50MHz（默认模式）。对于 Basys3 开发板，IC9 芯片产生 100MHz 频率的时钟信号。

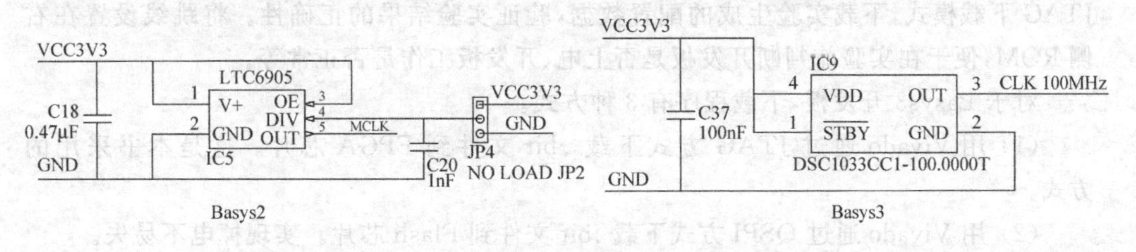

图 1-4　时钟电路

NO LOAD—无负载

1.2.4　FPGA 配置电路

ISE 软件或 Vivado 软件可将基于 HDL、原理图等设计的源文件转换为二进制位流文件。这个文件定义了 FPGA 的逻辑功能和电路连接关系。该文件配置 FPGA 后，

FPGA 可实现相应的功能。由于 FPGA 是基于 SRAM 的可编程逻辑器件,掉电后,FPGA 中不保存任何内容,因此上电后必须重新配置 FPGA。

Basys2 开发板有两种配置模式:非易失存储器或 PC。这两种配置模式由图 1-5 中的 JP3 跳线端子确定。跳线在左边(PC),USB 电缆连接 PC,并且开发板上电后,由 PC 配置 FPGA,此时弹出窗口,提示选择 PC 中的配置文件;跳线在右侧(ROM),开发板上电或复位后,由非易失存储器 XCF02 配置 FPGA,也就是将 XCF02 中的位流文件自动传输到 FPGA。

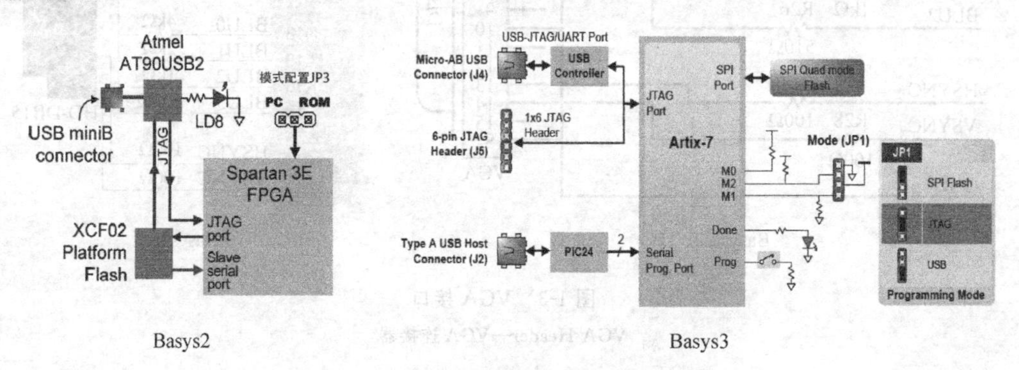

图 1-5　Basys2 和 Basys3 开发板配置电路

Connector、Header—连接器; Platform—配置

FPGA 配置方式灵活多样。根据芯片是否能够主动加载配置数据,分为主模式、从模式和 JTAG 模式。下面介绍在调试过程中最常用的 JTAG 模式。在 JTAG 模式中,数据直接通过 JTAG 链送入 FPGA 内的 SRAM,不需要额外的掉电非易失存储器。因此,通过其配置的比特文件在 FPGA 断电后即丢失,每次上电都需要重新配置。由于 JTAG 模式易更改,配置效率高,因此它是研发阶段必不可少的配置模式。

实验时,将跳线接到右侧 ROM,一上电就运行 ROM 中已有的配置数据;然后使用 JTAG 下载模式,下载实验生成的配置数据,验证实验结果的正确性。将跳线设置在右侧 ROM,便于在实验前判断开发板是否上电、开发板工作是否正常等。

对于 Basys3 开发板,下载程序有 3 种方式。

(1) 用 Vivado 通过 JTAG 方式下载 .bit 文件到 FPGA 芯片。这是本书采用的方式。

(2) 用 Vivado 通过 QSPI 方式下载 .bit 文件到 Flash 芯片。实现掉电不易失。

(3) 用 U 盘或移动硬盘通过 J2 的 USB 端口下载. bit 文件到 FPGA 芯片(建议将. bit 文件放到 U 盘根目录下,且只放 1 个)。该 U 盘保存的应该是 FAT32 文件系统。

1.2.5　开发板引脚定义

表 1-5 详细列出了 Basys2 开发板上的信号与 FPGA 引脚的对应关系。

表 1-5 Basys2 开发板上的信号与 FPGA 引脚的对应关系

Pin	Signal	Pin	Signal	Pin	Signal	Pin	Signal	Pin	Signal	Pin	Signal
C12	JD1	P11	SW0	N14	CC	B2	JA1	P8	MODE0	M7	GND
A13	JD2	M2	USB-DB1	N13	DP	C2	USB-WRITE	N7	MODE1	P5	GND
A12	NC	N2	USB-DB0	M13	AN2	C3	PS2D	N6	MODE2	P10	GND
B12	NC	M9	NC	M12	CG	D1	NC	N12	CCLK	P14	GND
B11	NC	N9	NC	L14	CA	D2	USB-WAIT	P12	DONE	A6	VDDO-3
C11	BTN1	M10	NC	L13	CF	L2	USB-DB4	A1	PROG	B10	VDDO-3
C6	JB1	N10	NC	F13	RED2	L1	USB-DB3	N8	DIN	E13	VDDO-3
B6	JB2	M11	LD1	F14	GRN0	M1	USB-DB2	N1	INIT	M14	VDDO-3
C5	JB3	N11	CD	D12	JD4	L3	SW1	P1	NC	P3	VDDO-3
B5	JA4	P12	CE	D13	RED1	E2	SW6	B3	GND	M8	VDDO-3
C4	NC	N3	SW7	C13	JD3	F3	SW5	A4	GND	E1	VDDO-3
B4	SW3	M6	UCLK	C14	RED0	F2	USB-ASTB	A8	GND	J2	VDDO-3
A3	JA2	P6	LD3	G12	BTN0	F1	USB-DSTB	C1	GND	A5	VDDO-2
A10	JC3	P7	LD2	K14	AN2	G1	LD7	C7	GND	E12	VDDO-2
C9	JC4	M4	BTN2	J12	AN1	G3	SW4	C10	GND	K1	VDDO-2
B8	JC2	N4	LD5	J13	BLU2	H1	USB-DB6	E3	GND	P9	VDDO-2
A9	JC1	M5	LD0	J14	HSYNC	H2	USB-DB5	E14	GND	A11	VDDO-1
B8	MCLK	N5	LD4	H13	BLU1	H3	USB-DB7	G2	GND	D3	VDDO-1
C8	RCCLK	G14	GRN2	H12	CB	B14	TMS	H14	GND	D14	VDDO-1
A7	BTN3	G13	GRN1	J3	JA3	B23	TCK-FPGA	J1	GND	K2	VDDO-1
B7	JB4	F12	AN0	K3	SW2	A2	TDO-USB	K12	GND	L12	VDDO-1
P4	LD6	K13	VSYNC	B1	PS2C	A14	TDOS3	M3	GND	P2	VDDO-1

表 1-6 详细列出了 Basys3 开发板上的信号与 FPGA 引脚的对应关系。

表 1-6 Basys3 开发板上的信号与 FPGA 引脚的对应关系

CLOCK	Pin	JA	Pin	JB	Pin	JC	Pin	JXADC	Pin
MRCC		JA0	J1	JB0	A14	JC0	K17	JXADC0	J3
		JA1	L2	JB1	A16	JC1	M18	JXADC1	L3
PS2	PIN	JA2	J2	JB2	B15	JC2	N17	JXADC2	M2
PS2_CLK	C17	JA3	G2	JB3	B16	JC3	P18	JXADC3	N2
PS2_DAT	B17	JA4	H1	JB4	A15	JC4	L17	JXADC4	K3
		JA5	K2	JB5	A17	JC5	M19	JXADC5	M3
		JA6	H2	JB6	C15	JC6	P17	JXADC6	M1
		JA7	G3	JB7	C16	JC7	R18	JXADC7	N1
SWITCH	Pin	VGA	Pin	LED	Pin	BUTTON	Pin	7-segment	Pin
SW0	V17	RED0	G19	LD0	U16	BTNU	T18	AN0	U2
SW1	V16	RED1	H19	LD1	E19	BTNR	T17	AN1	U4
SW2	W16	RED2	J19	LD2	U19	BTND	U17	AN2	V4
SW3	W17	RED3	N19	LD3	V19	BTNL	W19	AN3	W4
SW4	W15	GRN0	J17	LD4	W18	BTNC	U18	CA	W7
SW5	V15	GRN1	H17	LD5	U15			CB	W6
SW6	W14	GRN2	G17	LD6	U14			CC	U8
SW7	W13	GRN3	D17	LD7	V14			CD	V8

续表

SWITCH	Pin	VGA	Pin	LED	Pin	BUTTON	Pin	7-segment	Pin
SW8	V2	BLU0	N18	LD8	V13			CE	U5
SW9	T3	BLU1	L18	LD9	V3			CF	V5
SW10	T2	BLU2	K18	LD10	W3			CG	U7
SW11	R3	BLU3	J18	LD11	U3			DP	V7
SW12	W2	HSYNC	P19	LD12	P3				
SW13	U1	YSYNC	R19	LD13	N3				
SW14	T1			LD14	P1				
SW15	R2			LD15	L1				

如表1-6所示,表头列出了引脚的类别,该列详细列出该类引脚的所有引脚名称。在表1-5和表1-6中,同类引脚使用相同的颜色来区分。

1.3 集成开发环境

本节简要介绍ISE和Vivado的基本操作和开发流程,目的是介绍一些入门知识。对于更多的技巧和经验,需要读者在大量实践中逐步掌握。

1.3.1 基于ISE的开发流程

Xilinx是全球领先的可编程逻辑完整解决方案的供应商,研发、制造并销售应用范围广泛的高级集成电路、软件设计工具,以及定义系统级功能的IP(Intellectual Property)核,长期以来一直推动着FPGA技术的发展。Xilinx的开发工具不断升级,由早期的Foundation系列,逐步发展到目前的ISE 14.6系列,集成了FPGA开发需要的所有功能。

ISE具有界面友好、操作简单的特点,加上Xilinx的FPGA芯片占有很大的市场,使其成为非常通用的FPGA工具软件。

ISE的主要功能包括设计输入、综合、仿真、实现和下载,涵盖了FPGA开发的全过程。从功能上讲,其工作流程无须借助任何第三方EDA软件。

(1) 设计输入：ISE提供的设计输入工具包括用于HDL代码输入和查看报告的ISE文本编辑器、用于原理图编辑的工具、用于生成IP Core的Core Generator、用于约束文件编辑的Constraint Editor等。

(2) 综合：ISE自带的综合工具为XST。

(3) 仿真：ISE自带了一个ISim仿真工具,同时提供使用Model Tech公司的Modelsim进行仿真的接口。

(4) 实现：此功能包括翻译、映射、布局布线等,还具备时序分析、引脚指定以及增量设计等高级功能。

(5) 下载：下载功能包括 BitGen,用于将布局布线后的设计文件转换为位流文件；还包括 IMPACT,功能是进行设备配置和通信,控制将位流文件烧写到 FPGA 芯片。

本书使用的集成开发环境是 ISE 14.6,基于 Basys2 开发板的项目开发和测试将使用 ISE 集成开发环境。

ISE 的用户界面如图 1-6 所示,由上到下,主要分为标题栏、菜单栏、工具栏、工程管理区、源文件编辑区、过程管理区、信息显示区、状态栏等 8 个部分。

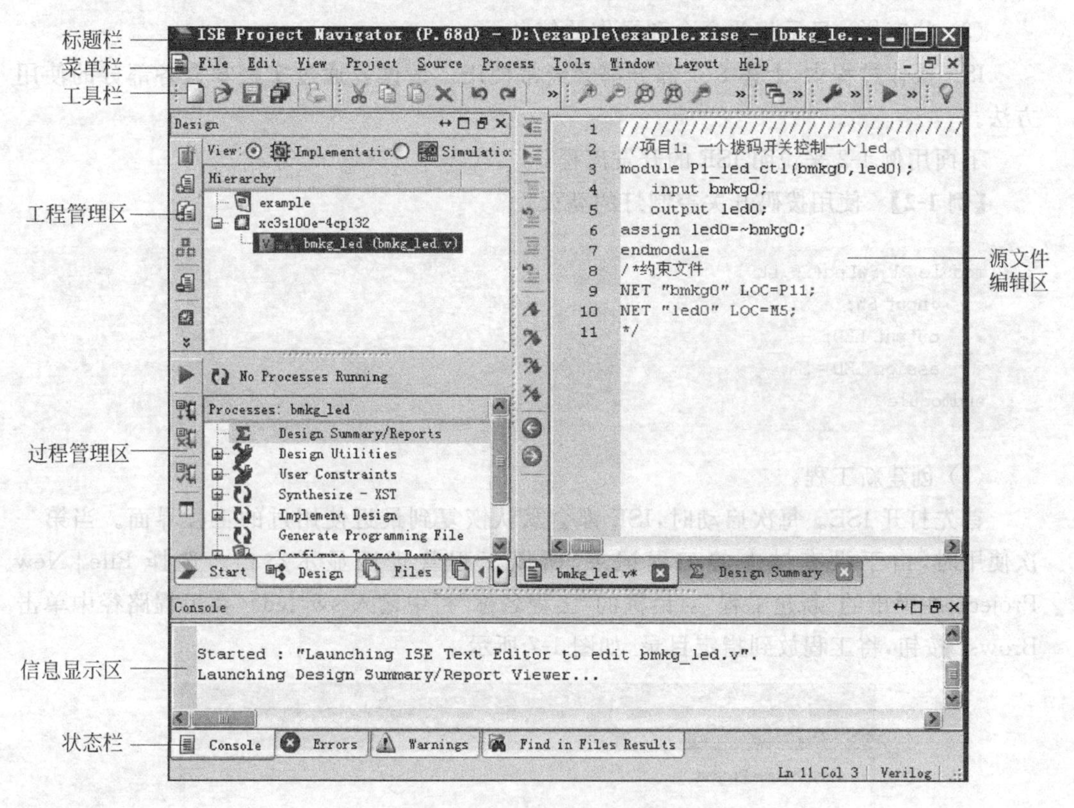

图 1-6　ISE 的用户界面

(1) 标题栏：主要显示当前工程的名称和当前打开的文件名称。

(2) 菜单栏：主要包括文件(File)、编辑(Edit)、视图(View)、工程(Project)、源文件(Source)、操作(Process)、工具(Tools)、窗口(Window)、布局(Layout)和帮助(Help)等 10 个下拉菜单。

(3) 工具栏：主要包含常用命令的快捷按钮。灵活运用工具栏,可以极大地方便用户在 ISE 中的操作。在工程管理中,此工具栏的运用极为频繁。

(4) 工程管理区：提供工程及其相关文件的显示和管理功能,主要包括设计视图(Design View)、文件视图(Files View)和库视图(Library View)。其中,设计视图比较常用,显示了整个设计的层次关系；文件视图显示用于整个项目的文件列表；库视图显示工程中用户产生的库的内容。

(5) 源文件编辑区：提供源代码的编辑功能。

(6) 过程管理区：本窗口显示的内容取决于工程管理区中选定的文件。相关操作和

FPGA 设计流程紧密相关,包括设计输入、综合、仿真、实现和生成配置文件等。对某个文件进行相应的处理后,在处理步骤的前面会出现一个图标来表示该步骤的状态。

(7) 信息显示区:显示 ISE 中的处理信息,如操作步骤信息、警告信息和错误信息等。信息显示区默认包含两个标签:控制台信息区(Console)和文件查找区(Find in Files Results)。如果设计出现了警告和错误,双击信息显示区的警告和错误标志,就能自动切换到源代码出错的地方。

(8) 状态栏:显示相关命令和操作的信息。

ISE 操作过程中,上述 8 个部分都会经常使用。请读者通过实践掌握各部分的使用方法。

下面用例 1-2 来说明 ISE 的开发流程。

【例 1-2】 使用拨码开关控制灯的亮灭。

```
module P1_SwLed(SW,LED);
    input SW;
    output LED;
    assign LED = SW;
endmodule
```

(1) 创建新工程。

首先打开 ISE。每次启动时,ISE 都会默认恢复到最近使用过的工程界面。当第一次使用时,由于没有过去的工程记录,所以工程管理区显示空白。选择 File | New Project,在弹出的“新建工程”对话框的“工程名称”栏中输入 sw_led。在工程路径中单击 Browse 按钮,将工程放到指定目录,如图 1-7 所示。

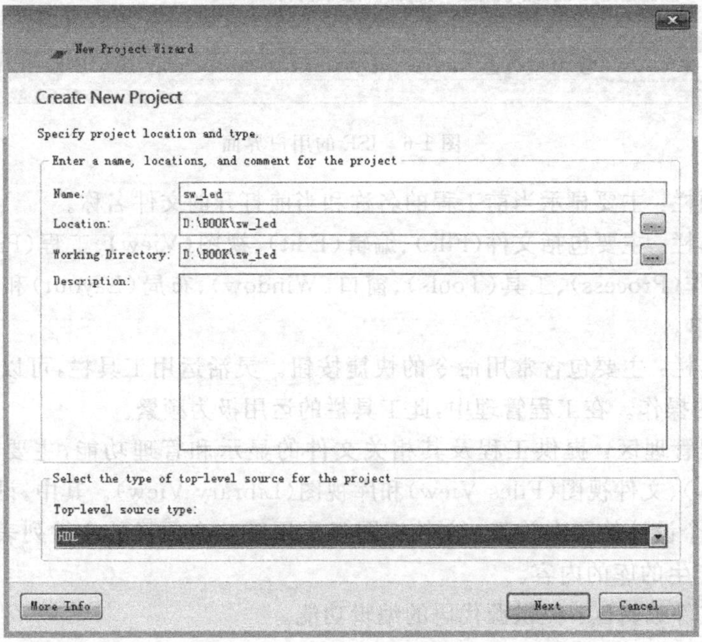

图 1-7 利用 ISE 新建工程的示意图

单击 Next 按钮进入下一页，选择所使用的芯片类型以及综合、仿真工具。计算机上安装的所有用于仿真和综合的第三方 EDA 工具都可以在下拉菜单中找到，如图 1-8 所示。这里选用 XC3S100E 芯片，并且指定综合工具为 XST，仿真工具选用 ISim。

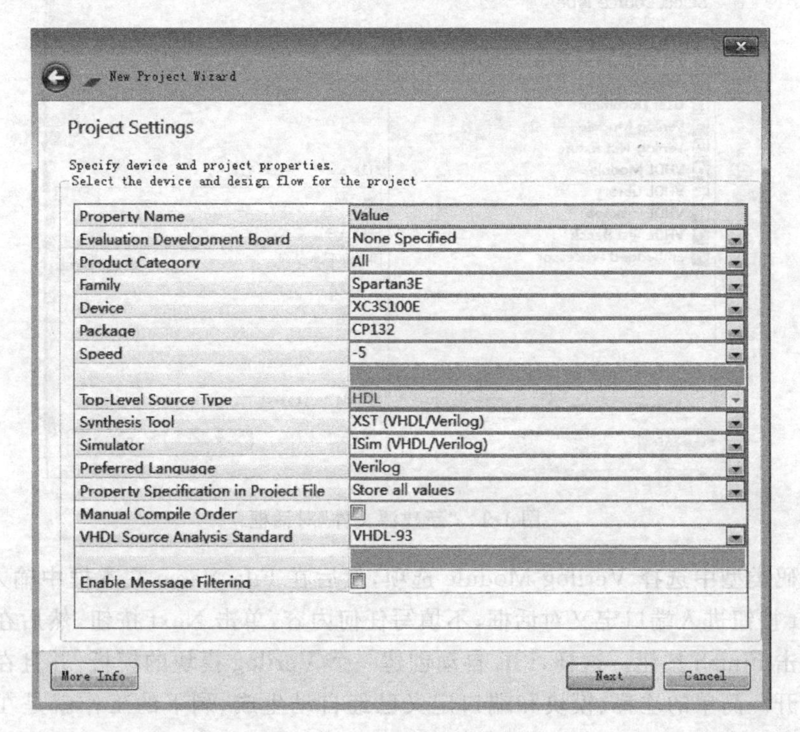

图 1-8　新建工程器件属性配置表

单击 Next 按钮进入最后一页。单击 Finish 按钮后，建立一个新的工程。

(2) 添加和编辑源文件。

在工程管理区的任意位置右击，在弹出的菜单中选择 New Source 命令，弹出如图 1-9 所示的 New Source Wizard(新建源文件)对话框。

左侧的列表用于选择代码的类型，各项的含义如下所述。

① IP(CORE Generator & Architecture Wizard)：由 ISE 的 IP Core 生成工具快速生成可靠的源代码。

② Schematic：电路原理图。

③ User Document：用户文档。

④ Verilog Module：Verilog 模块。

⑤ Verilog Test Fixture：Verilog 测试模块。

⑥ VHDL Module：VHDL 模块。

⑦ VHDL Library：VHDL 库。

⑧ VHDL Package：VHDL 包。

⑨ VHDL Test Bench：VHDL 测试模块。

⑩ Embedded Processor：嵌入式处理器。

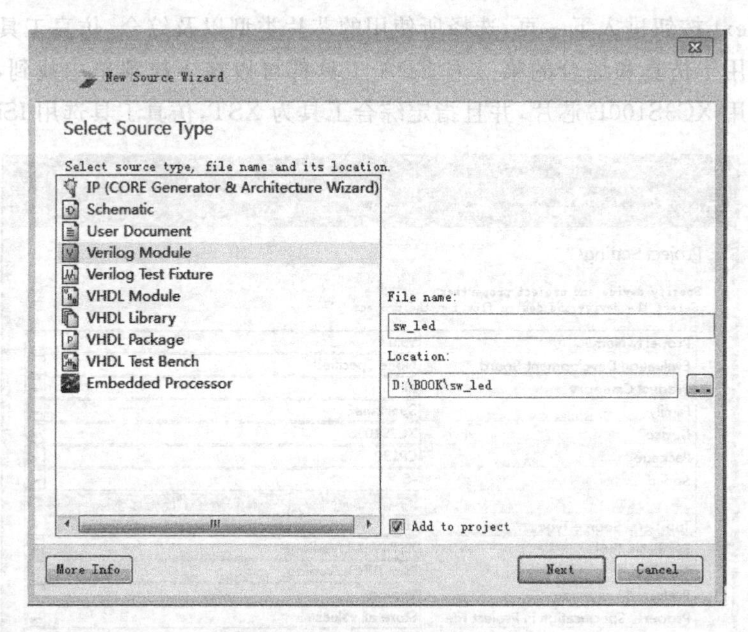

图 1-9 “新建源文件”对话框

在代码类型中选择 Verilog Module 选项,然后在 File Name 文本框中输入 sw_led。单击 Next 按钮进入端口定义对话框,不填写任何内容,单击 Next 按钮,然后在弹出的对话框中单击 Finish 按钮。这样,ISE 自动创建一个 Verilog 模块的模板,并且在源代码编辑区内打开。简单的注释、模块和端口定义已经自动生成,剩下的工作就是在模块中输入代码。代码录入后,如图 1-10 所示。

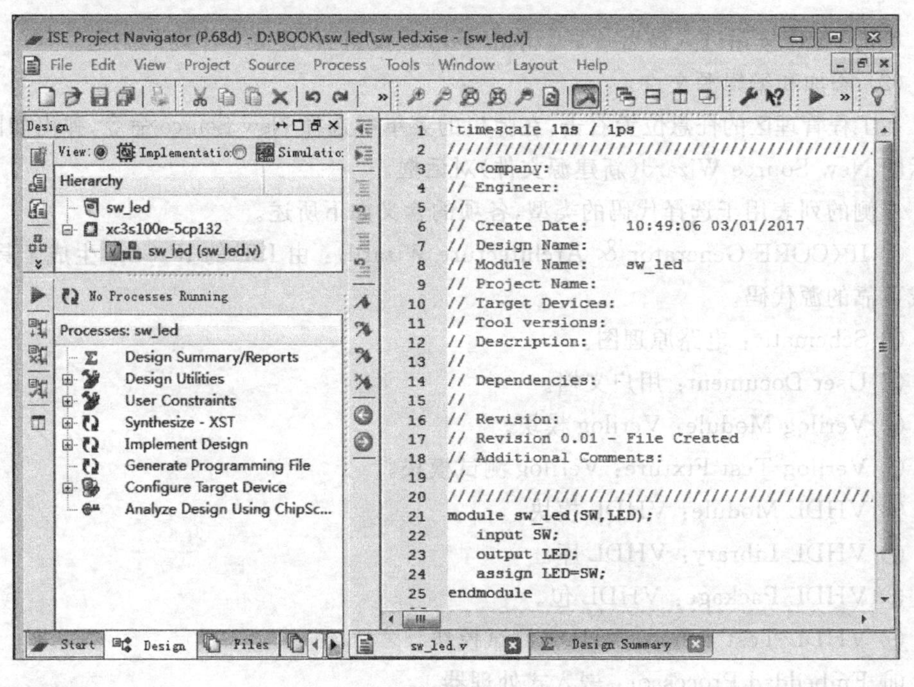

图 1-10 添加源文件后的工程

在写代码的过程中，通过 ISE 中内嵌的语言模板来查看语法和句法的使用。ISE 中内嵌的语言模块包括大量的开发实例和所有 FPGA 语法的介绍及举例，包括 Verilog HDL/VHDL 的常用模块、FPGA 原语使用实例、约束文件的语法规则以及各类指令和符号的说明。语言模板不仅可以在设计中直接使用，还是用于 FPGA 开发的最好的工具手册。在 ISE 工具栏中单击 💡 图标，或选择菜单 Edit | Language Templates，都可以打开语言模板，其界面如图 1-11 所示。

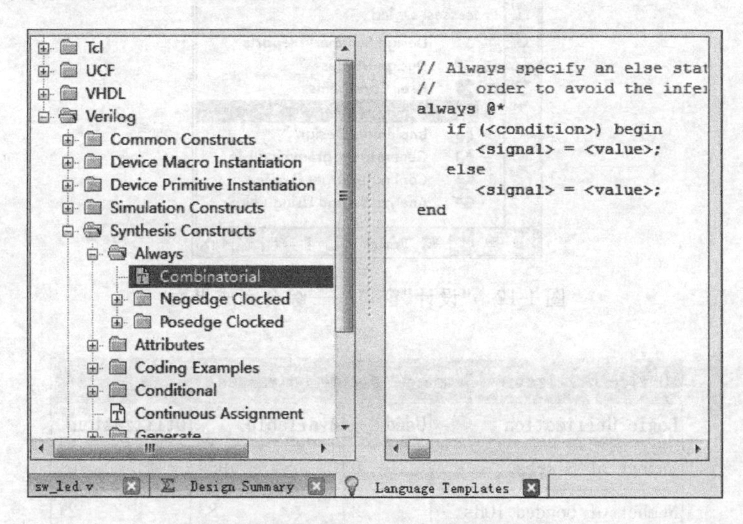

图 1-11　ISE 语言模板用户界面

界面左边有 4 项：Tcl、UCF、VHDL 以及 Verilog，分别对应各自的参考资料。

以 Verilog 为例，单击其前面的 +，出现多个子项。其中，第 1 项 Common Constructs 主要介绍 Verilog 开发中所用的各种符号的说明，包括注释符以及运算符等。第 2 项 Device Macro Instantiation 为器件说明。第 3 项 Device Primitive Instantiation 主要介绍 Xilinx 原语的使用，可以最大限度地利用 FPGA 的硬件资源。第 4 项 Simulation Constructs 给出程序仿真的所有指令和语句的说明和示例。第 5 项 Synthesis Constructs 给出实际开发中可综合的 Verilog 语句，并给出大量可靠、实用的应用实例，FPGA 开发人员应熟练掌握这部分内容。User Templates 项是设计人员自己添加的，常用于在实际开发中统一代码风格。

(3) 基于 XST 的综合。

所谓综合，就是将 HDL 语言、原理图等设计输入翻译成由与、或、非门和 RAM、触发器等基本逻辑单元组成的逻辑连接(网表)，并根据目标和要求(约束条件)优化所生成的逻辑连接，生成 EDF 文件。XST 内嵌在 ISE 3 以后的版本中，并且不断完善。此外，由于 XST 是 Xilinx 公司自己的综合工具，对于部分 Xilinx 芯片独有的结构能提供更好的支持。

完成设计输入后就可以进行综合了。在过程管理区双击 Synthesize-XST，如图 1-12 所示，就可以完成综合，并且能够给出初步的资源消耗情况。图 1-13 所示为综合后整个设计占用的资源情况。

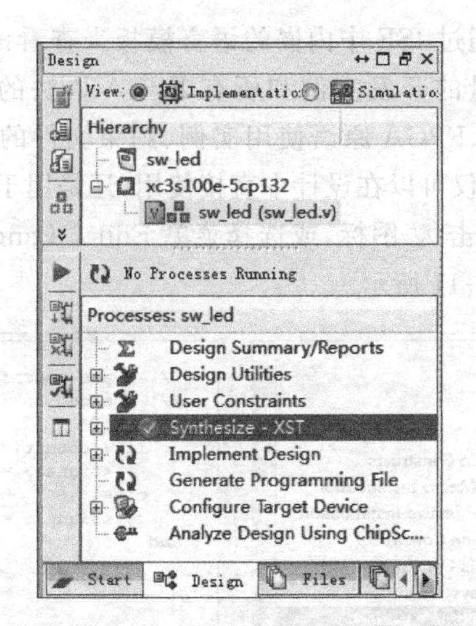

图 1-12 “设计”窗口——综合完成界面

Device Utilization Summary (estimated values)			
Logic Utilization	Used	Available	Utilization
Number of Slices	0	960	0%
Number of bonded IOBs	2	83	2%

图 1-13 综合结果报告

综合可能有 3 种结果：如果综合后完全正确，在 Synthesize-XST 前面有一个打勾(√)的绿色圈圈；如果有警告，出现一个带感叹号(!)的黄色小圆圈；如果有错误，出现一个带叉(×)的红色小圈圈。

在使用 XST 时，一般所有的属性都采用默认值。其实，XST 对不同的逻辑设计可提供丰富、灵活的属性配置。下面说明 ISE14 中内嵌的 XST 属性。打开 ISE 中的设计工程，在过程管理区选中 Synthesis-XST 并右击，弹出如图 1-14 所示界面。

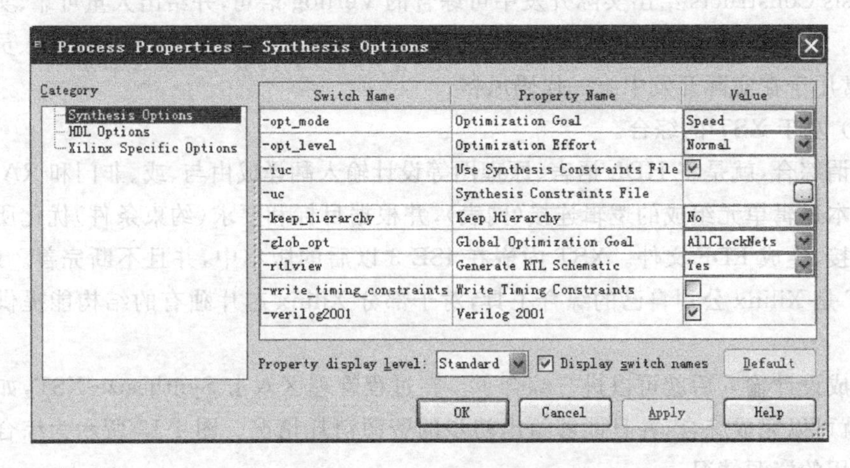

图 1-14 综合参数配置选项

由图 1-14 可以看出，XST 配置页面分为综合参数配置选项(Synthesis Options)、HDL 语言选项(HDL Options)以及 Xilinx 特殊选项(Xilinx Specific Options)三大类，分别用于设置综合的全局目标和整体策略、HDL 硬件语法规则以及 Xilinx 特有的结构属性。

综合参数配置界面如图 1-14 所示，包括 9 个选项。通过这些选项，可以设置进行速度优化还是面积优化、是否使用约束文件、是否进行全局时序优化，等等。

HDL 语言选项的配置界面如图 1-15 所示，包括 16 个选项。通过这些选项，可以指定有限状态机的编码方式、RAM 和 ROM 的实现类型、选择的乘法器实现类型，等等。

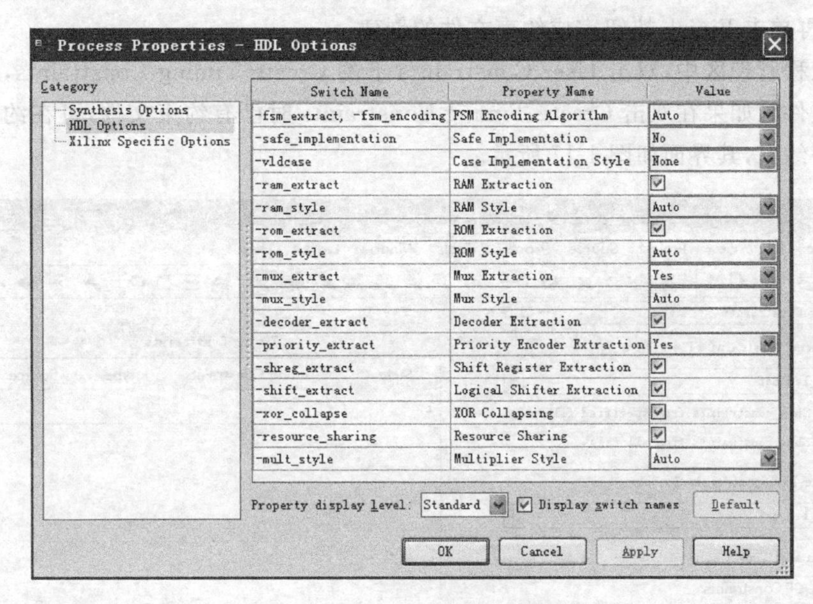

图 1-15　HDL 语言配置选项

Xilinx 特殊选项用于将用户逻辑适配到 Xilinx 芯片的特殊结构中，不仅能节省资源，还能提高设计的工作频率，其配置界面如图 1-16 所示，包括 10 个配置选项。通过这些选项，可以设置信号和网线的最大扇出数、是否寄存器配平、是否优化 Slice 结构、是否优化已例化的原语，等等。

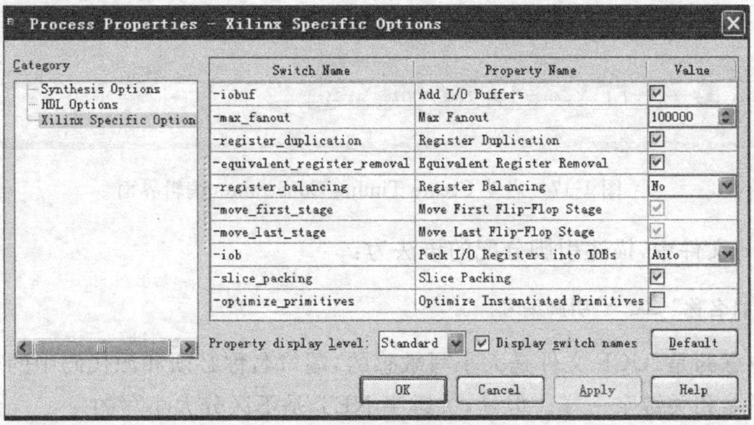

图 1-16　Xilinx 特殊配置选项

(4) 添加和编辑引脚约束文件。

约束文件的后缀是.ucf,所以一般也称UCF文件。FPGA设计中的约束文件.UCF文件可以完成时序约束、引脚约束以及区域约束。

UCF文件是ASCII码文件,描述了逻辑设计的约束,可以用文本编辑器和Xilinx约束文件编辑器进行编辑。

创建约束文件通过新建源文件的方式进行。要新建一个源文件,在代码类型中选取Implementation Constraints File,然后在File Name中输入sw_led。单击Next按钮进入下一页,再单击Finish按钮完成约束文件的创建。

在工程管理区中,双击User Constraints下的Create Timing Constraints,也可以新建约束文件。如果在双击Create Timing Constraints时已有约束文件,可在约束文件中添加时序约束,其界面如图1-17所示。

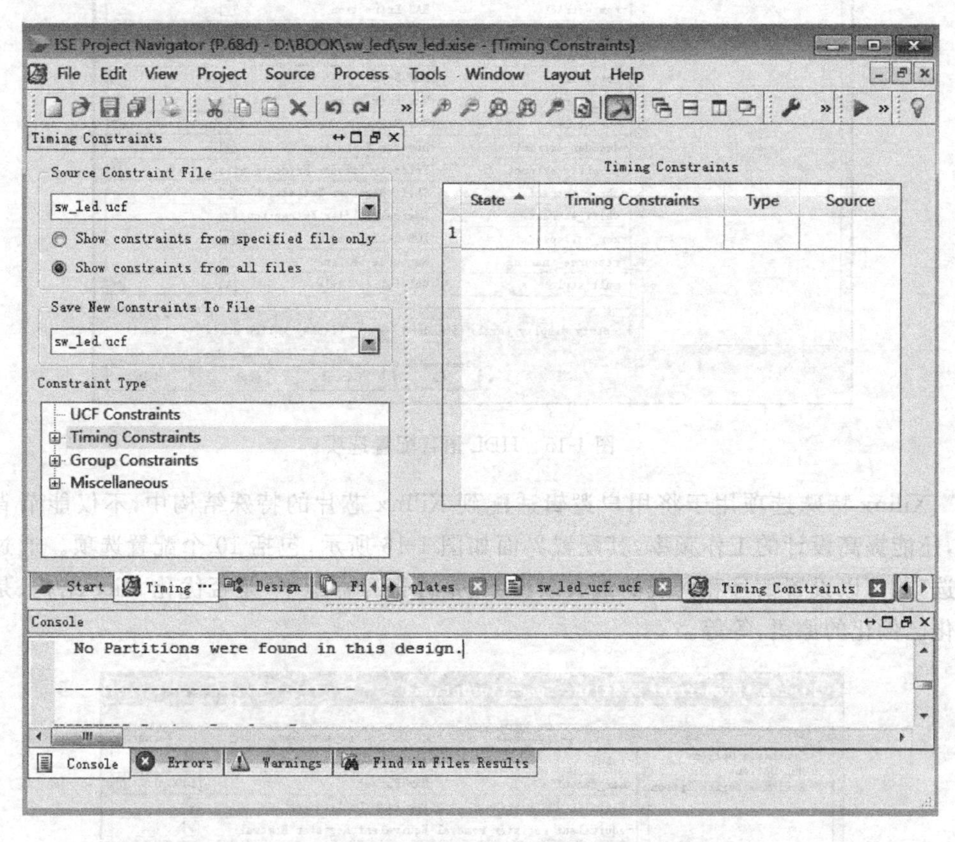

图1-17　启动Create Timing Constraints编辑界面

在UCF文件中,描述引脚分配的语法为:

```
NET "端口名称" LOC = 引脚编号;
```

需要注意的是,UCF文件是大小写敏感的,端口名称必须和源代码中的名字一致,且端口名字不能和关键字一样。但是,关键字NET是不区分大小写的。

最后完成的sw_led.ucf如例1-3所示。

【例 1-3】 sw_led. ucf 文件。

```
NET "SW" LOC = P11;                    //SW0
NET "LED" LOC = M5;                    //LD0
```

在例 1-3 中,对设计进行了引脚约束。SW 接到拨码开关上,LED 连接到 led 上。这样,就可以通过 Basys2 开发板上的 1 个拨码开关来控制 1 个 LED 灯的亮灭。

除了约束引脚,约束文件还可以约束时序和区域。下面将详细说明 UCF 文件的语法和用法。

UCF 文件的语法为:

```
{NET|INST|PIN} "signal_name" Attribute;
```

其中,signal_name 指所约束对象的名字,包含对象所在层次的描述;Attribute 为约束的具体描述;语句必须以分号";"结束。可以用#或/* */添加注释。需要注意的是,UCF 文件是大小写敏感的,信号名必须和设计中的保持大小写一致;但约束的关键字可以是大写、小写,甚至大小写混合。例如:

```
NET "CLK" LOC = P30;
```

CLK 就是所约束信号名;"LOC=P30;"是约束具体的含义,将 CLK 信号分配到 FPGA 的 P30 引脚上。

对于所有的约束文件,使用与约束关键字或设计环境保留字相同的信号名会产生错误信息,除非将其用" "括起来。因此在输入约束文件时,最好用" "将所有的信号名括起来。

在 UCF 文件中,常常使用通配符。通配符指的是"*"和"?"。"*"代表任何字符串以及空,"?"代表一个字符。在编辑约束文件时,使用通配符可以快速选择一组信号。当然,这些信号都要包含部分共有的字符串,例如:

```
NET "*CLK?" FAST;
```

将包含 CLK 字符并以一个字符结尾的所有信号,提高其速度。

在位置约束中,可以在行号和列号中使用通配符。例如:

```
INST "/CLK_logic/*" LOC = CLB_r*c7;
```

把 CLK_logic 层次中所有的实例放在第 7 列的 CLB 中。

(5) 硬件实现。

所谓实现(Implement),是将综合输出的逻辑网表翻译成所选器件的底层模块与硬件原语,将设计映射到器件结构上,进行布局布线,达到在选定器件上实现设计的目的。实现主要分为 3 个步骤:翻译(Translate)逻辑网表、映射(Map)到器件单元与布局布线(Place & Route)。翻译的主要作用是将综合输出的逻辑网表翻译为 Xilinx 特定器件的底层结构和硬件原语。映射的主要作用是将设计映射到具体型号的器件上(LUT、FF、Carry 等)。布局布线步骤调用 Xilinx 布局布线器,根据用户约束和物理约束,对设计模块进行实际的布局,并根据设计连接,对布局后的模块进行布线,产生FPGA/CPLD配置文件。

下面将详细说明翻译、映射、布局和布线这三个步骤。

① 翻译过程:在翻译过程中,设计文件和约束文件将合并生成NGD(原始类型数据库)文件和BLD文件。其中,NGD文件包含当前设计的全部逻辑描述,BLD文件是转换的运行和结果报告。实现工具可以导入EDN、EDF、EDIF、SEDIF格式的设计文件,以及UCF(用户约束文件)、NCF(网表约束文件)、NMC(物理宏库文件)、NGC(含有约束信息的网表)格式的约束文件。

翻译过程可产生翻译步骤后仿真模型,由于该仿真模型不包含实际布线延时,所以有时省略此仿真步骤。

② 映射过程:在映射过程中,由转换流程生成的NGD文件将被映射为目标器件的特定物理逻辑单元,并保存在NCD(展开的物理设计数据库)文件中。映射的输入文件包括NGD、NMC、MFP(映射布局规划器)文件,输出文件包括NCD、PCF(物理约束文件)、NGM和MRP(映射报告)文件。其中,MRP文件是通过Floorplanner生成的布局约束文件;NCD文件包含当前设计的物理映射信息;PCF文件包含当前设计的物理约束信息;NGM文件与当前设计的静态时序分析有关;MRP文件是映射的运行报告,主要包括映射的命令行参数、目标设计占用的逻辑资源、映射过程中出现的错误和告警、优化过程中删除的逻辑等内容。映射可以产生映射静态时序分析报告,启动时序分析器(Timing Analyzer)分析映射后静态时序;映射还可以产生映射步骤后仿真模型,由于该仿真模型不包含实际布线延时,所以有时省略此仿真步骤。另外,映射过程还可以手动启动FPGA底层编辑器进行手动布局布线,指导Xilinx自动布局布线器,解决布局布线异常,提高布局布线效率。

③ 布局和布线过程:通过读取当前设计的NCD文件,布局布线(Place & Route)将映射后生成的物理逻辑单元在目标系统中放置和连线,并提取相应的时间参数。布局布线的输入文件包括NCD和PCF文件,输出文件包括NCD、DLY(延时文件)、PAD和PAR文件。在布局布线的输出文件中,NCD包含当前设计的全部物理实现信息,DLY文件包含当前设计的网络延时信息,PAD文件包含当前设计的输入/输出(I/O)引脚配置信息,PAR文件主要包括布局布线的命令行参数、布局布线中出现的错误和告警、目标占用的资源、未布线网络、网络时序信息等内容。

布局布线过程将产生布局布线后仿真模型。该仿真模型包含的延时信息最全,不仅包含门延时,还包含实际布线延时。该仿真步骤必须进行,以确保设计功能与FPGA实际运行结果一致。

布局布线将产生布局布线后的静态时序,可以启动Timing Analyzer进行分析。

在布局布线过程中可以启动PlanAhead或FPGA Editor,进一步完成FPGA布局布线的结果分析、编辑,手动更改布局布线结果,产生布局布线指导与约束文件,辅助Xilinx自动布局布线器,提高布局布线效率,并解决布局布线中的问题。

在布局布线过程中可以启动XPower功耗仿真器,进一步分析设计的功耗。

④ 实现属性设置:完成引脚分配后就可以进行实现了。经过综合后,在过程管理区双击Implement Design,就可以完成实现,如图1-18所示。经过实现,能够得到精确的资

源占用情况，如图1-19所示。

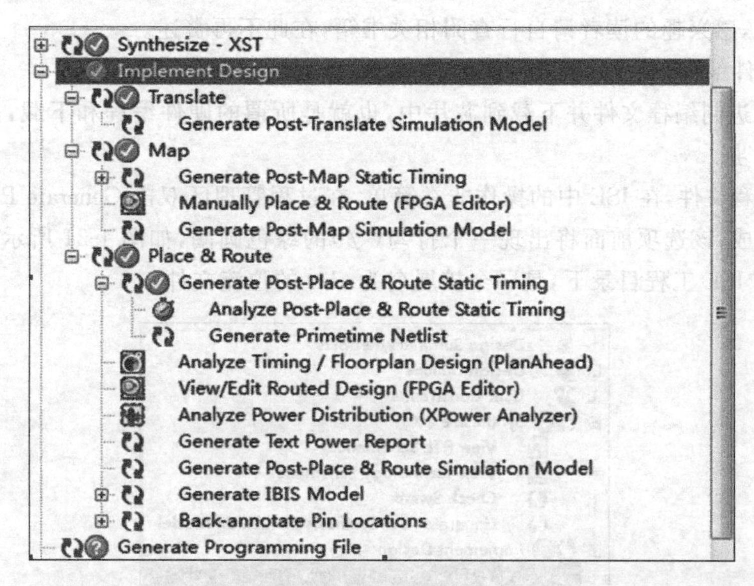

图1-18　设计实现窗口

Device Utilization Summary				
Logic Utilization	Used	Available	Utilization	Note(s)
Number of Slices containing only related logic	0	0	0%	
Number of Slices containing unrelated logic	0	0	0%	
Number of bonded IOBs	2	83	2%	
Average Fanout of Non-Clock Nets	1.00			

图1-19　实现后的资源统计结果

一般在实现时，所有的属性都采用默认值。实际上，ISE提供了丰富的实现属性设置。下面将说明ISE 14.6中内嵌的实现属性。打开ISE中的设计工程，在过程管理区选中Implement Design并右击，弹出如图1-20所示界面，包括翻译、映射、布局布线以及后仿时序参数等。

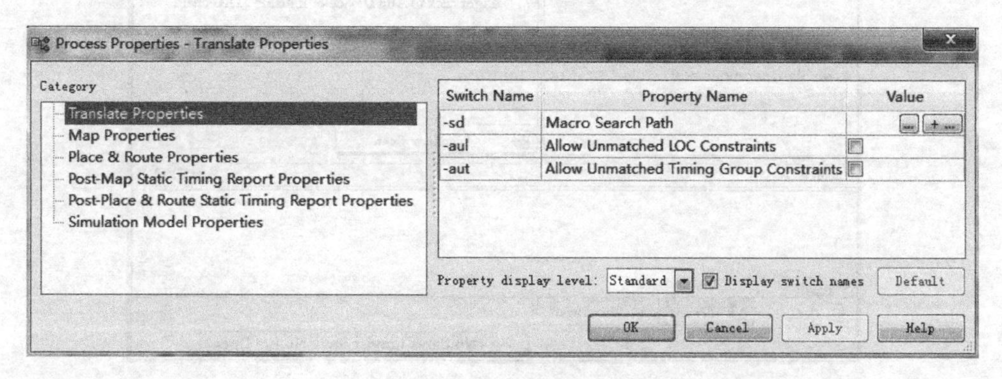

图1-20　实现属性设置窗口

在实现中,可以设置布局布线的努力程度,设置是否产生仿真模型,等等。关于这些属性的含义,感兴趣的读者请自行查阅相关书籍,在此不再赘述。

(6) 硬件编程。

生成二进制编程文件并下载到芯片中,也就是所谓的硬件编程和下载,是 FPGA 设计的最后一步。

生成编程文件,在 ISE 中的操作非常简单,在过程管理区双击 Generate Programming File 即可完成,该选项前面将出现一个打勾(√)的绿色圆圈,如图 1-21 所示。生成的编程文件放在 ISE 工程目录下,是一个扩展名为 .bit 的位流文件。

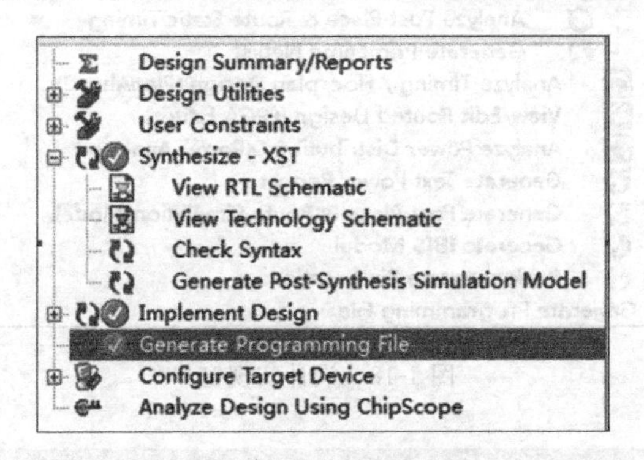

图 1-21　生成编程文件的窗口

最后进行下载。双击过程管理区 Generate Programming File 选项下面的 Configure Target Device(iMPACT)项,然后在弹出的 Configure Device 对话框中选取合适的下载方式,ISE 将自动连接 FPGA 设备。成功检测到设备后,弹出如图 1-22 所示的 iMPACT 主界面。

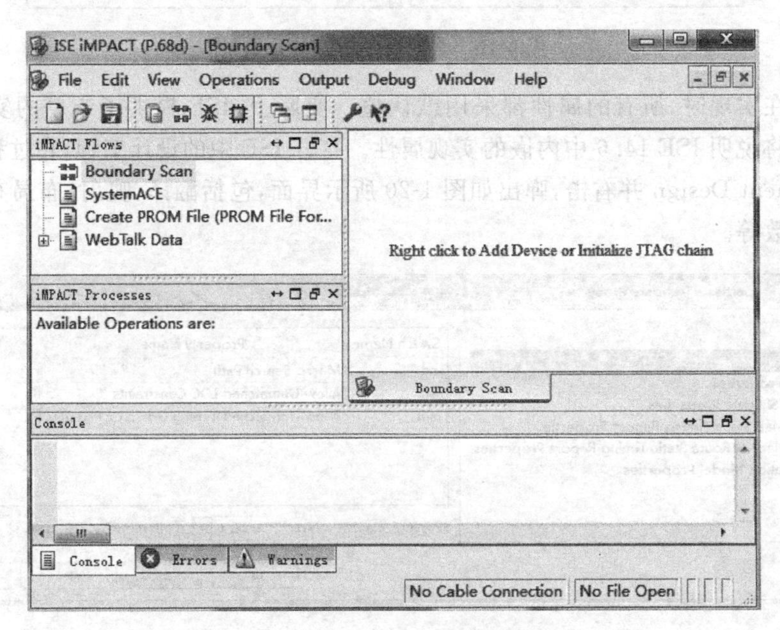

图 1-22　iMPACT 主界面

在主界面的中间区域右击，然后选择菜单的 Initialize Chain 选项。如果 FPGA 配置电路 JTAG 测试正确，会将 JTAG 链上扫描到的所有芯片在 iMPACT 主界面列出来，如图 1-23 所示。

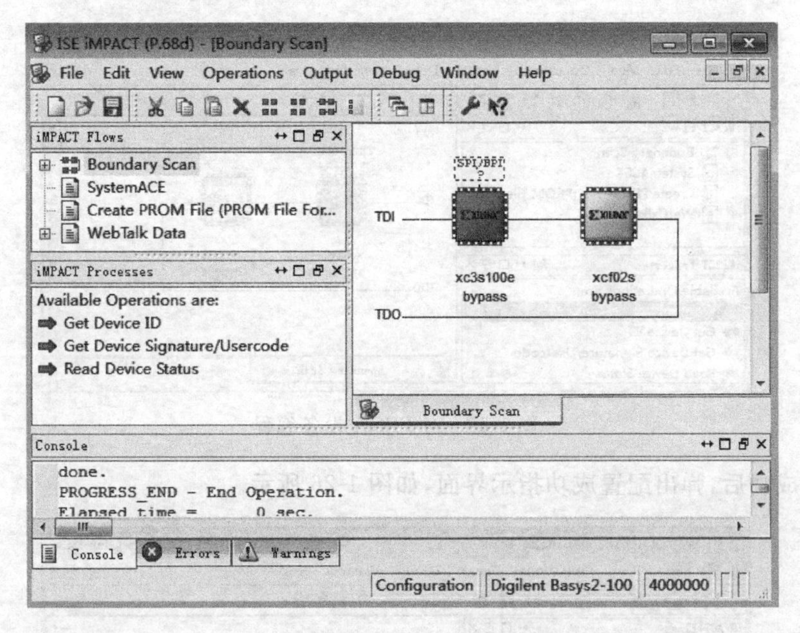

图 1-23　JTAG 链扫描结果示意图

JTAG 链检测正确后，在期望的 FPGA 芯片上右击，然后在弹出的菜单中选择 Assign New Configuration File，弹出如图 1-24 所示的窗口，让用户选择后缀为 .bit 的二进制比特流文件。

图 1-24　选择位流文件

选中下载文件后,单击"打开"按钮,在 iMPACT 的主界面出现一个芯片模型以及位流文件的标志。在此标志上右击,然后在弹出的对话框中选择 Program 选项,可以对 FPGA 设备编程,如图 1-25 所示。

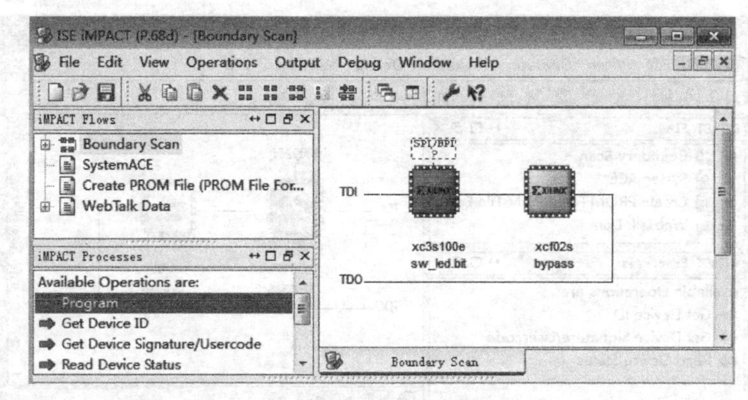

图 1-25　对 FPGA 设备编程

配置成功后,弹出配置成功指示界面,如图 1-26 所示。

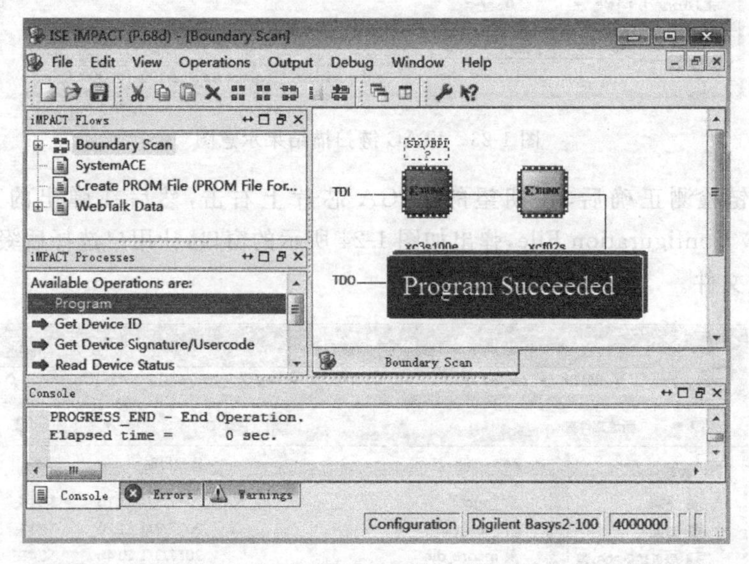

图 1-26　FPGA 配置成功指示界面

此时,在 Basys2 开发板上拨动最右边的拨码开关,可以看到 LED 灯发生亮灭的变化。

至此,就完成了一个完整的 FPGA 设计流程。当然,ISE 的功能十分强大,以上介绍的只是其中最基本的操作,更多的内容和操作方法需要读者通过阅读 ISE 在线帮助来了解,并且在大量的实践中去熟悉和掌握。

1.3.2 基于 Vivado 的开发流程

Vivado 设计套件是 FPGA 厂商 Xilinx 公司 2012 年发布的集成设计环境。它包括高度集成的设计环境和新一代从系统到IC级的工具，均建立在共享的可扩展数据模型和通用调试环境基础上。

当前，ISE和Vivado设计套件还会共存相当长一段时间。设计套件14版本支持目前的28nm产品，Xilinx会继续为面向前代产品设计的工具提供支持。

本书使用的集成开发环境是Vivado 2014.4，基于Basys3开发板的项目开发和测试将使用Vivado集成开发环境。

下面仍然使用例1-2来说明Vivado的开发流程。

(1) 创建新工程。

打开Vivado 2014.4设计开发软件，选择Create New Project，如图1-27所示。

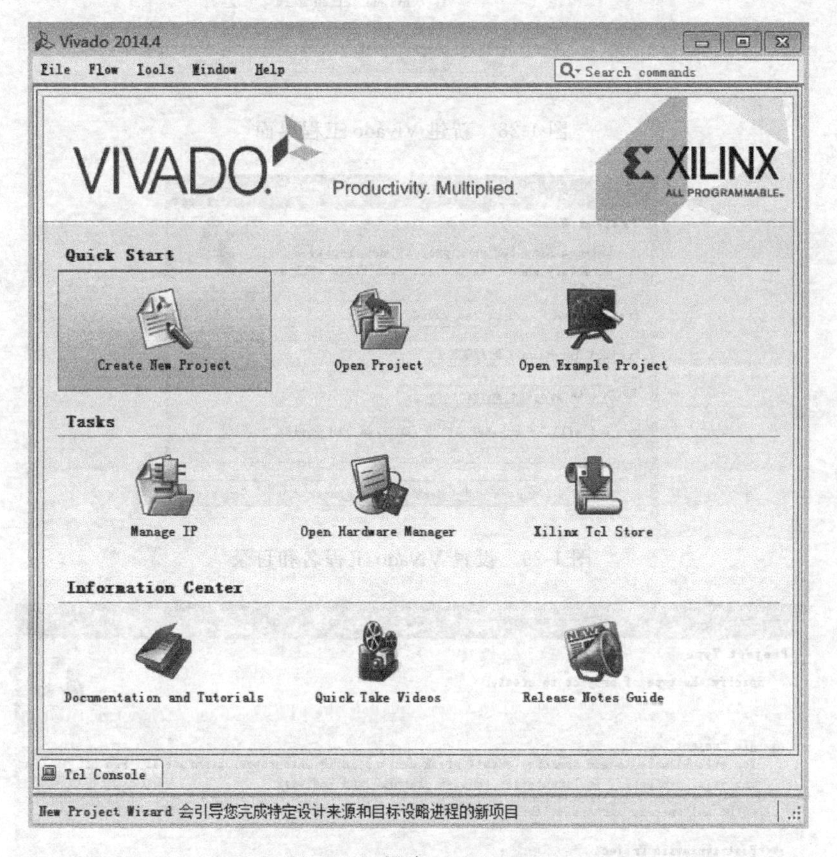

图1-27 创建Vivado工程

在弹出的创建新工程的界面中，单击Next按钮，开始创建新工程，如图1-28所示。

在Project Name界面中，将工程名称修改为sw_led_vivado，并设置工程存放的路径，同时勾选创建工程子目录的选项。这样，整个工程文件都将存放在创建的sw_led_vivado子目录中。然后，单击Next按钮，如图1-29所示。

在选择工程类型的界面中，选择RTL工程。由于本工程需要创建源文件，故不要将Do not specify sources at this time(不指定添加源文件)勾选上。然后，单击Next按钮，如图1-30所示。

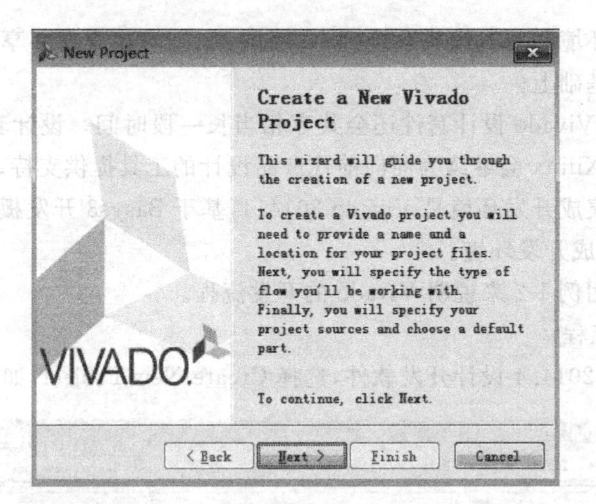

图 1-28 新建 Vivado 工程界面

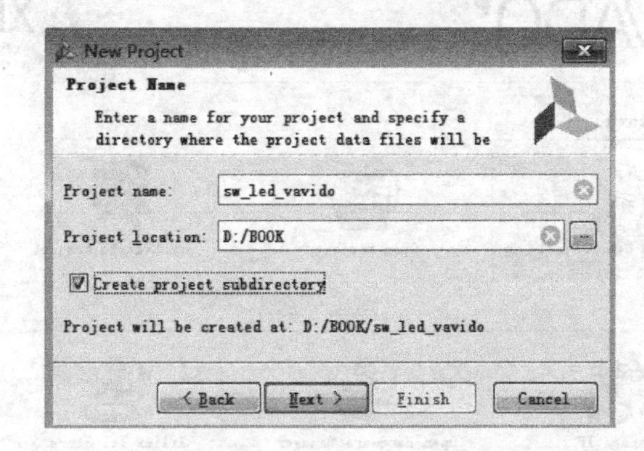

图 1-29 设置 Vivado 工程名和目录

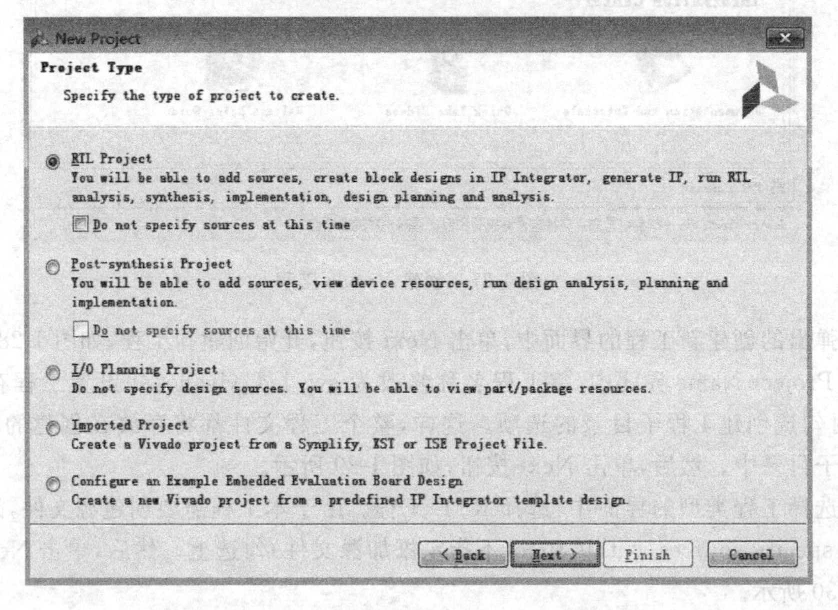

图 1-30 选择新建 Vivado 工程的类型

在创建或添加 Verilog 源文件的界面中，暂时不新建或添加源文件。然后，单击 Next 按钮，如图 1-31 所示。

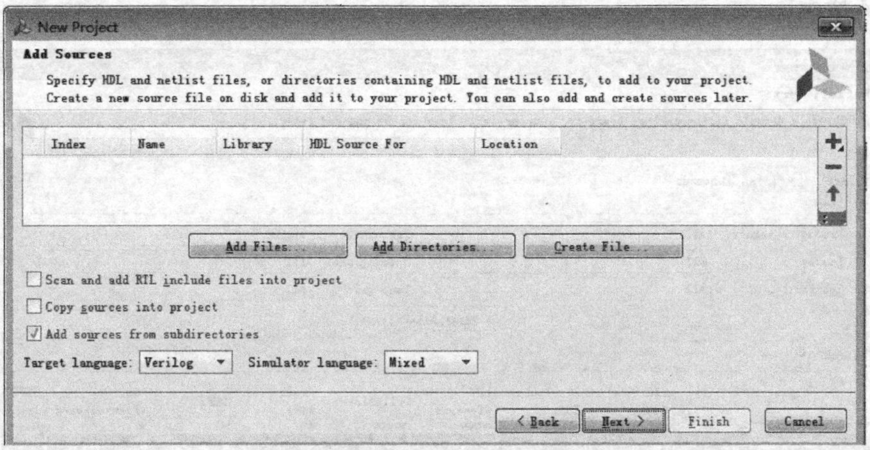

图 1-31　选择创建或添加 Verilog 源文件

在添加 IP 的界面中，暂时不添加 IP。然后，单击 Next 按钮，如图 1-32 所示。

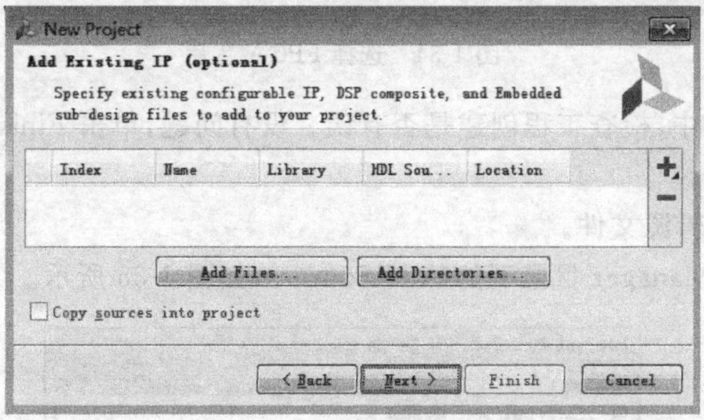

图 1-32　选择添加 IP

在创建或添加约束文件的界面中，暂时不新建或添加约束文件。然后，单击 Next 按钮，如图 1-33 所示。

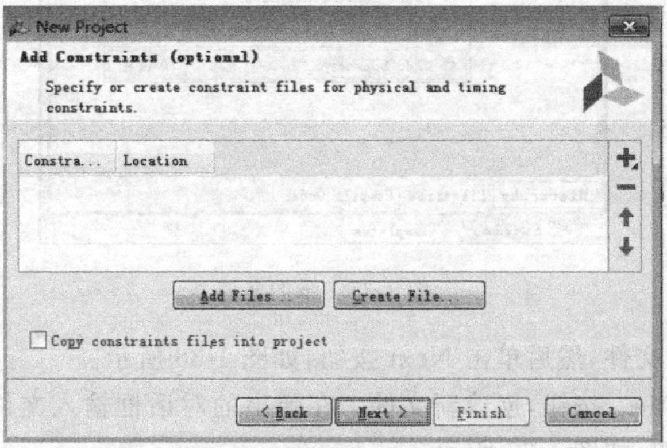

图 1-33　选择创建或添加约束文件

在器件板卡选型界面中,选择 Digilent Basys3 板卡上使用的 FPGA 芯片。在 Package 栏中输入 cpg236,然后选择 xc7a35tcpg236-1 器件。最后,单击 Next 按钮,如图 1-34 所示。

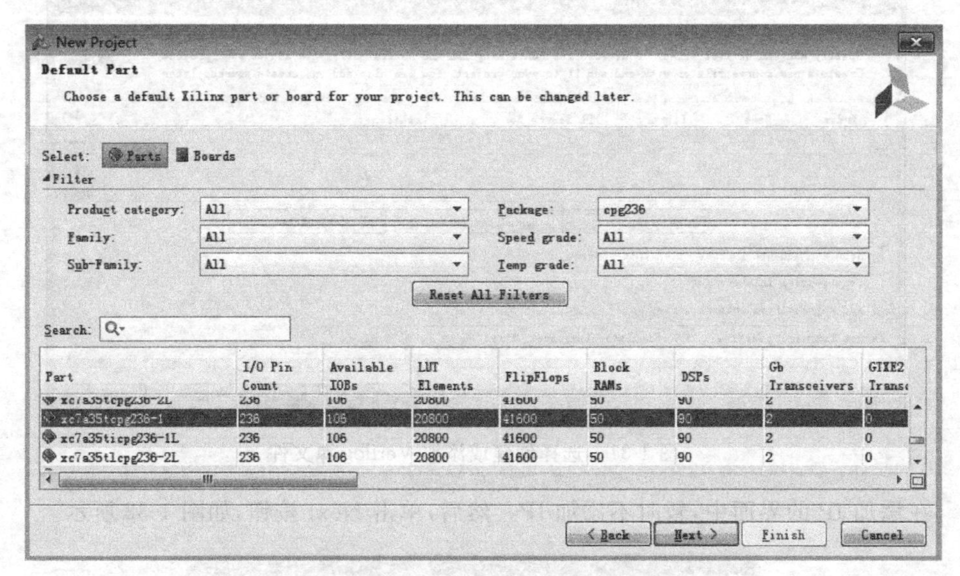

图 1-34 选择 FPGA 芯片

在新工程总结中,检查工程创建是否有误。没有问题,单击 Finish 按钮,完成新工程的创建。

(2) 添加和编辑源文件。

单击 Project Manager 目录下的 Add Sources,如图 1-35 所示。

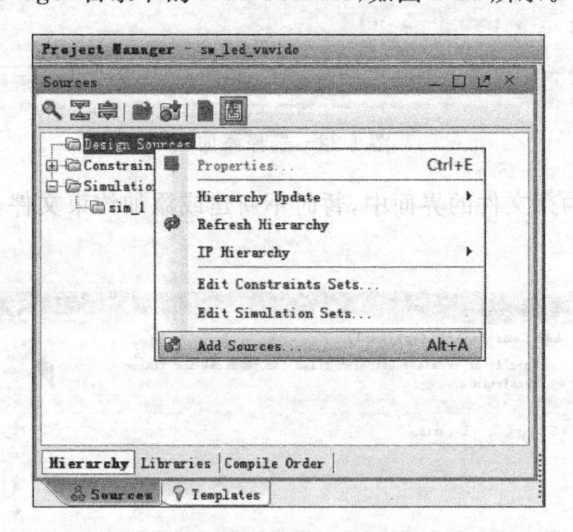

图 1-35 添加文件

选择添加的源文件,然后单击 Next 按钮,如图 1-36 所示。

单击 Create File...按钮,创建新文件。在弹出的对话框输入文件名 sw_led_vivado,然后,单击 OK 按钮,如图 1-37 所示。

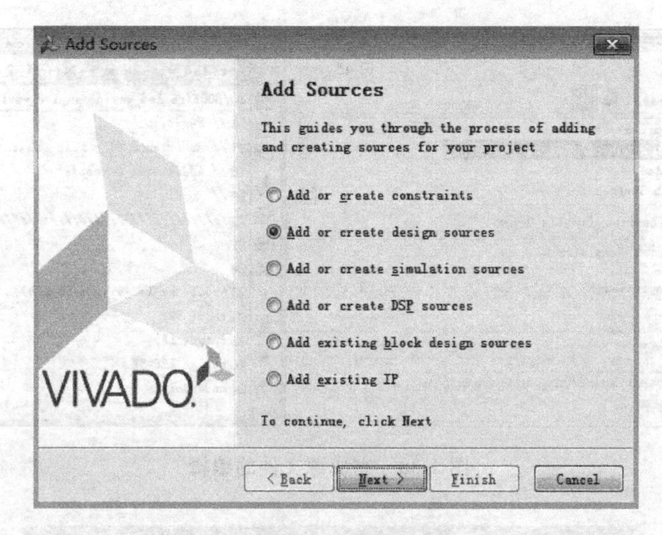

图1-36　添加源文件

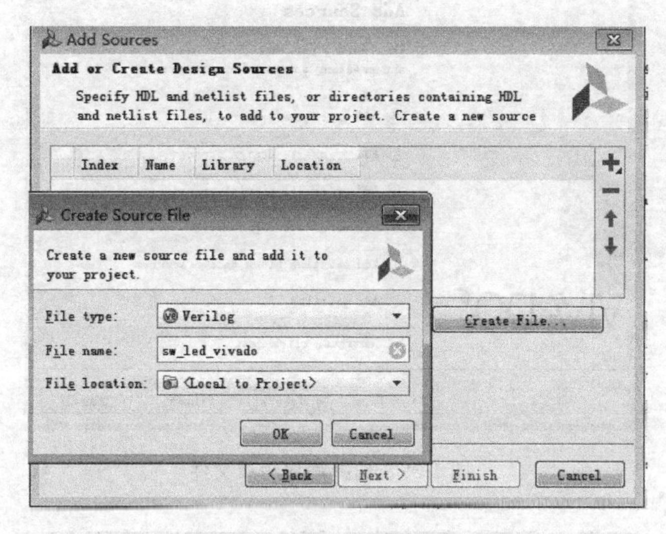

图1-37　创建新源文件并命名

在弹出的模块定义对话框中，保持默认值，单击OK按钮后，在弹出的模块保存对话框单击Yes按钮，完成源文件的创建。

双击sw_led_vivado.v，在弹出的源文件编辑框中完成源文件的编辑，如图1-38所示。

(3) 添加和编辑引脚约束文件。

单击Project Manager目录下的Add Sources，选择添加约束文件后，单击Next按钮，如图1-39所示。

单击Create File...按钮，创建新文件。在弹出的对话框中输入文件名sw_led_vivado，然后单击OK按钮，如图1-40所示。

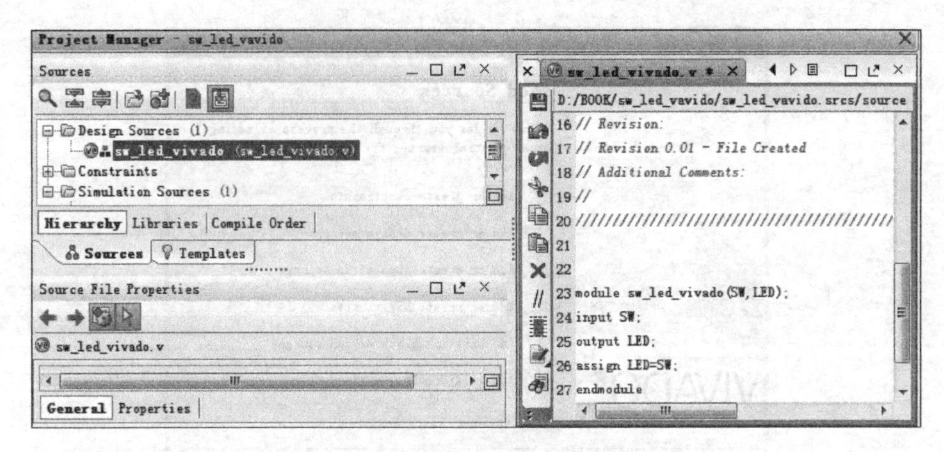

图 1-38　完成源文件的编辑

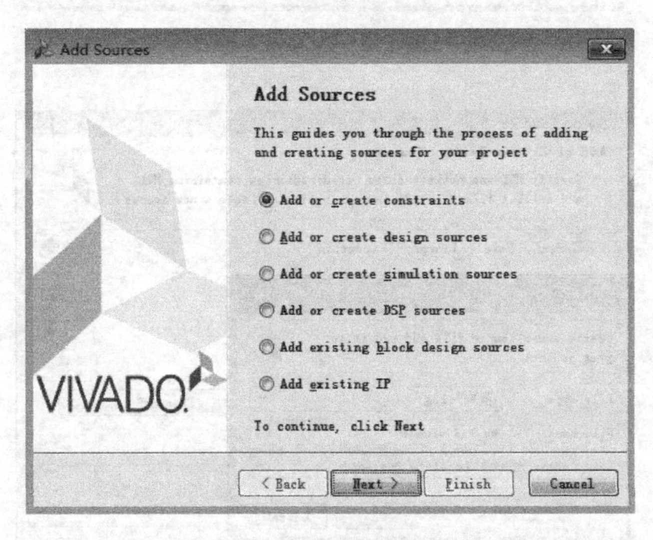

图 1-39　选择添加约束文件

图 1-40　创建并命名新的约束文件

单击 Finish 按钮，完成添加约束文件。然后，双击 sw_led_vivado.xdc，在弹出的约束文件编辑框中完成约束文件的编辑，如图 1-41 所示。

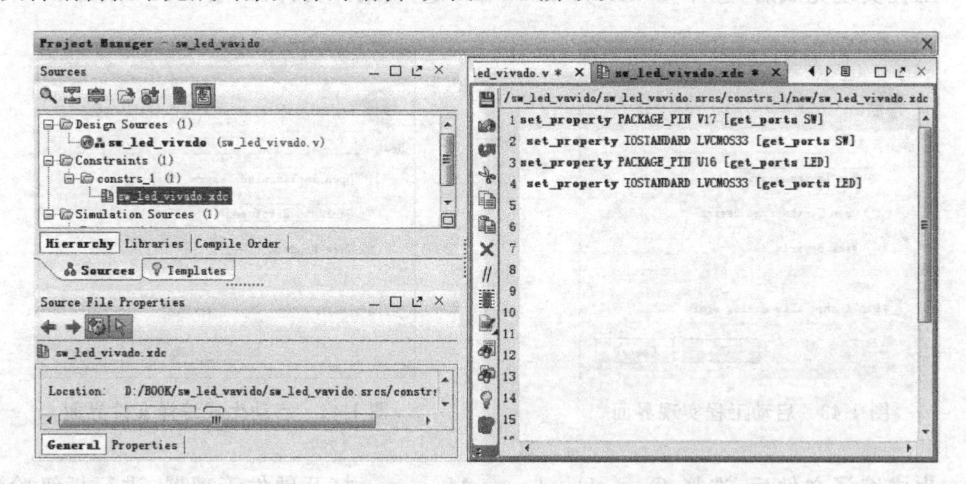

图 1-41　完成约束文件的编辑

(4) 综合、实现、生成 Bitstream、编程。

在图 1-42 中，双击 Synthesis|Run Synthesis，进行综合验证。

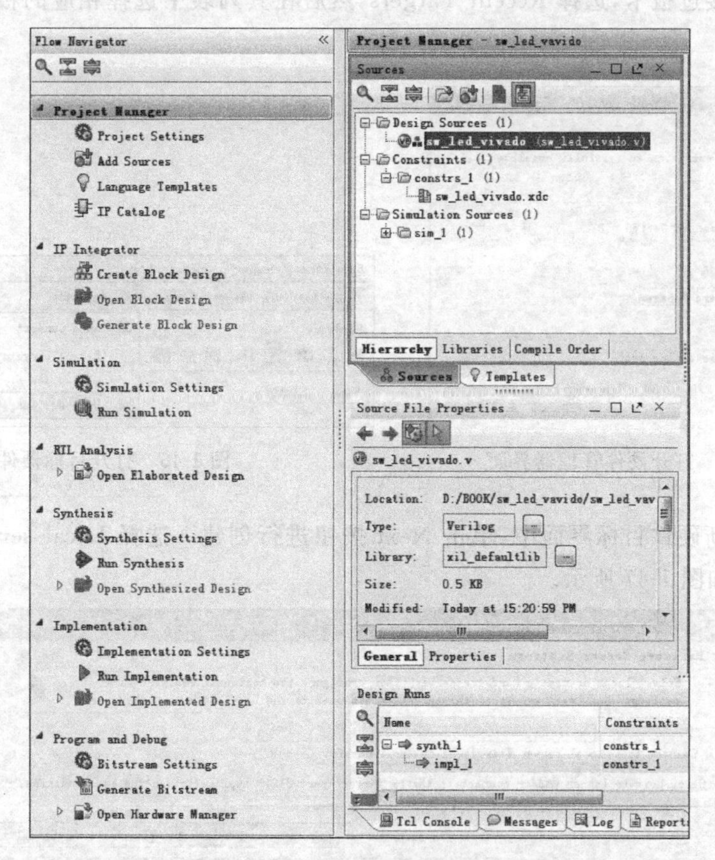

图 1-42　Vivado 开发流程界面

完成综合后,选择 Run Implementation,进行工程实现,如图 1-43 所示。

工程实现完成后,选择 Generate Bitstream,生成编译文件,如图 1-44 所示。

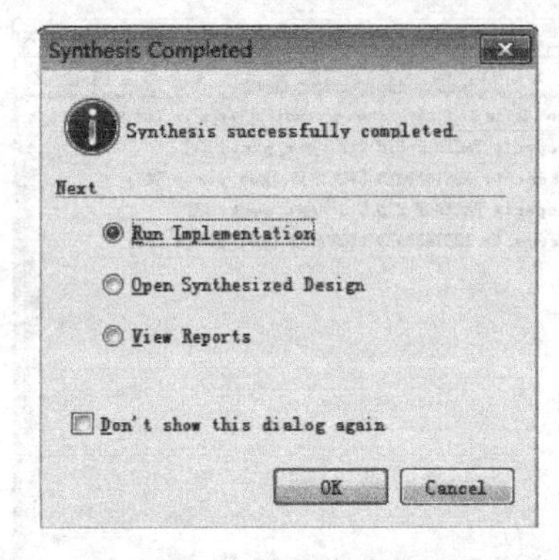

图 1-43 启动工程实现界面

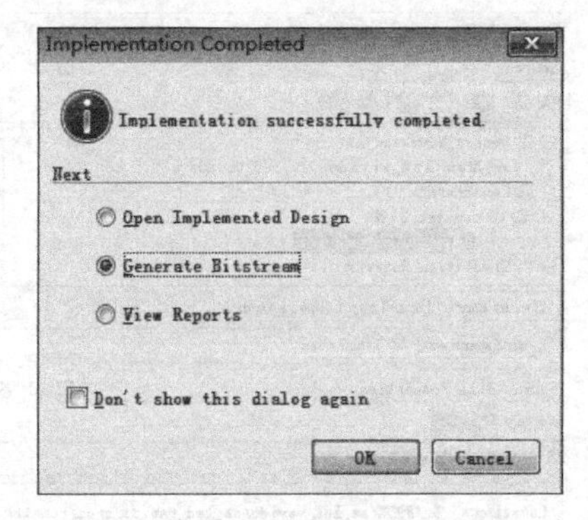

图 1-44 启动生成编译文件界面

生成编译文件后,选择 Open Hardware Manager,打开硬件管理器,进行板级验证,如图 1-45 所示。

打开目标器件,然后单击 Open target。如果初次连接板卡,选择 Open New Target;如果之前连接过板卡,选择 Recent Targets,然后在其列表中选择相应的板卡,如图 1-46 所示。

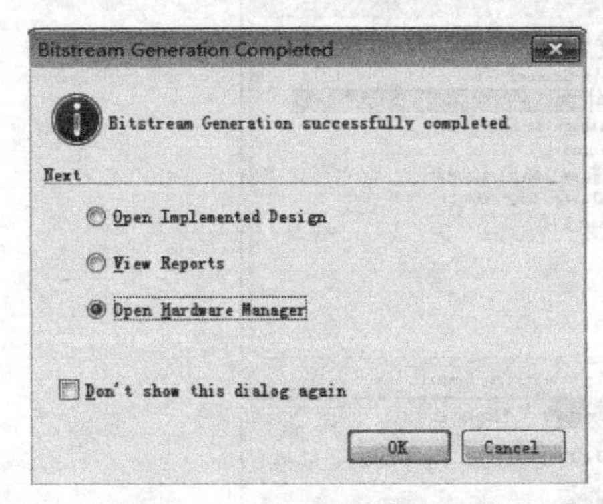

图 1-45 打开硬件管理器界面

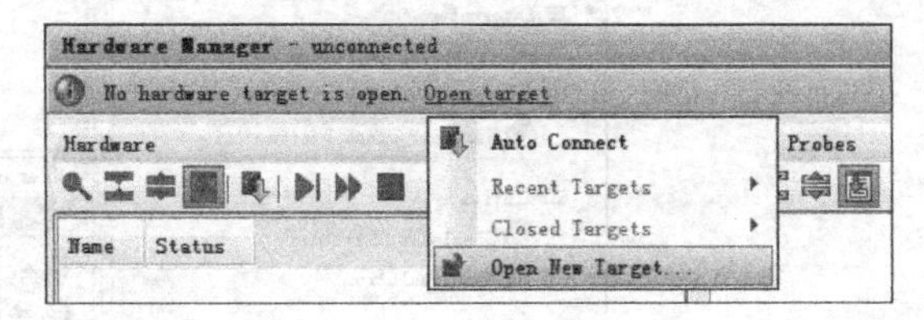

图 1-46 打开目标器件

在打开新硬件目标界面中,单击 Next 按钮进行创建。选择 Local server,然后单击 Next 按钮,如图 1-47 所示。

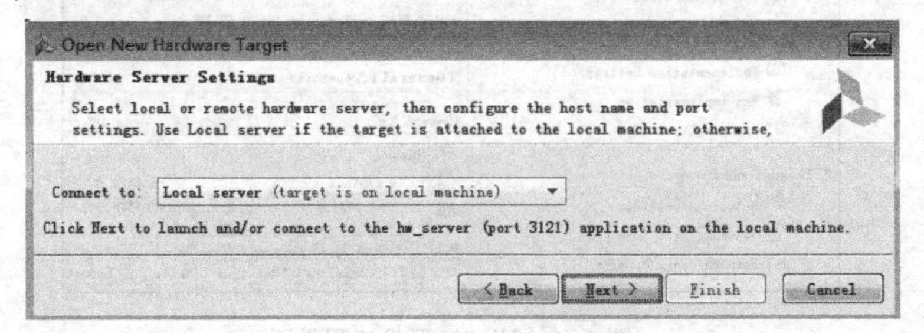

图 1-47 硬件服务器设置

单击 Next|Finish 按钮，完成创建，如图 1-48 所示。

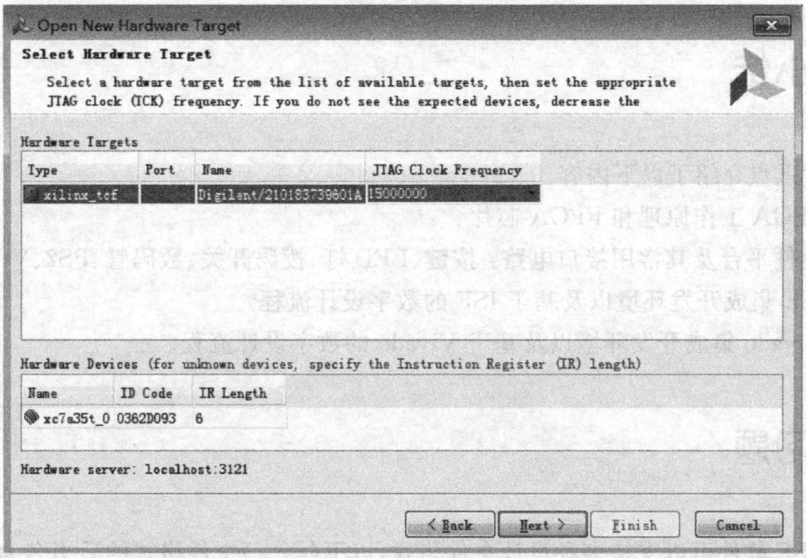

Open New Hardware Target

Select Hardware Target

Select a hardware target from the list of available targets, then set the appropriate JTAG clock (TCK) frequency. If you do not see the expected devices, decrease the

Hardware Targets

Type	Port	Name	JTAG Clock Frequency
xilinx_tcf		Digilent/210183739601A	15000000

Hardware Devices (for unknown devices, specify the Instruction Register (IR) length)

Name	ID Code	IR Length
xc7a35t_0	0362D093	6

Hardware server: localhost:3121

< Back　Next >　Finish　Cancel

图 1-48 选择目标硬件

下载 bit 文件。单击 Hardware Manager 上方提示语句中的 Program device，然后选择目标硬件，如图 1-49 所示。

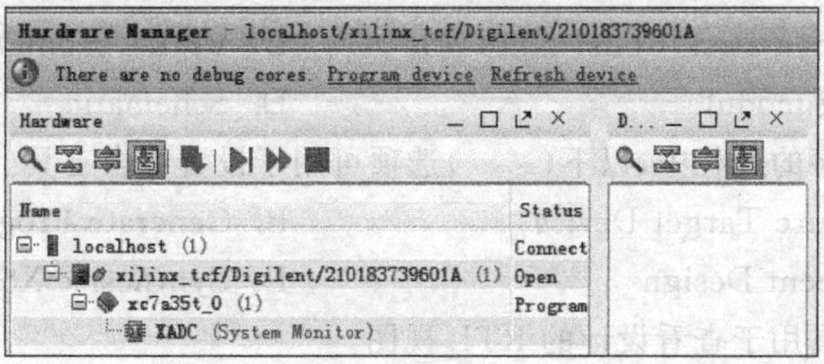

Hardware Manager - localhost/xilinx_tcf/Digilent/210183739601A

There are no debug cores. Program device Refresh device

Hardware　D...

Name	Status
localhost (1)	Connect
xilinx_tcf/Digilent/210183739601A (1)	Open
xc7a35t_0 (1)	Program
XADC (System Monitor)	

图 1-49 选择目标硬件编程

检查弹出框中所选中的 bit 文件，然后单击 Program 按钮开始下载，进行板级验证，如图 1-50 所示。

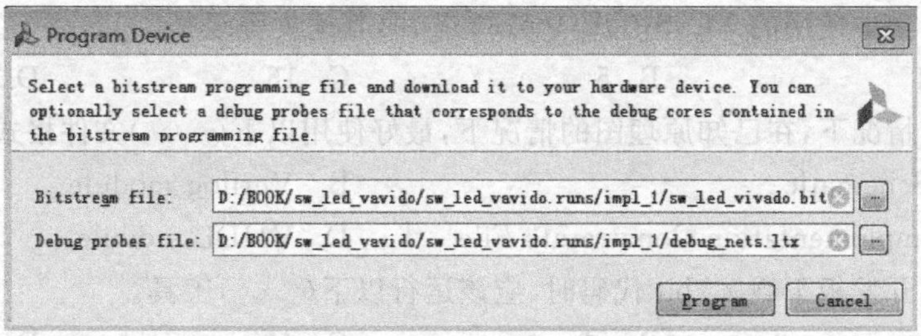

Program Device

Select a bitstream programming file and download it to your hardware device. You can optionally select a debug probes file that corresponds to the debug cores contained in the bitstream programming file.

Bitstream file: D:/BOOK/sw_led_vavido/sw_led_vavido.runs/impl_1/sw_led_vivado.bit

Debug probes file: D:/BOOK/sw_led_vavido/sw_led_vavido.runs/impl_1/debug_nets.ltx

Program　Cancel

图 1-50 选择编程文件

待下载 bit 成功后,拨动最右侧的拨码开关,观察 LED 灯的亮灭变化。

1.4 小结

本章重点介绍了以下内容。

✓ FPGA 工作原理和 FPGA 芯片。

✓ 硬件平台及其常用接口电路:按键、LED 灯、拨码开关、数码管、PS2、VGA 等。

✓ ISE 集成开发环境以及基于 ISE 的数字设计流程。

✓ Vivado 集成开发环境以及基于 Vivado 的数字设计流程。

1.5 习题

1. ISE 软件可以支持多种设计文件格式,以下(　　)文件格式的后缀名为 *.v。

A. Verilog module　　B. VHDL module

C. Implementation Constraints File　　D. Schematic

2. 在进行引脚锁定时,可以通过建立脚本文件的形式来对多个引脚统一锁定。脚本文件的文件格式为(　　)。

A. Implementation Constraints File　　B. VHDL module

C. Verilog module　　D. Schematic

3. 在调试程序的过程中,以下(　　)选项可用于设置综合工具。

A. Configure Target Device　　B. Generate Programming File

C. Implement Design　　D. Synthesize-XST

4. (　　)工具用于查看设计的 RTL 视图。

A. View RTL Schematic

B. Analyze Timing / Floorplan Design (PlanAhead)

C. View Technology Schematic

D. View/Edit Routed Design (FPGA Editor)

5. 在教学中使用的 XC3S100E-4cp132 芯片,其速度等级是(　　)。

A. 4　　B. 5　　C. 16　　D. 32

6. 通常情况下,在已知原理图的情况下,最好使用以下(　　)文件格式建模。

A. Schematic　　B. Verilog module

C. Implementation Constraints File　　D. VHDL module

7. 在向开发板下载 *.bit 代码时,应该运行以下(　　)工具。

A. ▶　　B.　　C.　　D.

8. 在调试程序的过程中,以下(　　)选项可用于设置实现工具。

A. Configure Target Device　　B. Generate Programming File

C. Synthesize - XST　　　　　　D. Implement Design

9. (　　)工具用于查看设计的资源使用情况。

A. Analyze Timing / Floorplan Design (PlanAhead)

B. View RTL Schematic

C. View/Edit Routed Design (FPGA Editor)

D. View Technology Schematic

10. 在教学中使用的 XC3S100E-4cp132 芯片,引脚个数为(　　)。

A. 132　　B. 100　　C. 144　　D. 12

第2章

HDL语言基础

本章重点介绍 HDL 硬件描述语言的语法,包括语言结构、数据类型、过程描述语句以及代码书写规范等。

学习本章的主要目标有 2 个：①总结和复习 HDL 语言,为后续 FPGA 应用开发打下坚实的基础；②理解和掌握不可综合的,但是要用于仿真的 HDL 语法部分。

实战项目 2　设计 1 位全加器

【项目描述】 使用 Verilog HDL 语言设计 1 位全加器。

【知识点】

(1) Verilog HDL 基本程序结构。

(2) 模块名、端口列表、端口声明等概念。

2.1 Verilog HDL 基本程序结构

用 Verilog HDL 描述的电路就是该电路的 Verilog HDL 模型。Verilog 模块是 Verilog 的基本描述单位。模块描述某个设计的功能或结构以及与其他模块通信的外部接口,一般来说,一个文件就是一个模块,但也可以将多个模块放于一个文件中。模块是并行运行的,通常需要一个高层模块通过调用其他模块的实例来定义一个封闭的系统,包括测试数据和硬件描述。

一般的模块结构如下：

```
module <模块名> (<端口列表>)
 <说明部分>
 <语句>
endmodule
```

其中,“说明部分”用来指定数据对象为寄存器型、存储器型、线型等,可以分散于模块的任何地方,但是变量、寄存器、线网和参数等的说明必须在使用前出现。“语句”部分用于定义设计的功能和结构,可以是 initial 语句、always 语句、连续赋值语句或模块实例等。

下面给出一个简单的 Verilog 模块,实现了 1 位全加器,代码见例 2-1。

【例 2-1】 1 位全加器。

```
module P2_Adder(A, B, Cin, Sum, Cout);
    input A, B, Cin;
    output reg Sum, Cout;
    always@(A, B, Cin)
        {Cout,Sum} = A + B + Cin;
endmodule
```

模块的名字是 ADD,模块有 5 个端口：3 个输入端口 A、B 和 Cin,2 个输出端口 Sum 和 Cout。由于没有定义端口的位数,所有端口大小都默认为 1 位；由于没有定义端口 A、B 和 Cin 的数据类型,这 3 个端口都默认为线网型数据类型。输出端口 Sum 和 Cout 定义为 reg 类型。如果没有明确的说明,端口都是线网型的,且输入端口只能是线网型的。

这里特别指出,模块端口是指模块与外界交互信息的接口,包括 3 种类型。

(1) input：模块从外界读取数据的接口,在模块内不可写。

(2) output：模块往外界送出数据的接口,在模块内不可读。

(3) inout：可读取数据,也可以送出数据,数据可双向流动。

这 3 种端口类型在后续章节中均有使用,请读者留意其使用方法,尤其是 inout 端口的使用方法。

实战项目 3　设计 3 位移位寄存器

【项目描述】 通过过程赋值语句,实现 3 位移位寄存器。

要求：分别通过阻塞赋值语句和非阻塞赋值语句,对移位寄存器的 3 个位单独赋值。

【知识点】

(1) Verilog HDL 语言的数据类型。

(2) Verilog HDL 语言的运算符及其优先级。

(3) 两种过程赋值语句,即阻塞赋语句和非阻塞赋值语句,及其在实现电路方面的区别。

(4) 使用阻塞赋值语句和非阻塞赋值语句的一般方法。

2.2 Verilog HDL 语言的数据类型和运算符

2.2.1 标识符

标识符可以是一组字母、数字、下划线_和符号 $ 的组合,且标识符的第一个字符必须是字母或者下划线。另外,标识符是区别大小写的。下面给出标识符的几个例子。

```
traffic_state
_rst
clk_10KHz
MODULE
P_1_02
```

需要注意的是,Verilog HDL 定义了一系列保留字,叫做关键字。通常,关键字由小写字母构成,因此在实际应用中,建议将不确定是否是保留字的标识符首字母大写。例如,标识符 if(关键字)与标识符 If 是不同的。

2.2.2 数据类型

数据类型用来表示数字电路硬件中的数据存储和传送元素。Verilog HDL 中总共有约 20 种数据类型,本章只介绍 3 个常用的数据类型:wire 型、reg 型和 memory 型,其他类型将在后续章节用到的时候再介绍。

(1) wire 型:wire 型数据常用来表示以 assign 关键字指定的组合逻辑信号。Verilog 程序模块中的输入、输出信号类型默认为 wire 型。wire 型信号可以用做方程式的输入,也可以用做 assign 语句或者实例元件的输出。

wire 型信号的定义格式如下:

```
wire [n-1:0] 数据名1,数据名2,...,数据名N;
```

这里总共定义了 N 条线,每条线的位宽为 n。例如:

```
wire [7:0] a, b, c;               //a、b、c都是位宽为8的wire型信号
wire d;                           //d是位宽为1的wire型信号
```

(2) reg 型:reg 是寄存器数据类型的关键字。寄存器是数据存储单元的抽象。通过赋值语句,可以改变寄存器存储的值,其作用相当于改变触发器存储器的值。reg 型数据常用来表示 always 模块内的指定信号,代表触发器。通常,在设计中要由 always 模块通过使用行为描述语句来表达逻辑关系。在 always 块内被赋值的每一个信号都必须定义为 reg 型,即赋值操作符的右端变量必须是 reg 型。

reg 型信号的定义格式如下:

```
reg [n-1:0] 数据名1,数据名2,...,数据名N;
```

这里总共定义了 N 个寄存器变量,每条线的位宽为 n。例如:

```
reg [7:0] a, b, c;                //a、b、c都是位宽为8的reg型信号
reg d;                            //d是位宽为1的reg型信号
```

reg 型数据的默认值是未知的。reg 型数据可以是正值或负值。但当一个 reg 型数据是表达式中的操作数时,它的值被当作无符号值,即正值。如果一个 4 位 reg 型数据被写入-1,在表达式中运算时,其值被认为是+15。

reg 型和 wire 型的区别在于：reg 型保持最后一次的赋值，wire 型则需要持续地驱动。

(3) memory 型：Verilog 通过对 reg 型变量建立数组来对存储器建模，可以描述 RAM、ROM 和寄存器数组。数组中的每一个单元通过一个整数索引寻址。memory 型通过扩展 reg 型数据的地址范围来达到二维数组的效果，其定义的格式如下：

```
reg [n-1:0] 存储器名 [m-1:0];
```

其中，reg [n－1:0]定义了存储器中每一个存储单元的大小，即该存储器单元是一个 n 位位宽的寄存器；存储器后面的[m－1:0]定义了存储器的大小，即该存储器中有多少个这样的寄存器。例如：

```
reg [17:0] ROMA [1023:0];
```

定义了一个存储位宽 18 位，存储深度为 1024 的存储器。该存储器的地址范围是 0～1024。

需要注意的是：对存储器进行地址索引的表达式必须是常数表达式。

尽管 memory 型和 reg 型数据的定义比较接近，但二者有很大区别。例如，一个由 n 个 1 位寄存器构成的存储器是不同于一个 n 位寄存器的。

```
reg [n-1 : 0] rega;             //一个 n 位的寄存器
reg memb [n-1 : 0];             //一个由 n 个 1 位寄存器构成的存储器组
```

一个 n 位的寄存器可以在一条赋值语句中直接赋值，一个完整的存储器则不行。

```
rega = 0;                       //合法赋值
memb = 0;                       //非法赋值
```

如果要对 memory 型存储单元进行读写，必须指定地址。例如：

```
memb[0] = 1;                    //将 memeb 中的第 0 个单元赋值为 1
reg [3:0] ROMB [1:4];           //将 ROMB 中的 4 个单元分别赋值
ROMB[1] = 4'h0;
ROMB[2] = 4'h7;
ROMB[3] = 4'h9;
ROMB[4] = 4'he;
```

2.2.3　常量

Verilog HDL 有下列 4 种基本数值。

(1) 0：逻辑 0 或“假”。

(2) 1：逻辑 1 或“真”。

(3) x：未知。

(4) z：高阻。

其中，x 和 z 是不区分大小写的。Verilog HDL 中的数字由这 4 类基本数值表示。

Verilog HDL 中的常量分为 3 类：整数型、实数型以及字符串型。下划线符号_可以随意用在整数和实数中,没有实际意义,只是为了提高可读性。例如,56 等效于 5_6。通常用 parameter 来定义常量。

1) 整数型

整数型可以按两种方式书写:简单的十进制数格式以及基数格式。

(1) 简单的十进制格式:简单的十进制数格式的整数定义为带有一个+或-操作符的数字序列,如下例所示。

① 100:十进制数 100。

② -100:十进制数-100。

简单的十进制数格式的整数值代表一个有符号的数,其中负数可使用两种补码形式表示。例如,32 在 6 位二进制中表示为 100000,在 7 位二进制形式中为 0100000,这里的最高位 0 表示符号位。-15 在 5 位二进制中表示为 10001,最高位 1 表示符号位;在 6 位二进制中表示为 110001,最高位 1 为符号扩展位。

(2) 基数格式:基数格式的整数格式为:

```
[长度] '基数 数值
```

“长度”是常量的位长。“基数”可以是二进制、八进制、十进制、十六进制之一。“数值”是基于基数的数字序列,且数值不能为负数,例如:

```
6'b001001     6 位二进制数 9
10'o0011      10 位八进制数 9
16'd9         16 位十进制数 9
```

2) 实数型

实数可以用下列两种形式定义。

(1) 十进制计数法,例如:

```
3.0
1234.567
```

(2) 科学计数法,例如:

① 345.12e2,其值为 34512。

② 9E-3,其值为 0.009。

实数的科学计数法中,e 与 E 相同。实数通常用于仿真。

3) 字符串型

字符串是双引号内的字符序列。字符串不能分成多行书写。例如:

```
"counter"
```

用 8 位 ASCII 值表示的字符可看做无符号整数,因此字符串是 8 位 ASCII 值的序列。为存储字符串 counter,变量需要 56 位,即

```
reg [1: 8 * 7] Char;
Char = "counter";
```

4) parameter 型

在 Verilog HDL 中用 parameter 来定义常量，即用 parameter 来定义一个标识符表示常数。采用该类型可以提高程序的可读性和可维护性。

parameter 型信号的定义格式如下：

```
parameter 参数名 1 = 数据名 1;
```

例如：

```
parameter s1 = 0;
parameter S0 = 2'b00, S1 = 2'b01, S2 = 2'b10, S3 = 2'b11;
```

2.2.4 运算符和表达式

在 Verilog HDL 语言中，运算符所带的操作数是不同的。按其所带操作数的个数，分为 3 种。

(1) 单目运算符：带 1 个操作数，且放在运算符的右边。

(2) 双目运算符：带 2 个操作数，且放在运算符的两边。

(3) 三目运算符：带 3 个操作数，且被运算符间隔开。

Verilog HDL 语言参考了 C 语言中大多数算符的语法和句义，运算范围很广。运算符按功能分为下列 9 类。

1) 基本算术运算符

在 Verilog HDL 中，算术运算符又称二进制运算符，有下列 5 种。

(1) +：加法运算符或正值运算符，如 s1+s2、+5。

(2) -：减法运算符或负值运算符，如 s1-s2、-5。

(3) *：乘法运算符，如 s1*5。

(4) /：除法运算符，如 s1/8。

(5) %：模运算符，如 s1%8。

在进行整数除法时，结果值要略去小数部分。在取模运算时，结果的符号位和模运算第一个操作数的符号位保持一致。例如：

运算表达式	结果	说明
12.5/3	4	结果为 4，小数部分省去
12%4	0	整除，余数为 0
-15%2	-1	结果取第一个数的符号，所以余数为-1
13/-3	1	结果取第一个数的符号，所以余数为 1

注意：在进行基本算术运算时，如果某一个操作数有不确定的值 X，则运算结果也是不确定值 X。

2) 赋值运算符

赋值运算分为连续赋值和过程赋值两种。

(1) 连续赋值：连续赋值语句只能用来对线网型变量赋值，不能对寄存器变量赋值，其基本的语法格式为：

```
线网型变量类型 [线网型变量位宽] 线网型变量名;
assign #(延时量) 线网型变量名 = 赋值表达式;
```

例如：

```
wire a,b,c;
assign a = 1'b1;
assign a = b+c;
```

一个线网型变量一旦被连续赋值语句赋值之后，赋值语句右端赋值表达式的值将持续对被赋值变量产生连续驱动。只要右端表达式任一个操作数的值发生变化，就会立即触发对被赋值变量的更新操作。

在实际中，连续赋值语句有下列几种应用。

① 对标量线网型赋值：

```
wire a, b;
assign a = b;
```

② 对矢量线网型赋值：

```
wire [7:0] a, b;
assign a = b;
```

③ 对矢量线网型中的某一位赋值：

```
wire [7:0] a, b;
assign a[3] = b[1];
```

④ 对矢量线网型中的某几位赋值：

```
wire [7:0] a, b;
assign a[3:0] = b[7:4];
```

⑤ 对任意拼接的线网型赋值：

```
wire a, b;
wire [1:0] c;
assign c = {a ,b};
```

(2) 过程赋值：过程赋值主要用于两种结构化模块(initial 模块和 always 模块)中的赋值语句。在过程块中只能使用过程赋值语句，不能在过程块中出现连续赋值语句；同时，过程赋值语句只能用在过程赋值模块中。

过程赋值语句的基本格式如下：

```
<被赋值变量><赋值操作符><赋值表达式>
```

其中，“<赋值操作符>”是“=”或“<=”，分别代表阻塞赋值类型和非阻塞赋值

类型。

下面通过 5 个例题来说明 2 种赋值方式的不同。这 5 个例题的设计目标都是实现 3 位移位寄存器，分别采用阻塞赋值方式和非阻塞赋值方式。

【例 2-2】 采用阻塞赋值方式描述的移位寄存器 1。

```
module P3_Block1(Q0,Q1,Q2,D,clk);
    output Q0,Q1,Q2;
    input clk,D;
    reg Q0,Q1,Q2;
    always @(posedge clk) begin
        Q2 = Q1;                        //注意赋值语句的顺序
        Q1 = Q0;
        Q0 = D;
    end
endmodule
```

综合结果如图 2-1 所示。

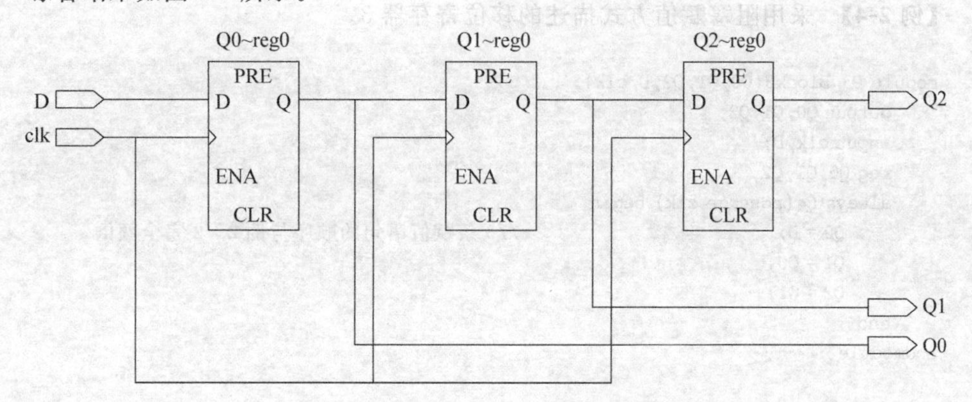

图 2-1　例 2-2 综合出来的电路图

【例 2-3】 采用阻塞赋值方式描述的移位寄存器 2。

```
module P3_Block2(Q0,Q1,Q2,D,clk);
    output Q0,Q1,Q2;
    input clk,D;
    reg Q0,Q1,Q2;
    always @(posedge clk) begin
        Q1 = Q0;                        //该句与下一句的顺序与例 2-2 颠倒
        Q2 = Q1;
        Q0 = D;
    end
endmodule
```

综合结果如图 2-2 所示。

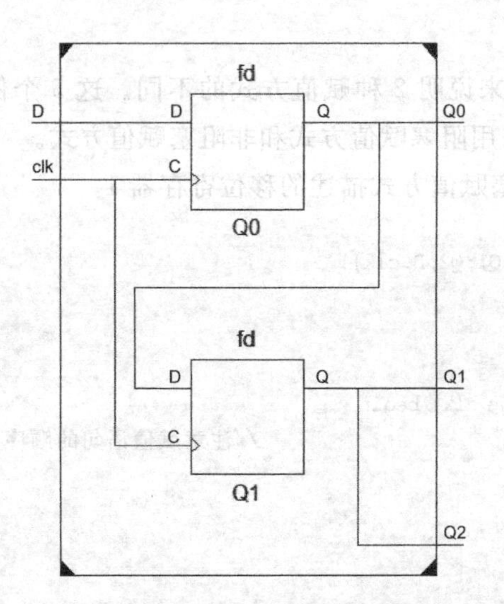

图 2-2　例 2-3 综合出来的电路图

【例 2-4】 采用阻塞赋值方式描述的移位寄存器 3。

```
module P3_Block3(Q0,Q1,Q2,D,clk);
    output Q0,Q1,Q2;
    input clk,D;
    reg Q0,Q1,Q2;
    always @(posedge clk) begin
        Q0 = D;                              //3 条赋值语句的顺序与例 2 - 2 完全颠倒
        Q1 = Q0;
        Q2 = Q1;
    end
endmodule
```

综合结果如图 2-3 所示。

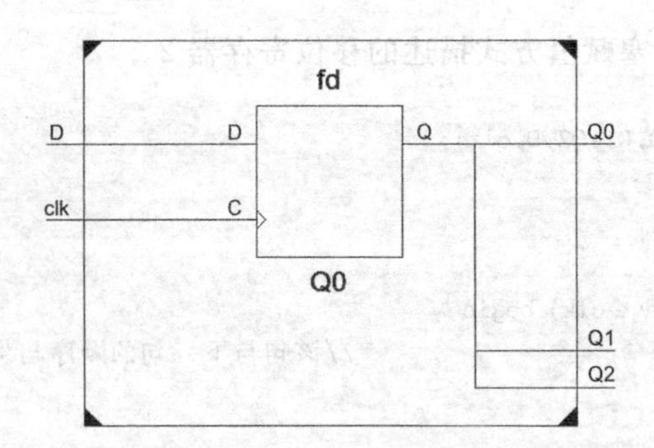

图 2-3　例 2-4 综合出来的电路图

【例 2-5】 采用非阻塞赋值方式描述的移位寄存器 1。

```
module P3_NonBlock1(Q0,Q1,Q2,D,clk);
    output Q0,Q1,Q2;
```

```
    input clk,D;
    reg Q0,Q1,Q2;
    always @(posedge clk) begin
        Q1 <= Q0;
        Q2 <= Q1;
        Q0 <= D;
    end
endmodule
```

【例 2-6】 采用非阻塞赋值方式描述的移位寄存器 2。

```
module P3_NonBlock2(Q0,Q1,Q2,D,clk);
    output Q0,Q1,Q2;
    input clk,D;
    reg Q0,Q1,Q2;
    always @(posedge clk) begin
        Q0 <= D;                    //3 条赋值语句的顺序与例 2-5 完全颠倒
        Q2 <= Q1;
        Q1 <= Q0;
    end
endmodule
```

例 2-5 和例 2-6 的综合结果相同,如图 2-4 所示。

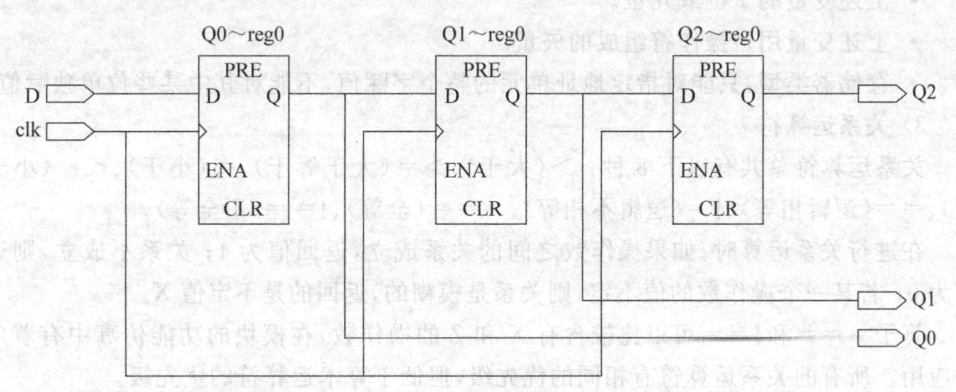

图 2-4　例 2-5 和例 2-6 综合出来的电路图

例 2-2～例 2-6 程序说明如下。

① 5 个例题的设计目标均是实现 3 位移位寄存器,但从综合结果可以看出,第 2 个和第 3 个例题没有最终实现设计目标。

② "Q2＝Q1;"这种赋值方式称为阻塞赋值,Q2 的值在赋值语句执行完成后立刻改变,而且随后的语句必须在赋值语句执行完成后才能继续执行。所以,对于第 3 个例题中的 3 条语句"Q0＝D; Q1＝Q0; Q2＝Q1;",执行完成后,Q0、Q1、Q2 的值都变化为 D 的值,也就是说,D 的值同时赋给了 Q0、Q1、Q2。参照其综合结果能更清晰地看到这一点。第 1 个和第 2 个例题可通过同样的分析得出与综合结果一致的结论。

③ "Q2＜＝Q1;"这种赋值方式称为非阻塞赋值,Q2 的值在赋值语句执行完成后并不会立刻改变,而是等到整个 always 语句块结束后才完成赋值操作。所以,对于第 5 个

例题中的 3 条语句“Q0＜＝D；Q2＜＝Q1；Q1＜＝Q0；”，执行完成后，Q0、Q1、Q2 的值并没有立刻更新，而是保持原来的值，直到 always 语句块结束后才同时赋值。因此，Q0 的值变为 D 的值，Q2 的值变为原来 Q1 的值，Q1 的值变为原来 Q0 的值(而不是刚刚更新的 Q0 的值 D)。参照其综合结果能更清晰地看到这一点。第 4 个例题可通过同样的分析得出与综合结果一致的结论。

④ 前 3 个例题采用的是阻塞赋值方式，可以看出，阻塞赋值语句在 always 块语句中的位置对其结果有影响；后 2 个例题采用的是非阻塞赋值方式，可以看出，非阻塞赋值语句在 always 块语句中的位置对其结果没有影响。因此，在使用赋值语句时，要注意两者的区别与联系。

⑤ 对于使用阻塞赋值语句和非阻塞赋值语句的一般方法，对时序逻辑描述和建模，应尽量使用非阻塞赋值方式；对组合逻辑描述和建模，既可以用阻塞赋值，也可以用非阻塞赋值。但在同一个过程块中，最好不要同时用阻塞赋值和非阻塞赋值。对同一个变量赋值时，不能既使用阻塞赋值，又使用非阻塞赋值。

过程赋值语句只能对寄存器类型的变量(reg、integer、real 和 time)进行操作，经过赋值，上述变量的取值将保持不变，直到另一条赋值语句对变量重新赋值为止。过程赋值操作的具体目标可以是：

- reg、integer、real 和 time 型变量(矢量和标量)。
- 上述变量的 1 位或几位。
- 上述变量用{}操作符组成的矢量。
- 存储器类型，只能对指定地址单元的整个字赋值，不能对其中某些位单独赋值。

3) 关系运算符

关系运算符总共有以下 8 种：＞(大于)、＞＝(大于等于)、＜(小于)、＜＝(小于等于)、＝＝(逻辑相等)、!＝(逻辑不相等)、＝＝＝(全等)、!＝＝(不全等)。

在进行关系运算时，如果操作数之间的关系成立，返回值为 1；关系不成立，则返回值为 0；若某一个操作数的值不定，则关系是模糊的，返回的是不定值 X。

算子＝＝＝和!＝＝可以比较含有 X 和 Z 的操作数，在模块的功能仿真中有着广泛的应用。所有的关系运算符有相同的优先级，但低于算术运算符的优先级。

4) 逻辑运算符

Verilog HDL 中有三类逻辑运算符：&&(逻辑与)、||(逻辑或)、!(逻辑非)。

其中，&& 和||是二目运算符，要求有两个操作数；!是单目运算符，只要求一个操作数。&& 和||的优先级高于算术运算符。逻辑运算符的真值表如表 2-1 所示。

表 2-1 逻辑运算符的真值表

a	b	!a	!b	a&&b	a‖b
1	1	0	0	1	1
1	0	0	1	0	1
0	1	1	0	0	1
0	0	1	1	0	0

5）条件运算符

条件运算符的格式如下：

```
y = x ? a : b;
```

条件运算符有三个操作数，若第一个操作数 y = x 是 True，算子返回第二个操作数 a，否则返回第三个操作数 b。例如：

```
wire y;
assign y = (s1 == 1) ? a : b;
```

嵌套的条件运算符可以实现多路选择。例如：

```
wire [1:0] s;
assign s = (a >= 2 ) ? 1 : ((a < 0) ? 2: 0);
//当 a >= 2 时，s = 1; 当 a < 0 时，s = 2; 在其余情况下，s = 0
```

6）位运算符

作为一种针对数字电路的硬件描述语言，Verilog HDL 用位运算来描述电路信号中的与、或以及非操作，总共有 7 种位逻辑运算符：～(非)、&(与)、|(或)、^(异或)、^～(同或)、～&(与非)、～|(或非)。

位运算符中除了～，都是二目运算符。位运算对其自变量的每一位进行操作，例如，s1&s2 的含义是 s1 和 s2 的对应位相与。如果两个操作数的长度不相等，将对较短的数高位补零，然后进行对应位运算，使输出结果的长度与位宽较长的操作数长度保持一致。例如：

```
reg [3:0] s1,v1,v2,var;
s1 = ~s1;
var = v1 & v2;
```

7）移位运算符

移位运算符只有两种：<<(左移)和>>(右移)。左移 1 位相当于乘以 2，右移 1 位相当于除以 2。其使用格式如下：

```
s1 << N;  或  s1 >> N
```

其含义是将第一个操作数 s1 向左(右)移位，所移动的位数由第二个操作数 N 决定，且都用 0 来填补移出的空位。

在实际运算中，经常通过不同移位数的组合来执行简单的乘法和除法运算。例如 s1 * 21，因为 21=16+4+1，所以通过 s1<<4+s1<<2+s1 来实现；s1/8，通过 s1>>3 来实现。

8）拼接运算符

拼接运算符可以将两个或更多个信号的某些位并接起来进行运算操作。其使用格式如下：

```
{s1, s2, … , sn}
```

将某些信号的某些位详细地列出来，中间用逗号隔开，最后用一个大括号表示其为一个整体信号。

在工程实际中，拼接运算使用广泛，特别是在描述移位寄存器时。例如：

```
reg [15:0] shiftreg;
always @( posedge clk)
    shiftreg [15:0] <= {shiftreg [14:0], data_in};
```

9）一元约简运算符

一元约简运算符是单目运算符，其运算规则类似于位运算符中的与、或、非，但运算过程不同。约简运算符对单个操作数进行运算，最后返回 1 位数，其运算过程为：首先将操作数的第 1 位和第 2 位进行与、或、非运算；然后将运算结果和第 3 位进行与、或、非运算；依次类推，直至最后一位。

常用的约简运算符的关键字和位操作符关键字一样，仅仅由单目运算和双目运算来区别。例如：

```
reg [3:0] s1;
reg s2;
s2 = &s1;                              //& 即为一元约简运算符"与"
```

10）各种运算符的优先级别

如果不使用小括号将表达式的各个部分分开，Verilog 将根据运算符之间的优先级计算表达式。图 2-5 列出了常用的几种运算符的优先级别。

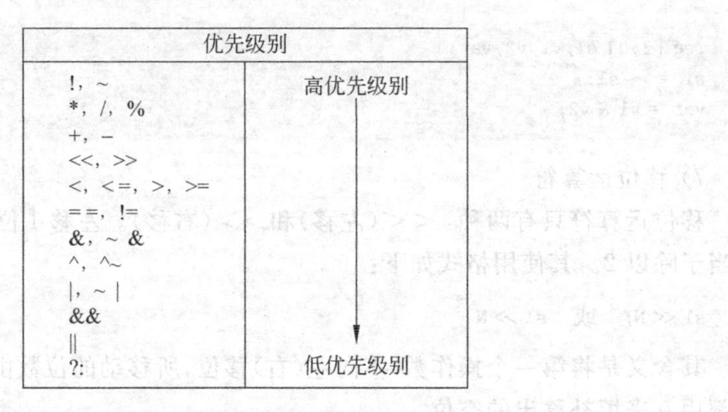

图 2-5　运算符的优先级

实战项目 4　设计三人表决电路

【项目描述】 实现一个三人表决电路。当至少有两个人同意时，表决通过。要求：通过结构描述、数据流描述和行为描述等三种建模形式分别建模。

【知识点】

(1) Verilog HDL 设计中常用的三类建模形式：结构描述、数据流描述和行为描述。

(2) 行为描述主要用于实现时序逻辑电路，也可以用于实现组合逻辑电路，是主要的电路建模形式。

(3) 行为描述四个主要方面的知识：过程结构、语句块、时序控制和流控制。

(4) Verilog 代码书写规范。

2.3 Verilog HDL 语言的建模形式

Verilog HDL 代码设计中常用三类建模形式：结构描述、数据流描述和行为描述。下面分别说明。

2.3.1 结构描述形式

通过实例进行描述的方法，将 Verilog HDL 预先定义的基本单元实例嵌入代码中。Verilog HDL 中定义了 20 多个有关门级的关键字，比较常用的有 8 个。在实际工程中，简单的逻辑电路由逻辑门和开关组成，通过门原语可以直观地描述其结构。

基本的门类型关键字有：and、nand、nor、or、xor、xnor、buf、not。

Verilog HDL 支持的基本逻辑部件是由该基本逻辑器件的原语提供的。其调用格式如下：

```
门类型 <实例名> (输出,输入 1,输入 2,…,输入 N)
```

例如：

```
nand na01(na_out, a, b, c );
```

表示一个名字为 na01 的与非门，输出为 na_out，输入为 a、b、c。

例 2-7 为一个简单的三人表决器的门级描述的例子。

【例 2-7】 三人表决器的门级描述。

```
module P4_Voter1(a, b, c, y);
    input a, b, c;
    output y;
    //声明变量
    wire ab, bc, ca;
    and And1 (ab, a, b),
```

```
            And2 (bc, b, c),
            And3 (ca, c, a);
        or Or1 (y, ab, bc, ca);
    endmodule
```

在此实例中,模块包含门的实例语句,也就是包含内置门 and 和 or 的实例语句。门实例由线网型变量 ab、bc 和 ca 互连。由于未指定顺序,门实例语句可以以任何顺序出现。

门级描述本质上也是一种结构网表,在实际中的使用方式为:先使用门逻辑构成常用的触发器、选择器、加法器等模块,再利用已经设计的模块构成更高一层的模块;依次重复几次,便可以构成一些结构复杂的电路。其缺点是:不易管理,难度较大,且需要一定的资源积累。

2.3.2 数据流描述形式

数据流描述一般采用 assign 连续赋值语句,主要用于实现组合功能。连续赋值语句右边所有的变量受持续监控,只要这些变量中有一个发生变化,整个表达式被重新赋值给左端。

【例 2-8】 三人表决器的数据流描述。

```
module P4_Voter2(a, b, c, y);
    input a, b, c;
    output y;
    assign y = (a&b)|(b&c)|(c&a);
endmodule
```

在上述模块中,只要 a、b 和 c 的值发生变化,y 就会被重新赋值。

2.3.3 行为描述形式

行为描述主要用于实现时序逻辑电路,当然,也可以用于实现组合逻辑电路,是主要的电路建模形式。结构描述和数据流描述的设计通常都可以使用行为描述来实现。使用行为描述形式的三人表决器如例 2-9 所示。

【例 2-9】 三人表决器的行为描述。

```
module P4_Voter3(a, b, c, y);
    input a, b, c;
    output y;
    reg y;
    always @ (a, b, c)
        y = (a&b)|(b&c)|(c&a);
endmodule
```

例 2-7～例 2-9 完成的功能完全一致。

行为描述形式主要包括过程结构、语句块、时序控制、流控制等 4 个方面，主要用于时序逻辑功能的实现。

1）过程结构

过程结构采用下面 4 种过程模块来实现，具有较强的通用性和有效性：initial 模块、always 模块、task（任务）模块和 function（函数）模块。

一个程序可以有多个 initial 模块、always 模块、task 模块和 function 模块。initial 模块和 always 模块都是同时并行执行的，区别在于 initial 模块只执行一次，而 always 模块不断重复地运行。另外，task 模块和 function 模块能被多次调用。

（1）initial 模块：在进行仿真时，一个 initial 模块从模拟 0 时刻开始执行，且在仿真过程中只执行一次；执行完一次后，该 initial 模块被挂起，不再执行。如果仿真中有两个 initial 模块，则同时从 0 时刻开始并行执行。

initial 模块是面向仿真的，是不可综合的，通常用来描述测试模块的初始化、监视、波形生成等功能。其格式如下：

```
initial begin/fork
        块内变量说明
        时序控制 1 行为语句 1;
        ⋮
        时序控制 n 行为语句 n;
end/join
```

其中，begin…end 块中的语句是串行执行的，而 fork…join 块中的语句是并行执行的。当块内只有一条语句且不需要定义局部变量时，可以省略 begin…end/ fork…join。

【例 2-10】 initial 模块应用举例，分别用来设定时钟和复位信号。

```
initial begin                               //初始化复位信号
      rst = 0;                              //全局 rst 信号有效
      #100;
      rst = 1;                              //等待 100ns，全局 rst 信号无效
end
initial begin                               //初始化时钟信号
    clk = 0;
    forever
        #10 clk = ~clk;                     //设置周期为 20ns
end
```

（2）always 模块：和 initial 模块不同，always 模块是一直重复执行的，并且可被综合。always 过程块由 always 过程语句和语句块组成，其格式如下：

```
always @ (敏感事件列表) begin
    块内变量说明
    时序控制 1 行为语句 1;
    ⋮
    时序控制 n 行为语句 n;
end
```

其中,begin…end 的使用方法和 initial 模块中的一样。敏感事件列表是可选项,但在实际工程中常用,而且是比较容易出错的地方。敏感事件表的目的就是触发 always 模块运行,而 initial 后面是不允许有敏感事件表的。

敏感事件表由一个或多个事件表达式构成,事件表达式就是模块启动的条件。当存在多个事件表达式时,要使用关键词 or 将多个触发条件结合起来。Verilog HDL 的语法规定:对于这些表达式所代表的多个触发条件,只要有一个成立,就可以启动块内语句的执行。例如,在语句

```
always@ (a or b or c) begin
    …
end
```

中,always 过程块的多个事件表达式代表的触发条件是:只要 a、b、c 信号的电平有任意一个发生变化,begin…end 语句就会被触发。

always 模块主要是对硬件功能的行为进行描述,可以实现锁存器和触发器,也可以用来实现组合逻辑。利用 always 实现组合逻辑时,要将所有的信号放进敏感列表;而实现时序逻辑时,不一定要将所有的结果放进敏感信号列表。敏感信号列表未包含所有输入的情况,称为不完整事件说明,有时可能引起综合器的误解,产生许多意想不到的结果。

【例 2-11】 always 模块应用举例。

```
module and3(f, a, b, c);
    input a, b, c;
    output f;
    reg f;
    always @(a or b )begin
    f = a & b & c;
    end
endmodule
```

例 2-11 给出了敏感事件未包含所有输入信号的情况。由于 c 不在敏感变量列表中,所以当 c 值变化时,不会重新计算 f 值。所以,上述程序不能实现 3 输入与门功能。正确的 3 输入与门应当采用下面的表述形式。

```
module and3(f, a, b, c);
    input a, b, c;
    output f;
    reg f;
    always @(a or b or c )begin
          f = a & b & c;
    end
endmodule
```

(3) task 模块和 function 模块:task 和 function 说明语句分别用来定义任务和函

数。利用任务和函数可以把一个很大的程序模块分解成许多较小的任务和函数，以便理解和调试。输入、输出和总线信号的值可以传入、传出任务和函数。任务和函数往往还是大的程序模块中在不同地点多次用到的相同的程序段。学会使用 task 和 function 语句，可以简化程序结构，使程序明白易懂。熟练使用这两种语句是编写较大型模块的基本功。

Veirlog HDL 函数和任务在综合时被理解成具有独立运算功能的电路。每调用一次函数和任务，相当于改变这部分电路的输入，以得到相应的计算结果。

下面分别通过任务和函数来实现对输入数按位逆序后输出。

【例 2-12】 用任务实现输入数据按位逆序后输出的功能。

```
module task_ex(clk,D,Q);
    input clk;
    input [MAX_BITS:1] D;
    output reg [MAX_BITS:1] Q;
    parameter MAX_BITS = 8;
    task reverse_bits;
        input [MAX_BITS:1] data;
         output [MAX_BITS:1] result;
         integer K;
         for (K = 0; K < MAX_BITS; K = K + 1)
             result[MAX_BITS - K] =  data[K + 1];
    endtask
    always @ (posedge clk)
        reverse_bits (D,Q);
endmodule
```

程序说明如下。

① 本例说明了怎样定义任务和调用任务。起于 task，结束于 endtask 的部分定义了一个任务。任务的定义语法如下：

```
task <任务名>;
  <端口及数据类型声明语句>
  <语句 1>
  <语句 2>
  ⋮
  <语句 n>
endtask
```

这些声明语句的语法与模块定义中对应的声明语句的语法是一致的。

② “reverse_bits(D,Q);”的功能是调用任务，并传递输入/输出变量给任务。调用任务并传递输入/输出变量的声明语句的语法如下：

```
<任务名>(端口 1,端口 2,…,端口 n);
```

本例中，任务调用变量(D,Q)和任务定义的 I/O 变量(data,result)之间是一一对应的。当任务启动时，由 D 传入的变量赋给 data；任务完成后的输出通过 result 赋给 Q。

③ 如果传给任务的变量值和任务完成后接收结果的变量已定义,可以用一条语句启动任务。任务完成以后,控制传回启动过程。

使用任务完成的可综合的模块,同样可以由函数实现。例 2-13 使用函数对例 2-12 进行了改写。

【例 2-13】 用函数实现输入数据位逆序后输出的功能。

```
module function_ex(clk,D,Q);
    input clk;
    input [MAX_BITS:1]  D;
    output reg [MAX_BITS:1]  Q;
    parameter MAX_BITS = 8;
    function[MAX_BITS:1] reverse_bits;
        input [MAX_BITS:1] data;
         integer K;
         for (K = 0; K < MAX_BITS; K = K + 1)
            reverse_bits[MAX_BITS - K] = data[K + 1];
    endfunction
    always @ (posedge clk)
        Q <= reverse_bits (D);
endmodule
```

程序说明如下。

① 本例说明了怎样定义函数和调用函数。起于 function 而结束于 endfunction 的部分定义了一个函数。函数的定义语法如下:

```
function <返回值的类型或范围> (函数名);
  <端口说明语句>
  <变量类型说明语句>
  begin
  <语句>
  ...
  end
endfunction
```

注意:<返回值的类型或范围>这一项是可选的,如默认,返回值为 1 位寄存器类型数据。

这些声明语句的语法与模块定义中对应的声明语句的语法是一致的。

② Q<=reverse_bits(D);的功能是调用函数并传递输入变量给函数。函数调用是通过将函数作为表达式中的操作数实现的。在函数中,reverse_bits 被赋予的值就是函数的返回值。

函数的定义蕴含声明了与函数同名的、函数内部的寄存器。如在函数的声明语句中<返回值的类型或范围>默认,则该寄存器是 1 位的,否则是与函数定义中<返回值的类型或范围>一致的寄存器。函数的定义把函数返回值所赋值寄存器的名称初始化为与函数同名的内部变量。

调用函数并传递输入/输出变量的声明语句的语法如下:

```
<函数名> (<表达式><,<表达式>>*)
```

其中，函数名作为确认符。

本例中，函数调用变量（D，Q）和函数定义的 I/O 变量（data，reverse_bits）之间是一一对应的。当函数启动时，由 D 传入的变量赋给了 data；函数完成后的输出通过 reverse_bits 赋给 Q。

③ 如果传给函数的变量值和函数完成后接收结果的变量已定义，就可以用一条语句启动函数。函数完成以后，控制传回启动过程。

例 2-12 和例 2-13 的仿真波形如图 2-6 所示。

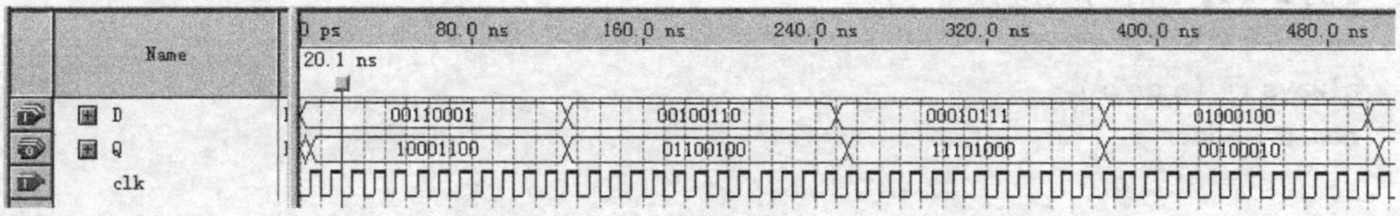

图 2-6　例 2-12 和例 2-13 的仿真波形

从仿真波形可以看出，两个例子均实现了位逆序的功能。

关于任务和函数，进一步说明如下。

① 任务和函数是有区别的。函数只能与主模块共用同一个仿真时间单位，而任务可以定义自己的仿真时间单位；函数至少要有一个输入变量，而任务可以没有或有多个任何类型的变量。

② 任务可以启动其他的任务，其他任务又可以启动别的任务，可以启动的任务数是没有限制的。不管有多少任务启动，只有当所有的启动任务完成以后，控制才能传回启动过程。另外，任务能调用其他函数，而函数不能调用任务。

③ 函数的目的是通过返回一个值来响应输入信号的值；任务却能支持多种目的，能计算多个结果值，而这些结果值只能通过被调用的任务的输出或总线端口送出。Verilog HDL 模块使用函数时，是把它当作表达式中的操作符。这个操作符的结果值就是该函数的返回值。也就是说，函数返回一个值，而任务不返回值。

例如，定义任务或函数，对一个 16 位的字进行操作，让高字节与低字节互换，把它变为另一个字（假定该任务或函数名为 switch_bytes）。

任务返回的新字是通过输出端口的变量，因此 16 位字的字节互换任务的调用方法如下：

```
switch_bytes(old_word,new_word);
```

任务 switch_bytes 把输入 old_word 的高、低字节互换后，放入 new_word 端口输出。

函数返回的新字是通过函数本身的返回值，因此 16 位字高、低字节互换函数的调用方法如下：

```
new_word = switch_bytes(old_word);
```

④ 与任务相比较，函数的使用有较多约束。例如，函数的定义不能包含任何的时间控制语句，即任何用 #、@或 wait 来标识的语句；函数不能启动任务；定义函数时，至少

要有一个输入参量；在函数的定义中必须有一条赋值语句给函数中的一个内部变量赋以函数的结果值，该内部变量具有和函数名相同的名字。

2) 语句块

语句块就是在 initial 或 always 模块中位于 begin...end/fork...join 块定义语句之间的一组行为语句。语句块可以有个名字，写在块定义语句的第一个关键字之后，即 begin 或 fork 之后，可以唯一地标识某一个语句块。如果有了块名字，该语句块称为一个有名块。在有名块内部可以定义内部寄存器变量，并且可以使用 disable 中断语句中断。块名提供了唯一标识寄存器的方法。

【例 2-14】 语句块应用举例。

```
always @ (a or b )
begin : adder
    c = a + b;
end
```

上述代码定义了一个名为 adder 的语句块，实现输入数据的相加。

按照界定不同，分为两种。

(1) begin...end，用来组合需要顺序执行的语句，称为串行块。

【例 2-15】 串行块应用举例。

```
parameter d = 50;
reg[7:0] r;
begin                        //由一系列延时产生的波形
    # d r = 8'h35;           //语句 1
    # d r = 8'hE2;           //语句 2
    # d r = 8'hFA;           //语句 3
    # d r = 8'h96;           //语句 4
    # d -> end_wave;         //语句 5,触发事件 end_wave
end
```

串行块的执行特点如下所述。

① 串行块内的各条语句是按它们在块内的语句逐次逐条顺序执行的。当前一条执行完之后，才能执行下一条。如上例中，语句 1～语句 5 是顺序执行的。

② 块内每一条语句中的延时控制都是相对于前一条语句结束时刻的延时控制。如上例中，语句 2 的延时为 2d。

③ 在进行仿真时，整个语句块总的执行时间等于所有语句执行时间之和。如上例中，语句块中总的执行时间为 5d。

(2) fork...join，用来组合需要并行执行的语句，称为并行块。

【例 2-16】 并行块应用举例。

```
parameter d = 50;
reg[7:0] r;
```

```
fork                                    //由一系列延时产生的波形
    # d r = 'h35;                       //语句 1
    # 2d r = 'hE2;                      //语句 2
    # 3d r = 'hFA;                      //语句 3
    # 4d r = 'h96;                      //语句 4
    # 5d -> end_wave;                   //语句 5,触发事件 end_wave
  join
```

并行块的执行特点如下所述。

① 并行语句块内的各条语句是各自独立地同时开始执行的,各条语句的起始执行时间都等于程序流程进入该语句块的时间。如上例中,语句 2 并不需要等语句 1 执行完才开始执行,它与语句 1 是同时开始的。

② 块内每一条语句中的延时控制都是相对于程序流程进入该语句块的时间而言的。如上例中,语句 2 的延时为 2d。

③ 在进行仿真时,整个语句块总的执行时间等于执行时间最长的那条语句所需要的执行时间。如上例中,整个语句块的执行时间为 5d。

(3) 混合使用:在分别介绍了串行块和并行块之后,还需要讨论二者的混合使用。混合使用分为下面两种情况。

① 串行块和并行块分别属于不同的过程块时,串行块和并行块是并行执行的。例如,一个串行块和并行块分别存在于两个 initial 过程块中,由于这两个过程块是并行执行的,所以其中包含的串行语句和并行语句也是同时并行执行的。在串行块内部,其语句是串行执行的;在并行块内部,其语句是并行执行的。

② 当串行块和并行块嵌套在同一个过程块中时,内层语句可以看作外层语句块中的一条普通语句。内层语句块什么时候得到执行,由外层语句块的规则决定;在内层语句块开始执行时,其内部语句怎么执行,遵守内层语句块的规则。

3) 时序控制

Verilog HDL 提供了两种类型的时序控制,一种是延时控制,在这种类型的时序控制中通过表达式定义开始遇到这一语句和真正执行这一语句之间的延迟时间。另一种是事件控制,这种时序控制通过表达式完成,只有当某一事件发生时才允许语句继续向下执行。

(1) 延时控制:语法如下所示。

```
# 延时数 表达式;
```

延时控制表示在语句执行前的等待延时。例 2-15 和例 2-16 均使用了延时控制。延时控制只能在仿真中使用,是不可综合的。在综合时,所有的延时控制都会被忽略。

(2) 事件控制:分为两种,即边沿触发事件控制和电平触发事件控制。

边沿触发事件是指指定信号的边沿信号跳变时发生指定的行为,分为信号的上升沿和下降沿控制。上升沿用关键字 posedge 描述,下降沿用关键字 negedge 描述。边沿触发事件控制的语法格式如下:

@(<边沿触发事件>) 行为语句;

或

@(<边沿触发事件1> or <边沿触发事件2> or ... or <边沿触发事件n>) 行为语句;

【例2-17】 边沿触发事件计数器。

```
reg [3:0] cnt;
always @(posedge clk)
 begin
    if (reset)
        cnt <= 0;
    else
        cnt <= cnt +1;
 end
```

这个例子表明：只要clk信号有上升沿，cnt信号就会加1，完成计数功能。这种边沿计数器在同步分频电路中应用广泛。

电平触发事件是指指定信号的电平发生变化时发生指定的行为。下面是电平触发事件控制的语法和实例。

@(<电平触发事件>) 行为语句;

或

@(<电平触发事件1> or <电平触发事件2> or ... or <电平触发事件n>) 行为语句;

【例2-18】 电平触发计数器。

```
reg [3:0] cnt;
always @(clk) begin
    if (reset)
        cnt <= 0;
    else
        cnt <= cnt +1;
    end
```

这个例子表明：只要clk信号的电平有变化，包括上升沿和下降沿两种情况，信号cnt的值就会加1。这可以用于记录cnt变化的次数。注意与例2-17的区别，例2-18的计数值应该比例2-17的计数值多1倍。

4）流控制

流控制语句包括3类，即跳转、分支和循环语句。

(1) if(跳转)语句。语法如下：

```
if (条件1)
    语句块1
else if (条件2)
```

```
    语句块 2
  ⋮
else
    语句块 n
```

如果条件 1 的表达式为真(或非 0 值),语句块 1 被执行,否则语句块不被执行;然后,依次判断条件 2 至条件 n 是否满足。如果满足,执行相应的语句块,最后跳出 if 语句,整个模块结束。如果所有的条件都不满足,则执行最后一个 else 分支。在应用中,else if 分支的语句数目由实际情况决定;else 分支也可以默认,但会产生一些不可预料的结果,生成本不期望的锁存器。

【例 2-19】 if 语句的应用实例。

```
always @(cond or d)
begin
    if (cond) q<= d;
end
```

在例 2-19 中,if 语句只能保证当 cond=1 时,q 才取 d 的值,但程序没有给出 cond=0 时的结果。因此在缺少 else 语句的情况下,即使 cond=0 时,q 的值会保持 cond=1 的原值,这就综合成了一个锁存器。

如果希望 cond=0 时,q 的值为 0 或者其他值,那么 else 分支必不可少。下面给出 cond=0,q=0 的设计。

```
always @(cond or d)
begin
    if (cond) q<= d;
    else q<= 0;
end
```

(2) case(分支)语句。case 语句是一个多路条件分支形式,其用法和 C 语言的 case 语句是一样的。

【例 2-20】 case 语句的应用实例 1。

```
reg [2:0] cnt;
case (cnt)
        3'b000: q = 8'b00000001;
        3'b001: q = 8'b00000010;
        3'b010: q = 8'b00000100;
        3'b011: q = 8'b00001000;
        3'b100: q = 8'b00010000;
        3'b101: q = 8'b00100000;
        3'b110: q = 8'b01000000;
        3'b111: q = 8'b10000000;
        default: q<= 0;
endcase
```

需要指出的是,case 语句的 default 分支虽然可以默认,但是一般不要默认,否则会和 if 语句中缺少 else 分支一样,生成锁存器。

【例 2-21】 case 语句的应用实例 2。

```
always @(cond[1:0] or d)
begin
    case (cond)
    2'b00: q <= d;
    2'b01: q <= d + 1;
end
```

例 2-21 会生成锁存器。一般为了使 case 语句可控,都需要加上 default 选项。

```
always @(cond[1:0] or d)
begin
    case (cond)
    2'b00: q <= d;
    2'b01: q <= d + 1;
    default: q <= 0;
end
```

在实际开发中,要避免生成锁存器的错误。如果用 if 语句,最好写上 else 选项;如果用 case 语句,最好写上 default 项。遵循上述两条原则,就可以避免发生这种错误,使设计者更加明确设计目标,也增加了 Verilog 程序的可读性。

此外,还需要解释在硬件语言中使用 if 语句和 case 语句的区别。在实际中,如果有分支情况,尽量选择 case 语句。这是因为 case 语句的分支是并行执行的,各个分支没有优先级的区别;而 if 语句的选择分支是串行执行的,是按照书写的顺序逐次判断的。如果设计没有这种优先级的考虑,if 语句和 case 语句相比,需要占用额外的硬件资源。

(3) 循环语句。Verilog HDL 提供了 4 种循环语句:for 循环、while 循环、forever 循环和 repeat 循环,其语法和用途与 C 语言类似。

for 循环照指定的次数重复执行过程赋值语句。for 循环的语法如下:

```
for(表达式 1; 表达式 2; 表达式 3) 语句
```

for 循环语句最简单的应用形式很容易理解,其形式如下:

```
for(循环变量赋初值; 循环结束条件; 循环变量增值)
```

【例 2-22】 for 语句的应用实例。

```
parameter WIDTH = 32;
reg [WIDTH - 1:0] DATA;
integer i;
initial
   for (i = 0; i < WIDTH; i = i + 1)
      DATA[i] = 1'b0;
```

例2-22将32位的变量逐位清零。

while循环执行过程赋值语句，直到指定的条件为假。如果表达式条件在开始不为真(包括假、x以及z)，过程语句将永远不会被执行。while循环的语法如下：

```
while (条件表达式) begin
...
end
```

【例2-23】 while语句的应用实例。

```
initial begin
   while (EMPTY == 1'b0) begin
      @(posedge CLK);
      #1 read_fifor = 1'b1;
   end
```

在例2-23中，当FIFO不空时，在时钟上升沿之后的1个时间单位时刻读取FIFO。

forever循环语句连续执行过程语句。为跳出这样的循环，中止语句可以与过程语句共同使用。同时，在过程语句中必须使用某种形式的时序控制，否则forever循环将永远执行下去。forever语句必须写在initial模块中，用于产生周期性波形。forever循环的语法如下：

```
forever begin
...
end
```

【例2-24】 forever语句的应用实例。

```
initial begin
   forever begin
      CLK = 1'b0;
      #5 CLK = 1'b1;
      #5;
   end
end
```

例2-24将产生一个周期为10的CLK信号。

repeat循环语句执行指定循环数。如果循环计数表达式的值不确定，即为x或z时，循环次数按0处理。repeat循环语句的语法如下：

```
repeat(表达式)
begin
...
end
```

【例 2-25】 repeat 语句的应用实例。

```
initial begin
    repeat (30) begin
        @(posedge CLK);
        #1 DATA_IN =  $random;
    end
end
```

在例 2-25 中,在每次时钟上升沿之后 1 个时间单位时随机产生一个数据并赋给 DATA_IN,这样的操作重复 30 次。

以上介绍了 Verilog HDL 代码设计中常用的 3 类描述语句。需要说明的是,在实际应用中,结构描述、数据流描述和行为描述可以自由混合。也就是说,模块描述中可以包括实例化的门、模块实例化语句、连续赋值语句以及行为描述语句的混合。

2.4 Verilog 代码书写规范

代码书写规范就是通过建立起一种通用的约定和模式,在写代码的时候遵循,以此帮助打造健壮的代码。

使用编码规范有很多好处,包括但不限于:

✓ 保持编码风格,注释风格一致,应用设计模式一致。

✓ 新程序员通过熟悉相关的编码规范,可以更容易、更快速地掌握已有的程序库。

✓ 降低代码中 bug 出现的可能性。

代码书写规范包括的内容很多,例如信号命名规范、模块命名规范、代码格式规范、模块调用规范,等等。本节简单说明代码格式规范。

1) 分节书写格式

各节之间加 1 行到多行空格。如每个 always、initial 语句都是一节。每节基本上完成一个特定的功能,即用于描述某几个信号的产生。在每节之前有几行注释描述该节代码,至少列出本节中所描述信号的含义。

行首不要使用空格来对齐,而是用 Tab 键。Tab 键设为 4 个字符宽度。行尾不要有多余的空格。

2) 注释的规范

使用//的注释行以分号结束;使用/* */的注释,/*和*/各占用一行,并且顶格。例如:

```
//Edge detector used to synchronize the input signal;
```

此外,在注释说明中,需要注意以下细节。

(1) 在注释中应该详细说明模块的主要实现思路,特别要注明自己的一些想法。如果有必要,应该写明想法产生的来由。

(2) 在注释中详细注明模块的适用性，强调使用时可能出错的地方。

(3) 对模块注释开始，到模块命名之间应该有一组用来标识的特殊字符串。如果算法比较复杂，或算法中的变量定义与位置有关，则要求对变量的定义进行图解。对于难以理解的算法，能图解的，应尽量图解。

3) 空格的使用

不同变量，以及变量与符号、变量与括号之间都应当保留一个空格。Verilog 关键字与其他任何字符串之间都应当保留一个空格，例如：

```
always @ ( … )
```

使用大括号和小括号时，前括号的后边和后括号的前边应当留有一个空格。逻辑运算符、算术运算符、比较运算符等运算符的两侧各留一个空格，与变量分隔开来；单操作数运算符例外，直接位于操作数前，不使用空格。使用//的注释，在//后应当有一个空格；注释行的末尾不要有多余的空格。例如：

```
assign SramAddrBus = { AddrBus[31:24], AddrBus[7:0] };
assign DivCntr[3:0] = DivCntr[3:0] + 4'b0001;
assign Result = ~Operand;
```

4) begin…end 的书写规范

同一个层次的所有语句左端对齐；initial、always 等语句块的 begin 关键词跟在本行的末尾，相应的 end 关键词与 initial、always 对齐；这样做的好处是避免因 begin 独占一行而造成行数太多。例如：

```
always @ ( posedge SysClk or negedge SysRst ) begin
    if( !SysRst ) DataOut <= 4'b0000;
    else if( LdEn ) begin
        DataOut <= DataIn;
        end
    else
        DataOut <= DataOut + 4'b0001;
end
```

不同层次之间的语句使用 Tab 键进行缩进，每加深一层，缩进一个 Tab；在 endmodule、endtask、endcase 等标记一个代码块结束的关键词后面要加上一行注释，说明该代码块的名称。

2.5 小结

本章重点介绍 Verilog HDL 硬件描述语言的语法，包括以下内容。

✓ Verilog HDL 程序是由模块构成的。每个模块嵌套在 module 和 endmodule 声明语句中。模块是可以层次嵌套的。

✓ Verilog HDL的数据类型、运算符以及运算符的优先级。

✓ Verilog HDL通常使用3种形式建模：结构描述、数据流描述和行为描述。在实际应用中，3类建模形式可以单独使用，也可以混合使用。

✓ 在写代码的时候遵循代码格式规范，有助于打造健壮的代码。

2.5 习题

1. “//”的含义是(　　)。
   A. 脚本文件中的注释符号　　B. Verilog module中的注释符号
   C. 左移称号　　D. 除法
2. “/*　*/”的含义是(　　)。
   A. 脚本文件中的注释符号　　B. 乘法
   C. Verilog module中的注释符号　　D. 除法
3. 变量X在always语句块中被赋值，它应被定义为(　　)数据类型。
   A. wire　　B. parameter　　C. reg　　D. int
4. always @(posedge clk)语句在(　　)情况下会被执行。
   A. clk为高电平　　B. clk为高电平
   C. clk的下降沿　　D. clk的上升沿
5. “/”的含义是(　　)。
   A. 脚本文件中的注释符号　　B. 除法
   C. 左移称号　　D. Verilog module中的注释符号
6. “*”的含义是(　　)。
   A. 脚本文件中的注释符号　　B. Verilog module中的注释符号
   C. 乘法　　D. 除法
7. 变量Y在assign语句块中被赋值，它应被定义为(　　)种数据类型。
   A. parameter　　B. reg　　C. wire　　D. int
8. always @(clk)语句在(　　)情况下会被执行。
   A. clk为高电平　　B. clk的下降沿
   C. clk的上升沿　　D. clk电平变化时

CHAPTER 3

第3章

组合逻辑电路设计与应用

本章重点介绍以下组合逻辑电路的设计：基本逻辑门、比较器、数据选择器、编码器、译码器、ALU 等电路；同时，结合上述项目介绍 ISE 开发环境中常用的一些工具，包括 ISim、FPGA Editor、PlanAhead、Design Summary 等。

学习组合逻辑电路的设计与应用，主要有 4 个目标：①通过实践，掌握 ISE 和 Vivado 工具软件的使用方法；②通过实践，进一步掌握 HDL 语言结构；③通过实践，掌握组合逻辑电路的设计方法；④通过实践，掌握开发板在组合逻辑电路设计中的应用方法。

实战项目 5　设计基本门电路

【项目描述】 设计完成 2 输入与门、与非门、或门、或非门和异或门和同或门。

要求：

(1) 将拨码开关 SW0 和 SW1 分别作为输入变量 a 和 b；分别实现与门、与非门、或门、或非门、异或门、同或门；输出 y 接到 6 个灯 LD0～LD5，通过拨动拨码开关来观察输出的状态变化。

(2) 使用 LSim 对设计完成的门电路进行功能仿真。

【知识点】

(1) 组合逻辑电路设计的一般方法。

(2) 门电路的实现方法。

(3) 使用 ISim 进行功能仿真的步骤和方法。

(4) 开发板在组合逻辑电路设计中的应用方法。

实战项目 5. mp4
(3.50MB)

3.1 基本门电路

3.1.1 基本门电路设计

设计组合逻辑，使用数据流描述来实现，如例 3-1 所示。

【例 3-1】 2 输入逻辑门实现代码。

```
module gate2(a,b,y);
    input a;
    input b;
    output[5:0] y;
    assign y[0] = a&b;              //and
    assign y[1] = ~(a&b);           //nand
    assign y[2] = a|b;              //or
    assign y[3] = ~(a|b);           //nor
    assign y[4] = a^b;              //xor
    assign y[5] = ~(a^b);           //xnor
endmodule
```

为了引脚锁定的统一和方便,给例 3-1 增加顶层模块。

【例 3-2】 对例 3-1 增加顶层模块。

```
module P5_Gate_top(SW,LED);
    input[1:0] SW;
    output[5:0] LED;
    gate2 U1(.a(SW[0]),
             .b(SW[1]),
             .y(LED));
endmodule
```

对例 3-2 增加引脚锁定,约束文件如例 3-3 所示。

【例 3-3】 对例 3-2 设计的引脚约束文件。

```
NET "SW[0]" LOC = P11;          //SW0
NET "SW[1]" LOC = L3;           //SW1
NET "LED[0]" LOC = M5;          //LD0
NET "LED[1]" LOC = M11;         //LD1
NET "LED[2]" LOC = P7;          //LD2
NET "LED[3]" LOC = P6;          //LD3
NET "LED[4]" LOC = N5;          //LD4
NET "LED[5]" LOC = N4;          //LD5
```

最后对已经约束引脚的设计进行综合、实现、生成配置文件、编程到 Basys2 开发板。在 Basys2 开发板上,拨动 SW0 和 SW1 这两个拨码开关,可以看到 LD0～LD5 这 6 个 LED 灯相应地变化,并指示当前的输出状态。

3.1.2 约束文件

在使用开发板时,需要为输出/输入信号指定引脚,因此将 Basys2 开发板的所有输入和输出引脚都整理在 basys2.ucf 文件中,作为 ISE 工程的约束文件,如例 3-4 所示。

【例 3-4】 basys2.ucf 文件。

```
#pin assignment for clock
NET "clk" LOC = B8;                          //MCLK
#pin assignment for slide switches
NET "SW[0]" LOC = P11;                       //SW0
NET "SW[1]" LOC = L3;                        //SW1
NET "SW[2]" LOC = K3;                        //SW2
NET "SW[3]" LOC = B4;                        //SW3
NET "SW[4]" LOC = G3;                        //SW4
NET "SW[5]" LOC = F3;                        //SW5
NET "SW[6]" LOC = E2;                        //SW6
NET "SW[7]" LOC = N3;                        //SW7
#pin assignment for LEDs
NET "LED[0]" LOC = M5;                       //LD0
NET "LED[1]" LOC = M11;                      //LD1
NET "LED[2]" LOC = P7;                       //LD2
NET "LED[3]" LOC = P6;                       //LD3
NET "LED[4]" LOC = N5;                       //LD4
NET "LED[5]" LOC = N4;                       //LD5
NET "LED[6]" LOC = P4;                       //LD6
NET "LED[7]" LOC = G1;                       //LD7
#pin assignment for 7 - segment displays
NET "SEG[0]" LOC = L14;                      //CA
NET "SEG[1]" LOC = H12;                      //CB
NET "SEG[2]" LOC = N14;                      //CC
NET "SEG[3]" LOC = N11;                      //CD
NET "SEG[4]" LOC = P12;                      //CE
NET "SEG[5]" LOC = L13;                      //CF
NET "SEG[6]" LOC = M12;                      //CG
NET "SEG[7]" LOC = N13;                      //DP
NET "AN[0]" LOC = F12;                       //AN0
NET "AN[1]" LOC = J12;                       //AN1
NET "AN[2]" LOC = M13;                       //AN2
NET "AN[3]" LOC = K14;                       //AN3
#pin assignment for pushbotton switches
NET "BTN[0]" LOC = G12;                      //BTN0
NET "BTN[1]" LOC = C11;                      //BTN1
NET "BTN[2]" LOC = M4;                       //BTN2
NET "BTN[3]" LOC = A7;                       //BTN3
#pin PS2 interface
NET "PS2C" LOC = B1;                         //PS2C
NET "PS2D" LOC = C3;                         //PS2D
#pin VGA interface
NET "R[0]" LOC = C14;                        //red0
NET "R[1]" LOC = D13;                        //red1
NET "R[2]" LOC = F13;                        //red2
NET "G[0]" LOC = G14;                        //green0
```

```
NET "G[1]" LOC = G13;                      //green1
NET "G[2]" LOC = F14;                      //green2
NET "B[0]" LOC = J13;                      //blue0
NET "B[1]" LOC = H13;                      //blue1
NET "HS" LOC = J14;                        //hs
NET "VS" LOC = K13;                        //vs
```

在例 3-4 的 basys2.ucf 文件中,在每个引脚指定行的最后都有一个注释。该注释对应该引脚在开发板上的资源名称。basys2.ucf 文件涵盖了开发板上常用的可用资源,但在实际应用中,可能只会用到其中的一部分资源。用到的资源指定相应的引脚,未用到的资源不需要指定引脚。例如,例 3-2 仅用到 2 个拨码开关和 6 个 LED 灯,所以进行引脚锁定时,仅锁定这些资源,如例 3-3 所示。

对于例 3-1,可以不用例 3-2,直接对例 3-1 指定引脚,然后进行综合、实现、生成配置文件、编程到 Basys2 开发板。使用例 3-2 的好处在于:一是规范设计中与 FPGA 的引脚连接的信号的名称;二是可以方便地使用例 3-4 所示的约束文件。

同样地,可以将 Basys3 开发板的所有输入和输出引脚都整理在 basys3.xdc 文件中,作为 Vivado 工程的约束文件,如例 3-5 所示。

【例 3-5】 basys3.xdc 文件。

```
#pin assignment for clock
set_property PACKAGE_PIN W5 [get_ports clk]
set_property IOSTANDARD LVCMOS33 [get_ports clk]
#pin assignment for slide switches
set_property PACKAGE_PIN V17 [get_ports sw[0]]
set_property IOSTANDARD LVCMOS33 [get_ports sw[0]]
set_property PACKAGE_PIN V16 [get_ports sw[1]]
set_property IOSTANDARD LVCMOS33 [get_ports sw[1]]
set_property PACKAGE_PIN W16 [get_ports sw[2]]
set_property IOSTANDARD LVCMOS33 [get_ports sw[2]]
set_property PACKAGE_PIN W17 [get_ports sw[3]]
set_property IOSTANDARD LVCMOS33 [get_ports sw[3]]
set_property PACKAGE_PIN W15 [get_ports sw[4]]
set_property IOSTANDARD LVCMOS33 [get_ports sw[4]]
set_property PACKAGE_PIN V15 [get_ports sw[5]]
set_property IOSTANDARD LVCMOS33 [get_ports sw[5]]
set_property PACKAGE_PIN W14 [get_ports sw[6]]
set_property IOSTANDARD LVCMOS33 [get_ports sw[6]]
set_property PACKAGE_PIN W13 [get_ports sw[7]]
set_property IOSTANDARD LVCMOS33 [get_ports sw[7]]
set_property PACKAGE_PIN V2 [get_ports sw[8]]
set_property IOSTANDARD LVCMOS33 [get_ports sw[8]]
set_property PACKAGE_PIN T3 [get_ports sw[9]]
set_property IOSTANDARD LVCMOS33 [get_ports sw[9]]
set_property PACKAGE_PIN T2 [get_ports sw[10]]
```

```
set_property IOSTANDARD LVCMOS33 [get_ports sw[10]]
set_property PACKAGE_PIN R3 [get_ports sw[11]]
set_property IOSTANDARD LVCMOS33 [get_ports sw[11]]
set_property PACKAGE_PIN W2 [get_ports sw[12]]
set_property IOSTANDARD LVCMOS33 [get_ports sw[12]]
set_property PACKAGE_PIN U1 [get_ports sw[13]]
set_property IOSTANDARD LVCMOS33 [get_ports sw[13]]
set_property PACKAGE_PIN T1 [get_ports sw[14]]
set_property IOSTANDARD LVCMOS33 [get_ports sw[14]]
set_property PACKAGE_PIN R2 [get_ports sw[15]]
set_property IOSTANDARD LVCMOS33 [get_ports sw[15]]
# pin assignment for leds
set_property PACKAGE_PIN U16 [get_ports led[0]]
set_property IOSTANDARD LVCMOS33 [get_ports led[0]]
set_property PACKAGE_PIN E19 [get_ports led[1]]
set_property IOSTANDARD LVCMOS33 [get_ports led[1]]
set_property PACKAGE_PIN U19 [get_ports led[2]]
set_property IOSTANDARD LVCMOS33 [get_ports led[2]]
set_property PACKAGE_PIN V19 [get_ports led[3]]
set_property IOSTANDARD LVCMOS33 [get_ports led[3]]
set_property PACKAGE_PIN W18 [get_ports led[4]]
set_property IOSTANDARD LVCMOS33 [get_ports led[4]]
set_property PACKAGE_PIN U15 [get_ports led[5]]
set_property IOSTANDARD LVCMOS33 [get_ports led[5]]
set_property PACKAGE_PIN U14 [get_ports led[6]]
set_property IOSTANDARD LVCMOS33 [get_ports led[6]]
set_property PACKAGE_PIN V14 [get_ports led[7]]
set_property IOSTANDARD LVCMOS33 [get_ports led[7]]
set_property PACKAGE_PIN V13 [get_ports led[8]]
set_property IOSTANDARD LVCMOS33 [get_ports led[8]]
set_property PACKAGE_PIN V3 [get_ports led[9]]
set_property IOSTANDARD LVCMOS33 [get_ports led[9]]
set_property PACKAGE_PIN W3 [get_ports led[10]]
set_property IOSTANDARD LVCMOS33 [get_ports led[10]]
set_property PACKAGE_PIN U3 [get_ports led[11]]
set_property IOSTANDARD LVCMOS33 [get_ports led[11]]
set_property PACKAGE_PIN P3 [get_ports led[12]]
set_property IOSTANDARD LVCMOS33 [get_ports led[12]]
set_property PACKAGE_PIN N3 [get_ports led[13]]
set_property IOSTANDARD LVCMOS33 [get_ports led[13]]
set_property PACKAGE_PIN P1 [get_ports led[14]]
set_property IOSTANDARD LVCMOS33 [get_ports led[14]]
set_property PACKAGE_PIN L1 [get_ports led[15]]
set_property IOSTANDARD LVCMOS33 [get_ports led[15]]
# pin assignment for 7 - segment displays
set_property PACKAGE_PIN U2 [get_ports an[0]]
set_property IOSTANDARD LVCMOS33 [get_ports an[0]]
set_property PACKAGE_PIN U4 [get_ports an[1]]
```

```
set_property IOSTANDARD LVCMOS33 [get_ports an[1]]
set_property PACKAGE_PIN V4 [get_ports an[2]]
set_property IOSTANDARD LVCMOS33 [get_ports an[2]]
set_property PACKAGE_PIN W4 [get_ports an[3]]
set_property IOSTANDARD LVCMOS33 [get_ports an[3]]
set_property PACKAGE_PIN W7 [get_ports seg[0]]
set_property IOSTANDARD LVCMOS33 [get_ports seg[0]]
set_property PACKAGE_PIN W6 [get_ports seg[1]]
set_property IOSTANDARD LVCMOS33 [get_ports seg[1]]
set_property PACKAGE_PIN U8 [get_ports seg[2]]
set_property IOSTANDARD LVCMOS33 [get_ports seg[2]]
set_property PACKAGE_PIN V8 [get_ports seg[3]]
set_property IOSTANDARD LVCMOS33 [get_ports seg[3]]
set_property PACKAGE_PIN U5 [get_ports seg[4]]
set_property IOSTANDARD LVCMOS33 [get_ports seg[4]]
set_property PACKAGE_PIN V5 [get_ports seg[5]]
set_property IOSTANDARD LVCMOS33 [get_ports seg[5]]
set_property PACKAGE_PIN W3 [get_ports seg[6]]
set_property IOSTANDARD LVCMOS33 [get_ports seg[6]]
set_property PACKAGE_PIN U7 [get_ports seg[7]]
set_property IOSTANDARD LVCMOS33 [get_ports seg[7]]
set_property PACKAGE_PIN V7 [get_ports seg[8]]
set_property IOSTANDARD LVCMOS33 [get_ports seg[8]]
#pin assignment for pushbotton switches
set_property PACKAGE_PIN T18 [get_ports btn[0]]
set_property IOSTANDARD LVCMOS33 [get_ports btn[0]]
set_property PACKAGE_PIN T17 [get_ports btn[1]]
set_property IOSTANDARD LVCMOS33 [get_ports btn[1]]
set_property PACKAGE_PIN U17 [get_ports btn[2]]
set_property IOSTANDARD LVCMOS33 [get_ports btn[2]]
set_property PACKAGE_PIN W19 [get_ports btn[3]]
set_property IOSTANDARD LVCMOS33 [get_ports btn[3]]
set_property PACKAGE_PIN U18 [get_ports btn[4]]
set_property IOSTANDARD LVCMOS33 [get_ports btn[4]]
#pin VGA interface
set_property PACKAGE_PIN G19 [get_ports R[0]]
set_property IOSTANDARD LVCMOS33 [get_ports R[0]]
set_property PACKAGE_PIN H19 [get_ports R[1]]
set_property IOSTANDARD LVCMOS33 [get_ports R[1]]
set_property PACKAGE_PIN J19 [get_ports R[2]]
set_property IOSTANDARD LVCMOS33 [get_ports R[2]]
set_property PACKAGE_PIN N19 [get_ports R[3]]
set_property IOSTANDARD LVCMOS33 [get_ports R[3]]
set_property PACKAGE_PIN J17 [get_ports G[0]]
set_property IOSTANDARD LVCMOS33 [get_ports G[0]]
set_property PACKAGE_PIN H17 [get_ports G[1]]
set_property IOSTANDARD LVCMOS33 [get_ports G[1]]
set_property PACKAGE_PIN G17 [get_ports G[2]]
```

```
set_property IOSTANDARD LVCMOS33 [get_ports G[2]]
set_property PACKAGE_PIN D17 [get_ports G[3]]
set_property IOSTANDARD LVCMOS33 [get_ports G[3]]
set_property PACKAGE_PIN N18 [get_ports B[0]]
set_property IOSTANDARD LVCMOS33 [get_ports B[0]]
set_property PACKAGE_PIN L18 [get_ports B[1]]
set_property IOSTANDARD LVCMOS33 [get_ports B[1]]
set_property PACKAGE_PIN K18 [get_ports B[2]]
set_property IOSTANDARD LVCMOS33 [get_ports B[2]]
set_property PACKAGE_PIN J18 [get_ports B[3]]
set_property IOSTANDARD LVCMOS33 [get_ports B[3]]
set_property PACKAGE_PIN P19 [get_ports HS]
set_property IOSTANDARD LVCMOS33 [get_ports HS]
set_property PACKAGE_PIN R19 [get_ports VS]
set_property IOSTANDARD LVCMOS33 [get_ports VS]
```

对于本书中的项目，除特殊说明外，都适用于 Basys2 和 Basys3 开发板。开发 Basys2 开发板的应用项目时，使用 ISE 集成开发环境；开发 Basys3 开发板的应用项目时，使用 Vivado 集成开发环境；当使用 Vivado 开发环境开发 Basys3 开发板的应用项目时，参考例 3-5 所示编写引脚的约束文件。

3.1.3　使用 ISim 进行功能仿真

在代码编写完毕后，需要借助测试平台来验证所设计的模块是否满足要求。ISE 测试平台的建立，是利用 HDL 语言实现的。

首先在工程管理区的任意位置右击，并在弹出的菜单中选择 New Source 命令；然后选中 Verilog Test Fixture 类型，输入文件名 gate2_test；再单击 Next 按钮，进入下一页。这时，工程中所有 Verilog Module 的名称都会显示出来。设计人员需要指定要测试的模块。

用鼠标选中 gate2 模块，然后单击 Next 按钮进入下一页。直接单击 Finish 按钮，ISE 会在源代码编辑区显示自动生成的测试模块的代码。

【例 3-6】　自动生成测试模块。

```
module gate2_test;
    //Inputs
    reg a;
    reg b;
    //Outputs
    wire [5:0] y;
    //Instantiate the Unit Under Test (UUT)
    gate2 uut (
        .a(a),
        .b(b),
        .y(y)
    );
```

```
    initial begin
        //Initialize Inputs
        a = 0;
        b = 0;
        //Wait 100 ns for global reset to finish
        #100;
        //Add stimulus here
    end
endmodule
```

由此可见,ISE自动生成了测试平台的完整架构,包括所需信号、端口声明以及模块调用。测试人员的工作就是在initial...end模块中的"//Add stimulus here"后面添加测试向量生成代码。可以通过改变输入信号来观察输出信号的变化。添加后的测试代码如例3-7所示。

【例3-7】 例3-1的testbench。

```
module gate2_test;
    //Inputs
    reg a;
    reg b;
    //Outputs
    wire [5:0] y;
    //Instantiate the Unit Under Test (UUT)
    gate2 uut (
        .a(a),
        .b(b),
        .y(y)
    );
    initial begin
        //Initialize Inputs
        a = 0;
        b = 0;
        //Wait 100 ns for global reset to finish
        #100;
        //Add stimulus here
        repeat(2) begin
            a = 0;
            b = 0;
            #100;
            a = 0;
            b = 1;
            #100;
            a = 1;
            b = 0;
            #100;
            a = 1;
```

```
            b = 1;
            #100;
        end
    end
endmodule
```

完成测试平台后，将 Design 界面设置为 Simulation 选项，这时在过程管理区显示与仿真有关的进程，如图 3-1 所示。

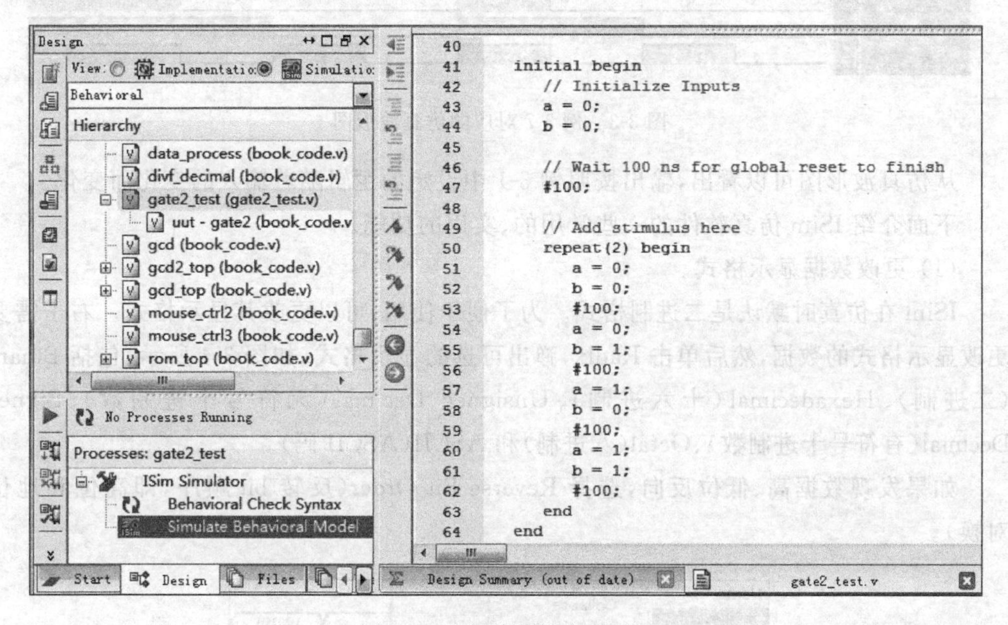

图 3-1　选择待测模块对话框

选中图 3-1 中 Xilinx ISE Simulator 下的 Simulate Behavioral Model 项，然后右击，选择弹出菜单的 Properties 项，弹出如图 3-2 所示的属性设置对话框。其中的一行 Simulation Run Time 用于设置仿真时间，可将其修改为任意时长。本例采用默认值。

Process Properties - ISim Properties

Switch Name	Property Name	Value
	Use Custom Simulation Command File	☐
	Custom Simulation Command File	
	Run for Specified Time	☑
	Simulation Run Time	1000 ns
	Waveform Database Filename	D:\xilinx_project_2017\gate2_test_isim_beh.wdb
	Use Custom Waveform Configuration File	☐
	Custom Waveform Configuration File	
	Specify Top Level Instance Names	work.gate2_test
	Load glbl	☑

Property display level: Standard　☑ Display switch names　Default

OK　Cancel　Apply　Help

图 3-2　仿真过程示意图

仿真参数设置完毕,就可以进行仿真了。直接双击 ISE Simulator 软件中的 Simulate Behavioral Model,ISE 自动启动 ISE Simulator 软件,得到的仿真波形如图 3-3 所示。

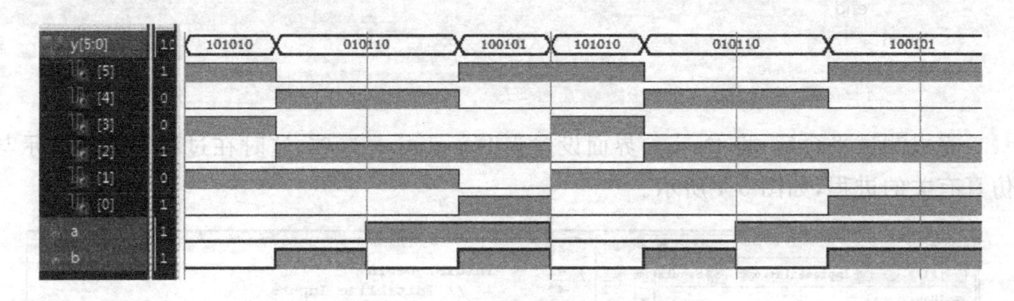

图 3-3　例 3-7 对应的仿真波形图

从仿真波形图可以看出,输出按照例 3-1 中设定的逻辑随着输入的变化而变化。

下面介绍 ISim 仿真软件的一些常用的、实用的功能。

(1) 更改数据显示格式。

ISim 在仿真时默认是二进制格式。为了便于使用,可以更改其显示格式。右击需要更改显示格式的数据,然后单击 Radix,弹出可选的显示格式,如图 3-4 所示,包括 Binary(二进制)、Hexadecimal(十六进制)、Unsigned Decimal(无符号十进制数)、Signed Decimal(有符号十进制数)、Octal(八进制)和 ASCII(ASCII 码)。

如果发现数据高、低位反向,选择 Reverse Bit Order(反转 bit 顺序,即高位和地位对换)。

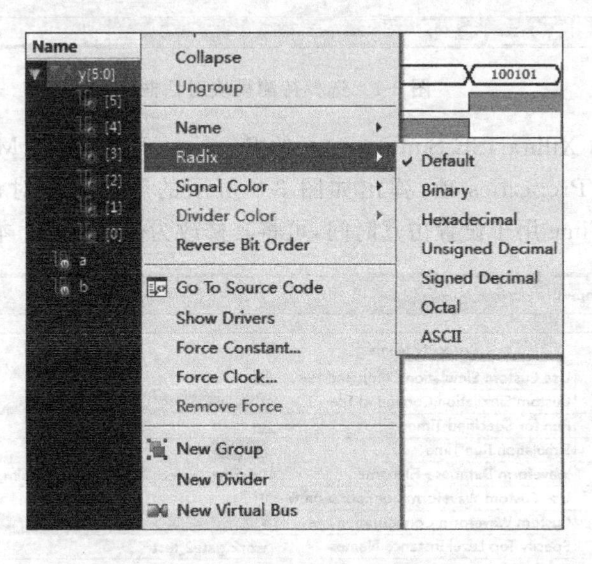

图 3-4　更改显示格式和位序

对于 1bit 数据,是一条线,如图 3-5 中变量 a 的波形。也可以选中该数据后右击。选择 New Virtual Bus,然后修改名字为原来的信号名,将一条线变成虚拟的总线形式,如图 3-5 中的变量 b。

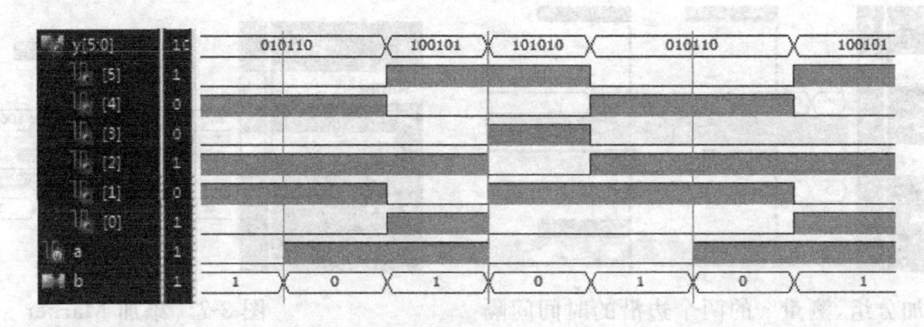

图 3-5　虚拟总线示例

(2) 查看中间变量。

模块与模块之间某些信号的变化，或者模块内部某些信号的变化，有时是特别重要的，尤其是状态机的运行，在代码调试时经常会用到这些中间变量。

在 Instances and Processes Name 窗口可选择层次设计中的任意模块，在右侧窗口 Object Name 中将显示此模块内的各种内部信号。此时可选择需要添加到波形文件的信号名，然后直接拖到波形文件列表中，也可以用鼠标右键添加至波形文件列表，或者按 Ctrl＋W 组合键添加对应信号到波形文件中。

(3) 断点调试。

断点调试是一个十分方便、有用的功能，用于查看指定位置是否有错误，以便 debug 程序。因为 HDL 代码是并行执行，更多的时候是查看波形是否正确，通过波形发现错误，进而定位到对应的语句或者状态，然后修正错误。

在 Instances and Processes Name 窗口中，双击对应的模块，打开相应的 .v 文件，然后在需要的地方单击 按钮(或按 F9 键)加入断点。单击 run all(或按 F5 键)运行，即可运行到断点处，然后单击单步 step 执行按钮(或按 F11 键)，查看中间运行结果。

(4) 查看 Memory。

很多时候，需要查看设计的存储空间是否正确地存储了所需的值。设计中用到的存储空间包括 ROM、RAM、寄存器堆等，这些存储空间可能是通过 HDL 写的，也可能是通过 IP 核使用分布式 RAM 或块 RAM 构建的。

单击 Memory 窗口，然后双击需要显示的内存空间，打开对应的 memory 空间。如果没有发现 Memory 窗口，勾选菜单栏中的 View|Panels。

默认显示的数值为二进制的，可以修改数据显示的格式(二进制数、十进制有符号数、十进制无符号数、十六进制数、八进制数、ASCII 码)，也可以修改地址显示的格式。如果要查找某个地址的值，只需在地址栏中输入这个值，按 Enter 键即可。

(5) 测量时间。

有些时候，需要测量两个信号之间的时间间隔。如果只是简单地测量两个边沿的时间间隔，如图 3-6 所示，可先按住鼠标左键选中一个边沿，然后拖动鼠标到另一个边沿，在波形的下面将出现时间轴，用于测量两个上升沿之间的时间。

如果需要测量的时间太多，可以添加 Marker。单击要加入标记的地方，然后单击标记按钮，或者右击选择 Markers|Add Marker，并不能出现时间轴。单击 Marker 线，蓝色的线将变成白色，并以此为时刻 0 点，就可以看到时间间隔，如图 3-7 所示。

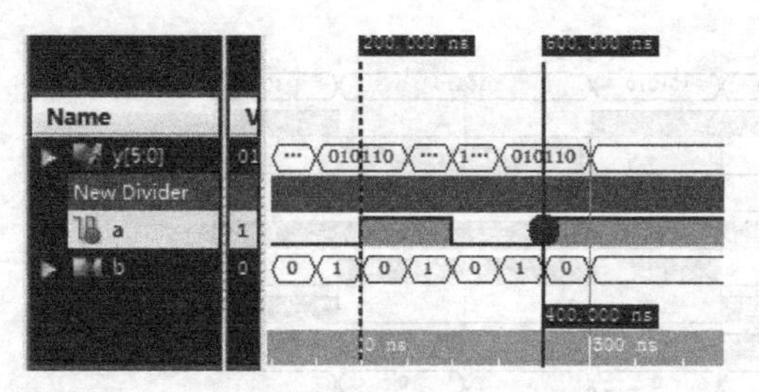

图 3-6 添加分组,测量 a 的两个边沿的时间间隔

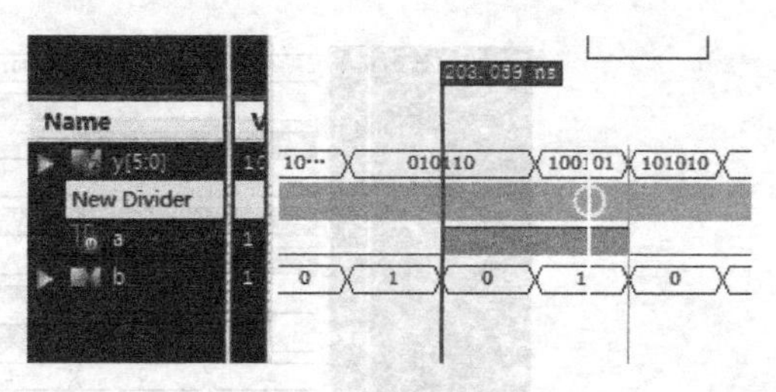

图 3-7 添加 Marker

(6) 创建分组和添加分割块。

添加分割块是添加一个实心方块,将不同模块之间的信号分隔开,以便查看。单击波形文件 Name 栏的空白处,然后右击,弹出如图 3-4 所示菜单。其中的 New Divider 用于分割,New Group 用于分组。使用 New Group 时,首先选中需要加入分组的信号,然后右击选择 New Group,修改相应的用于分组的名字。

(7) 保存仿真信息。

为了方便再次仿真时,能够保存此次仿真的所有设置,应保存波形文件,选择 File|Save As,然后输入文件名,可以对该文件继续操作。在关闭 ISim 前记得保存波形文件。再次仿真时,ISim 不会直接调用以前保存的波形文件,而是一个 defalut. wcfg,此时只需通过选择 File|Open 打开以前保存的波形文件,就可以在以前设置的基础上继续仿真了。

实战项目 6 设计比较器电路

【项目描述】 实现两个 2 位数的比较器。

要求:

(1) 拨码开关 SW0、SW1 作为输入变量 a;拨码开关 SW2、SW3 作为输入变量 b;输出 y 接 3 个灯 LD0～LD2。如果 a 大于 b,LD0 亮;如果 a 小于 b,LD2 亮;如果 a 和 b 相等,则 LD1 亮。

(2) 使用 FPGA Editor 查看实现细节,查看 FPGA 资源利用情况。

【知识点】

(1) 比较器电路的实现方法。

(2) 使用 FPGA Editor 查看 FPGA 实现细节的方法。

(3) 开发板在组合逻辑电路设计中的应用方法。

实战项目 6. mp4
(2.79MB)

3.2 比较器电路

3.2.1 比较器设计

两个 2 位数的比较器可以使用行为语句建模,其实现代码如例 3-8 所示。

【例 3-8】 两个 2 位数的比较器的代码实现。

```
module P6_Comparator(SW,LED);
    input[3:0] SW;
    output[2:0] LED;
    //两个输入信号 a 和 b
    wire[1:0] a;
    wire[1:0] b;
    assign {b,a} = SW;
    //实现比较器功能
    reg[2:0] y;                          //输出信号
    always @(a,b)
        if(a>b) y<=3'b001;
        else if(a<b) y<=3'b100;
        else y<=3'b010;
    //输出送 LED 显示
    assign LED = y;
endmodule
```

分别结合例 3-4 和例 3-5 对本设计的输入和输出指定引脚，然后进行综合、实现、生成配置文件、编程到 Basys2 开发板和 Basys3 开发板。通过拨动 SW0～SW3 这 4 个拨码开关，观察 LD0～LD2 这 3 个 LED 的输出状态。

3.2.2 使用 FPGA Editor 查看细节

利用 FPGA Editor，可以查看 FPGA 器件的内部结构，查看设计用到了哪些 FPGA 资源，以及在 FPGA 内部的实现细节；还可以动态调整设计所用的 FPGA 资源，并修改 FPGA 内部的实现细节。

在 ISE 环境中，选择 Tools|FPGA Editor 选项，如图 3-8 所示。

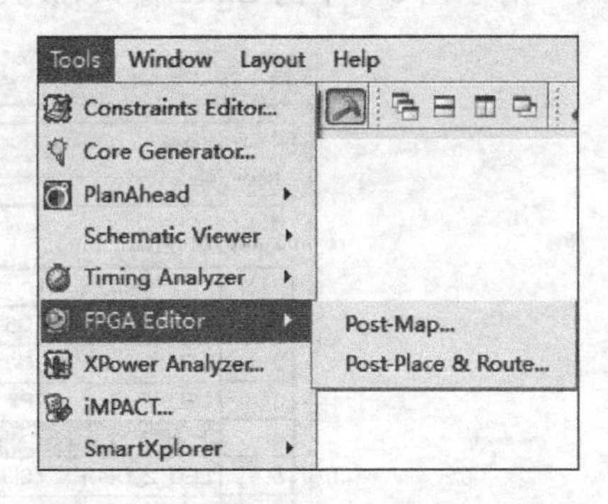

图 3-8　利用 FPGA Editor 打开路径

在图 3-8 中，FPGA Editor 工具有两个选项：Post-Map...工具是手动布局布线时使用的工具，Post-Place & Route...工具是用于查看布局布线结果的工具。本节仅使用 Post-Place & Route...工具来查看实现的结果。关于使用 Post-Map...工具进行手动布局布线，本书不做介绍，感兴趣的读者可以查阅相关资料来学习使用。

首先，单击 Post-Place & Route...工具查看例 3-8 实现后的布局布线结果，如图 3-9 所示。

FPGA Editor 有四个主要窗口：列表(List)、全局(World)、阵列(Array)和块(Block)。列表(List)窗口显示设计中所有活动的项目。通过此窗口顶部的下拉菜单可选择其内容，列表内容包括已经布局或还未使用的部件、网络或未布线的网络等。全局

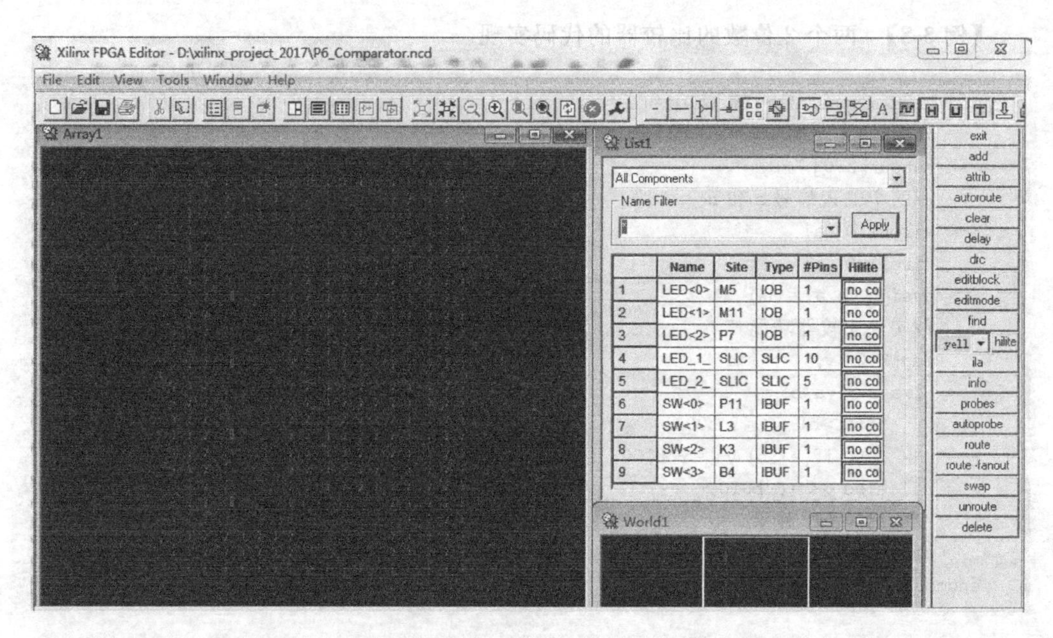

图 3-9 单击 Post-Place & Route...后弹出的界面

视图(World)窗口始终显示完整 FPGA 硅片视图,这在试图确定某个网络的布线情况时非常有用。同时,阵列(Array)窗口是 FPGA 构造和逻辑的动态视图。如果双击 Array 视图中的任何项目,会显示 Block 视图,给出所选择项目或逻辑单元的详细情况。

在 Array 视图和 Block 视图,按住 Ctrl 键和 Shift 键,然后利用鼠标滚轮对视图进行放大/缩小、上移/下移,操作起来非常便捷。

对于图 3-9 中的 List1 窗口,放大后如图 3-10 所示。

List1

All Components

Name Filter　　Apply

	Name	Site	Type	#Pins	Hilited
1	LED<0>	M5	IOB	1	no color
2	LED<1>	M11	IOB	1	no color
3	LED<2>	P7	IOB	1	no color
4	LED_1_OBUF	SLICE_X12Y8	SLICEL	10	no color
5	LED_2_OBUF	SLICE_X12Y9	SLICEL	5	no color
6	SW<0>	P11	IBUF	1	no color
7	SW<1>	L3	IBUF	1	no color
8	SW<2>	K3	IBUF	1	no color
9	SW<3>	B4	IBUF	1	no color

图 3-10　List1 窗口

双击图 3-10 中的第 4 项 LED_1_OBUF,弹出图 3-11。从图中可以看出实现 LED<1>输出所用的资源以及资源的位置信息。资源在 Array 窗中用红色块标识,资源所处的位置在 Word 窗口中示意。如果使用 Post-Map...工具，可以手动选择实现 LED<1>的资源。

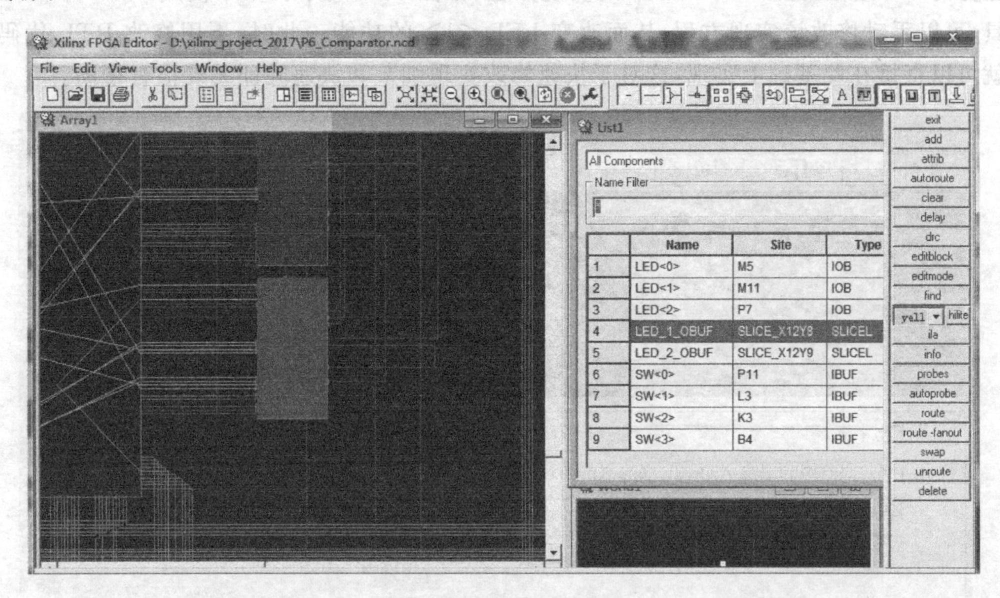

图 3-11　LED<1>实现所用的资源以及资源的位置信息

双击图 3-11 中的红色块，打开实现 LED<1>的 Block，如图 3-12 所示，可以看到 LED<1>实现的细节信息。

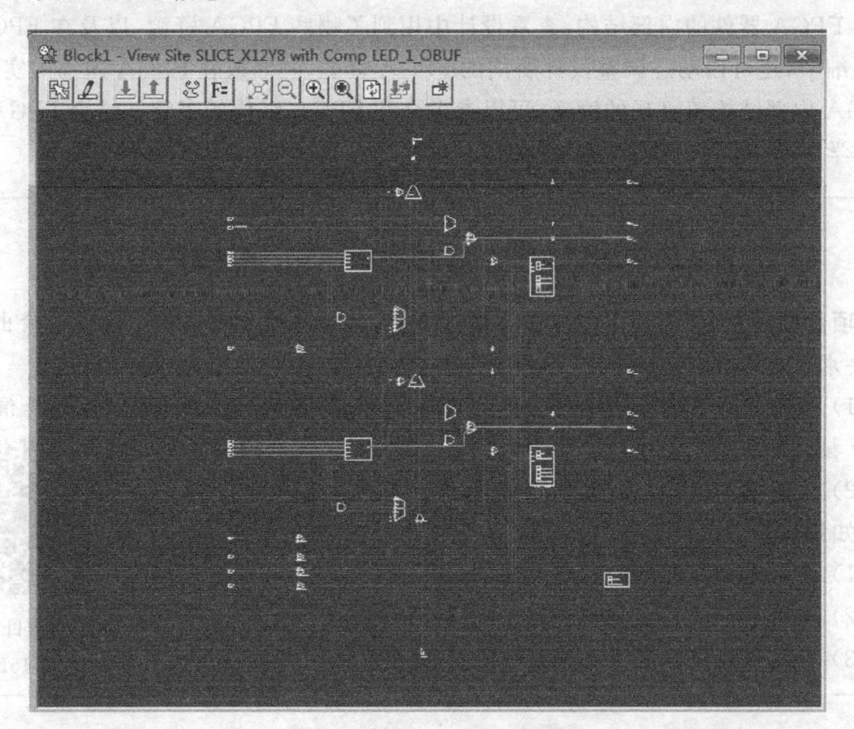

图 3-12　LED<1>实现的细节信息

放大图 3-12，可以看到 LED<1>实现时用到了一个 LUT 和一个 MUX。单击图 3-12 上方的 F＝按钮，显示 LED<1>的实现方程，如图 3-13 所示。如果使用 Post-Map...工具，可以手动修改该实现方程，从而改变 LED<1>的功能。此时，不用修改 RTL 代码，就可以直接在此基础上实现，这对于快速修改实现细节和快速验证无疑很有帮助。

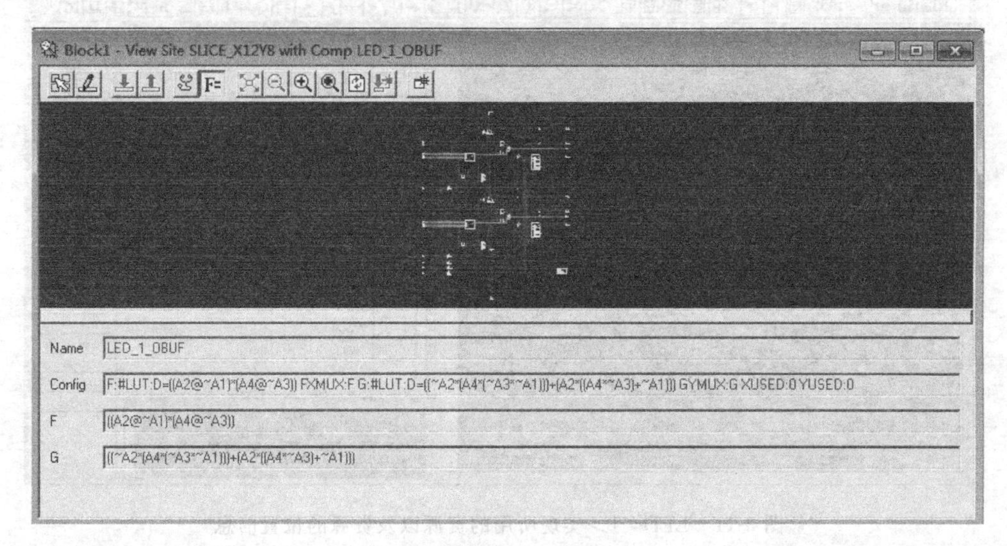

图 3-13　LED<1>的实现方程

根据上面的介绍，可以看到 FPGA Editor 强大的功能。利用 FPGA Editor，不仅可以查看 FPGA 器件的内部结构，查看设计中用到了哪些 FPGA 资源，以及在 FPGA 内部的实现细节，还可以动态调整设计所用的 FPGA 资源，并修改在 FPGA 内部的实现细节。对 FPGA 内部结构感兴趣的读者，可以参考介绍 FPGA 结构的书籍并结合 FPGA Editor 来理解学习，一定会有事半功倍的效果。

实战项目 7　设计多路选择器电路

【项目描述】　实现一个 2 选 1 多路选择器，从两路信号中选择 1 路信号输出。

要求：

(1) 拨码开关 SW0、SW1 作为输入变量 a 和 b；拨码开关 SW2 作为选择信号 sel；输出 y 接灯 LD0。

(2) 使用 PlanAhead 规划 FPGA 引脚。

【知识点】

(1) 多路选择器电路的实现方法。

(2) 使用 PlanAhead 规划 FPGA 引脚的方法。

(3) 开发板在组合逻辑电路设计中的应用方法。

实战项目 7.mp4
(3.15MB)

3.3 多路选择器

3.3.1 多路选择器设计

多路选择器可以使用行为语句建模，其实现代码如例 3-9 所示。

【例 3-9】 多路选择器。

```
module P7_MUX(SW,LED);
    input[2:0] SW;
    output LED;
    //两路输入信号 a、b,选择信号 sel
    wire a,b,sel;
    assign {sel,a,b} = SW;
    //实现多路选择
    reg y;                          //输出信号 y
    always @( * )
        if(sel) y<=a;
        else y<=b;
    //输出送 LED 显示
    assign LED = y;
endmodule
```

分别结合例 3-4 和例 3-5 对本设计的输入和输出指定引脚，然后进行综合、实现、生成配置文件、编程到 Basys2 开发板和 Basys3 开发板。通过拨动 SW0～SW2 这 3 个拨码开关，观察 LD0 的输出状态。

3.3.2 使用 PlanAhead 规划引脚

借助于 PlanAhead 软件，可以通过查看实现和时序结果轻松地分析关键逻辑，并且利用布局规划、约束修改和多种实现工具选项进行有针对性的决策，从而提升设计性能。它具有大量的设计探索与分析特性，能够帮助开发人员在 RTL 编码和综合与实现之间折中。

在 ISE 环境中，选择 Tools|PlanAhead 选项，如图 3-14 所示。

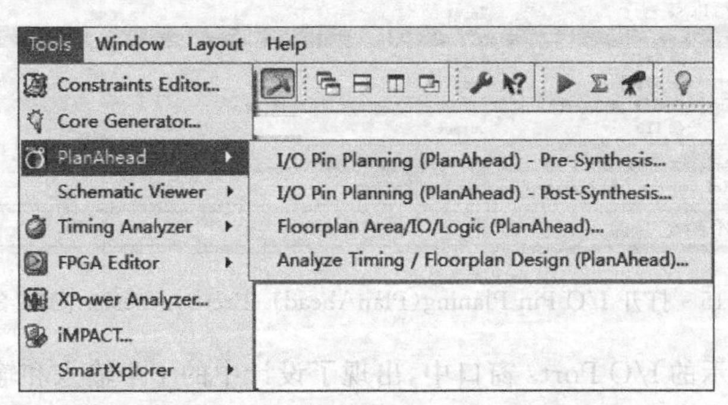

图 3-14 选择 PlanAhead 打开路径

在图3-14中,PlanAhead工具里面有4个选项。其中,前3个选项主要用来产生、设置与修改约束文件,最后一个主要用来分析和优化时序。前两个I/O Pin Planing(PlanAhead)...工具主要用于规划设计中的信号在FPGA中的引脚分布,区别在于一个是综合前进行,一个综合后进行;FloorPlan Area/IO/Logic(PlanAhead)...工具用来进行面积、引脚和逻辑约束,将网表中的内容限定在FPGA特定的区域;Anayze Timing/FloorPlan Design(PlanAhead)...工具用来分析设计的时序,锁定区域划分,保存优良的布局布线结果,以便将来重复利用。本节仅使用I/O Pin Planing(PlanAhead) -Pre-Synthesis...工具来规划引脚使用。关于其他几个选项的使用,本书不作介绍,感兴趣的读者可以查阅相关资料。

对于例3-9,先不要添加引脚约束文件,也不要综合。打开I/O Pin Planing(PlanAhead) -Pre-Synthesis...工具,弹出"输入数据不存在,是否要运行必要的步骤来产生这些数据",单击Yes按钮,弹出一个对话框询问是否要创建ucf文件。单击Yes按钮,弹出如图3-15所示界面。该界面中包括多个窗口:I/O Ports窗口、Package窗口和RTL Netlist窗口,等等。

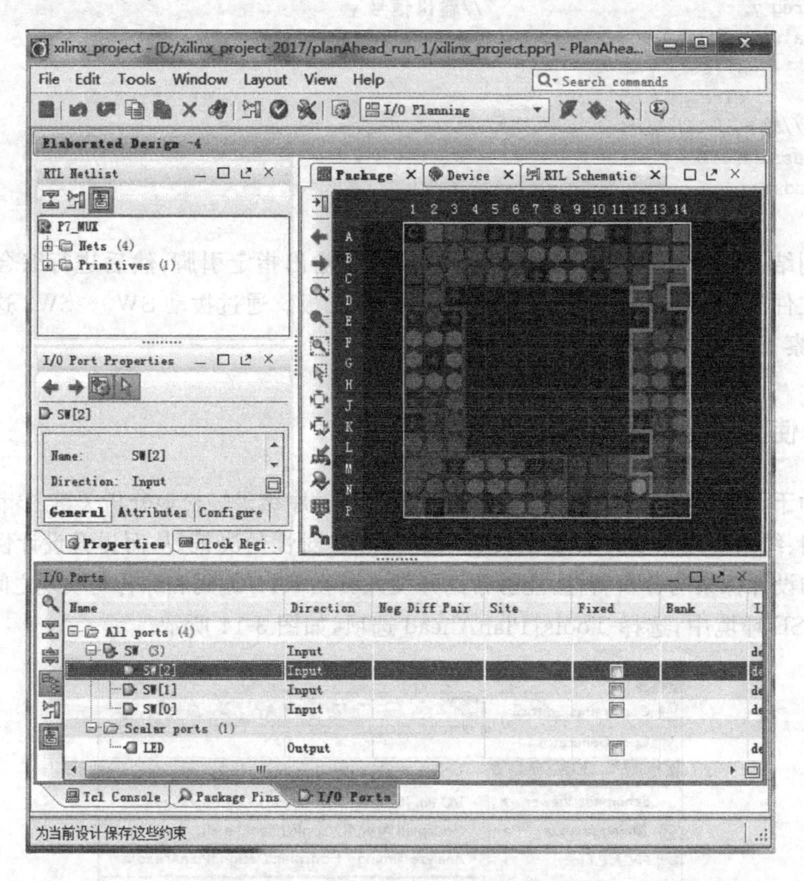

图3-15 打开I/O Pin Planing(PlanAhead) -Pre-Synthesis...工具的界面

在图3-15所示的I/O Ports窗口中,出现了设计中的4个输入和输出信号,并且均没有进行引脚约束。

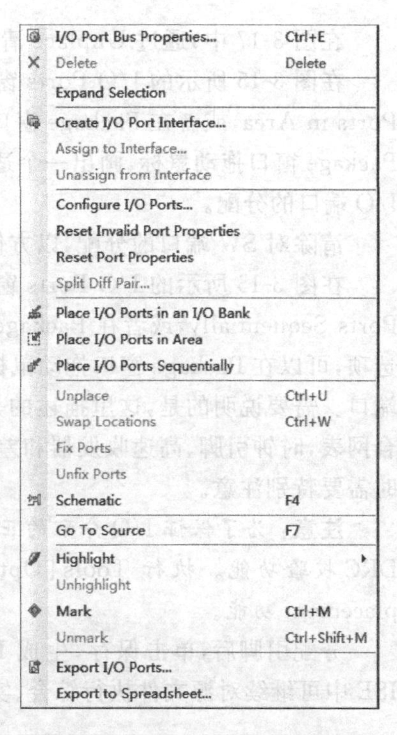

图 3-16　规划 I/O 的工具选项

在 I/O Ports 窗口中，右击，弹出图 3-16。这是规划 I/O 的工具选项集合。

在图 3-16 中，可以通过 Create I/O Port Interface...选项建立 I/O 端口的管理接口。既可以建立单端口的管理接口，也可以建立总线类型的端口集的管理接口；还可以通过 Configure I/O Ports...选项配置I/O 端口，通过 Unplace 清除 I/O 端口约束。PlanAhead 提供了多种分配 I/O 端口的方法。例如，Place I/O Ports in an I/O Bank 将 I/O 端口分配到一个 I/O Bank 中，Place I/O Ports in an Area 将 I/O 端口分配到一个指定的区域，Place I/O Ports Sequentially 顺序分配 I/O 端口。

在图 3-15 所示的 I/O Ports 窗口选择 SW 这一组端口，然后在右键菜单中运行 Place I/O Ports in an I/O Bank，或者在 Package 窗口单击按钮后选择 Place I/O Ports in an I/O Bank 选项，可以看到，与 sw 相关的引脚都粘贴到鼠标上。在 Package 窗口拖动鼠标，找到合适的位置后单击，完成 I/O 端口的分配，如图 3-17 所示。

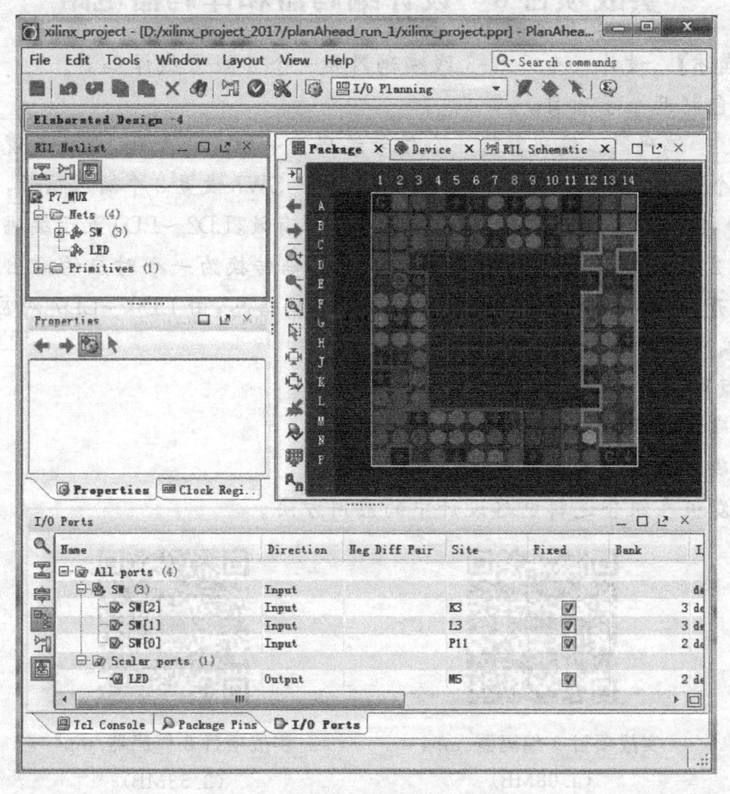

图 3-17　将端口分配完成的界面

在图 3-17 中,通过 Unplace 清除对 SW 端口的分配,以方便下面的操作。

在图 3-15 所示的 I/O Ports 窗口选择 SW 端口,然后在右键菜单中运行 Place I/O Ports in Area,或者在 Package 窗口单击按钮后选择 Place I/O Ports in Area 选项,在 Package 窗口拖动鼠标,画出一个适合放置所有 I/O 端口的矩形框。释放鼠标,即可完成 I/O 端口的分配。

清除对 SW 端口的分配,以方便下面的操作。

在图 3-15 所示的 I/O Ports 窗口选择 SW 端口,然后在右键菜单中运行 Place I/O Ports Sequentially,或者在 Package 窗口单击按钮后选择 Place I/O Ports Sequentially 选项,可以在 Package 窗口拖动鼠标。按顺序放置所有 I/O 端口,直到分配完所有的 I/O 端口。需要说明的是,这里描述的是综合前 I/O 端口分配,应用的是 CSV 文件,没有综合网表,时钟引脚、高速收发器和差分对不会被工具自动处理。因此,进行此类引脚分配时需要特别注意。

注意:为了保证 I/O 分配的正确性,需要在执行 I/O 分配之前,打开 I/O 分配自动 DRC 校验功能。执行 Tools | Options | General,打开 Automatically enforce legal I/O placement 功能。

分配引脚后,单击保存,生成 P7_MUX. ucf 文件。退出 PlanAhead 软件,在 Xilinx ISE 中可继续对源文件执行综合、实现、生成比特流文件、下载等操作。

实战项目 8　设计编码器和译码器电路

【项目描述】 设计一个 8 线-3 线编码器和一个 3 线-8 线译码器。

本项目包括两个子项目。

子项目 1:编码器。编码器将一个信号编码为一组二进制码,也就是说,用一组二进制码表示一个信号。要求:由 8 位拨码开关 SW0～SW7 设置 8 个输入信号,由 LD0～LD3 这 4 个 LED 接输出信号,其中,LD3 对应信号是否有效,LD2～LD0 表示编码值。

子项目 2:译码器。译码器将每一组二进制码转换为一个对应的输出信号。要求:由 3 位拨码开关 SW0～SW2 设置输入的 3 位编码信息,由 LD0～LD7 对应 8 个输出信号,输入的编码信息对应的那个 LED 灯亮。

【知识点】

(1) 编码器的原理与实现方法。

(2) 译码器的原理与实现方法。

(3) 开发板在组合逻辑电路设计中的应用方法。

实战项目 8-编码器. mp4
(4. 08MB)

实战项目 8-译码器. mp4
(3. 58MB)

3.4　编码器和译码器

3.4.1　编码器设计

一般来说，用文字、等号或者数字表示特定对象的过程都可以叫做编码。日常生活中有许多编码的例子：孩子出生时起的名字、开运动会给运动员编号等。不过，孩子起名字用的是汉字，运动员编号用的是十进制数，而汉字、十进制数用电路实现起来比较困难，所以在数字电路中不用它们编码，而是用二进制数编码，相应的二进制数叫做二进制代码。用 n 位二进制代码对 $N=2^n$ 个信号编码的电路叫做二进制编码器。

本节设计的编码器的例子中，输入是 8 个需要编码的信号，输出是用来编码的 3 位二进制代码，如图 3-18 所示。

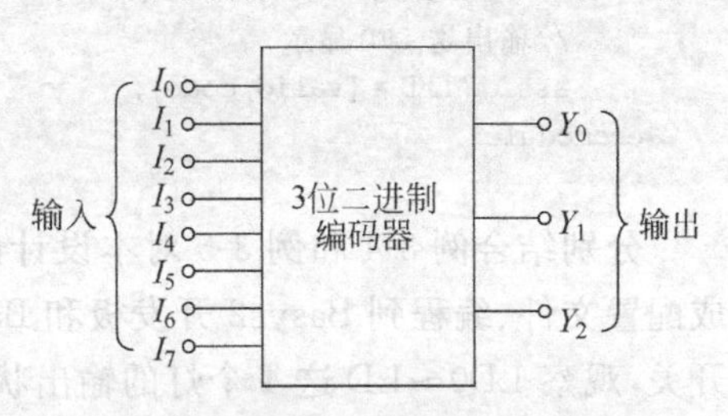

图 3-18　8 线-3 线编码器示意图

对应的真值表如表 3-1 所示。

表 3-1　8 线-3 线编码器真值表

输入								输出		
I_0	I_1	I_2	I_3	I_4	I_5	I_6	I_7	Y_0	Y_1	Y_2
1	0	0	0	0	0	0	0	0	0	0
0	1	0	0	0	0	0	0	0	0	1
0	0	1	0	0	0	0	0	0	1	0
0	0	0	1	0	0	0	0	0	1	1
0	0	0	0	1	0	0	0	1	0	0
0	0	0	0	0	1	0	0	1	0	1
0	0	0	0	0	0	1	0	1	1	0
0	0	0	0	0	0	0	1	1	1	1

编码器可以根据表 3-1 使用行为语句建模，其实现代码如例 3-10 所示。

【例 3-10】　编码器。

```
module P8_Coder(SW,LED);
    input[7:0] SW;
    output[3:0] LED;
    //1 个 8 位输入信号
    wire[7:0] signal;
    assign signal = SW;
    //实现编码逻辑
    reg [2:0] code;
    reg valid;                                    //编码有效标志
```

```
always @( * )
    case(signal)
        8'b00000001: {valid,code} <= 4'b0000;
        8'b00000010: {valid,code} <= 4'b0001;
        8'b00000100: {valid,code} <= 4'b0010;
        8'b00001000: {valid,code} <= 4'b0011;
        8'b00010000: {valid,code} <= 4'b0100;
        8'b00100000: {valid,code} <= 4'b0101;
        8'b01000000: {valid,code} <= 4'b0110;
        8'b10000000: {valid,code} <= 4'b0111;
        default: {valid,code} <= 4'b1000;
    endcase
//输出送 LED 显示
assign LED = {valid,code};
endmodule
```

分别结合例3-4和例3-5对本设计的输入和输出指定引脚,然后进行综合、实现、生成配置文件、编程到Basys2开发板和Basys3开发板。通过拨动SW0～SW7这8个拨码开关,观察LD0～LD这4个灯的输出状态。

需要说明的是,在有些控制系统和数字电路中,无法对几个按钮的同时操作做出反应。例如,电梯控制系统在这种情况下会出现错误,这是绝对不允许的,于是出现了优先编码器。关于优先编码器的说明,请参见本章的习题。

3.4.2 译码器设计

译码是编码的反过程。编码是将信号转换成二进制代码,译码则是将二进制代码转换成特定的信号。将输入的二进制代码转换成特定的高(低)电平信号输出的逻辑电路称为译码器。

3线-8线译码器是通过3条线来达到控制8条线的状态,就是通过3条控制线不同的高、低电平组合,一共组合出$2^3=8$种状态,如表3-2所示。在电路中主要起到扩展I/O资源的作用。当然,可根据实际需求将3线-8线译码器扩展到更高级数上。

表3-2 3线-8线译码器真值表

输入								输出		
I_0	I_1	I_2	Y_0	Y_1	Y_2	Y_3	Y_4	Y_5	Y_6	Y_7
0	0	0	1	0	0	0	0	0	0	0
0	0	1	0	1	0	0	0	0	0	0
0	1	0	0	0	1	0	0	0	0	0
0	1	1	0	0	0	1	0	0	0	0
1	0	0	0	0	0	0	1	0	0	0
1	0	1	0	0	0	0	0	1	0	0
1	1	0	0	0	0	0	0	0	1	0
1	1	1	0	0	0	0	0	0	0	1

根据表 3-2,可以得出译码器的实现代码,如例 3-11 所示。

【例 3-11】 译码器。

```
module P8_Decoder(SW,LED);
    input[2:0] SW;
    output[7:0] LED;
    //信息的编码
    wire[2:0] code;
    assign code = SW;
    //译码逻辑
    reg[7:0] signal;
    always @(code)
        case(code)
            3'b000:signal <= 8'b00000001;
            3'b001:signal <= 8'b00000010;
            3'b010:signal <= 8'b00000100;
            3'b011:signal <= 8'b00001000;
            3'b100:signal <= 8'b00010000;
            3'b101:signal <= 8'b00100000;
            3'b110:signal <= 8'b01000000;
            3'b111:signal <= 8'b10000000;
        endcase
    //输出送 LED 显示
    assign LED = signal;
endmodule
```

分别结合例 3-4 和例 3-5 对本设计的输入和输出指定引脚,然后进行综合、实现、生成配置文件、编程到 Basys2 开发板和 Basys3 开发板。通过拨动 SW0～SW2 这 3 个拨码开关,观察 LD0～LD7 的输出状态。

实战项目 9　设计 ALU 电路

【项目描述】 实现一个 ALU。

要求:

(1) 能够完成以下 4 种功能:加法、或非、左移 1 位、取反。

(2) 使用拨码开关 SW2～SW0 作为一个操作数,使用拨码开关 SW5～SW3 作为另一个操作数,拨码开关 SW7～SW6 作为功能选择信号,输出送给 LD7～LD0 这 8 个 LED 显示。

(3) 使用 FPGA 工具查看设计信息。

【知识点】

(1) ALU 电路的实现方法。

(2) 使用 FPGA 工具查看设计信息的方法。

(3) 开发板在组合逻辑电路设计中的应用方法。

实战项目 9. mp4
(3.15MB)

3.5 算术逻辑单元 ALU

3.5.1 ALU 设计

ALU 全称 Arithmetic Logic Unit(算术逻辑单元),是处理器中的一个功能模块,用来执行加减乘除以及寄存器中的值之间的逻辑运算。在一般的处理器上,通常一个周期运行一次。

ALU 能执行多种算术运算和逻辑运算。根据设计要求,本项目至少需要 3 个部分:输入、运算和显示。输入部分主要由 8 个开关组成,主要以 8 位二进制的形式实现不同的数据输入和控制信号;显示部分主要由 4 个 LED 灯构成,主要负责以二进制的形式显示运算输出结果;运算部分主要由 ALU 完成。

本节设计的 ALU 功能表如表 3-3 所示。

表 3-3 ALU 功能表

sel	功 能	sel	功 能
0 0	$F=A+B$	1 0	$F=A<<1$
0 1	$F=\sim(A\|B)$	1 1	$F=\sim A$

根据表 3-3,得到例 3-12 所示的实现代码。

【例 3-12】 ALU 实现代码。

```
module P9_ALU(SW,LED);
    input[7:0] SW;
    output[3:0] LED;
    //产生输入信号 a、b 和功能选择信号 sel
    wire[2:0] a,b;
    wire[1:0] sel;
    assign {sel,b,a} = SW;
    //实现 ALU 功能
    reg[3:0] y;
    always @(a,b,sel) begin
        case(sel)
        2'b00:y <= a + b;              //加
        2'b01:y <= ~(a|b);             //或非
        2'b10:y <= a<<1;               //左移 1 位
        2'b11:y <= ~a;                 //取反
        default:y <= 4'b0000;
        endcase
    end
    //输出送 LED 显示
    assign LED = y;
endmodule
```

分别结合例 3-4 和例 3-5 对本设计的输入和输出指定引脚,然后进行综合、实现、生成配置文件、编程到 Basys2 开发板和 Basys3 开发板。通过拨动 SW0～SW7 这 8 个拨码开关，观察 LD0～LD3 的输出状态。

3.5.2　使用 Design Summary 工具

在 FPGA 应用开发过程中，经常需要查看设计信息，如使用的资源信息、器件信息等。在综合、实现、生成比特流文件等各个步骤完成以后，都会生成相应的报告。在 ISE 中，展开 Design Overview|Summary，得到图 3-19。这是例 3-12 实现完成之后的汇总报告。

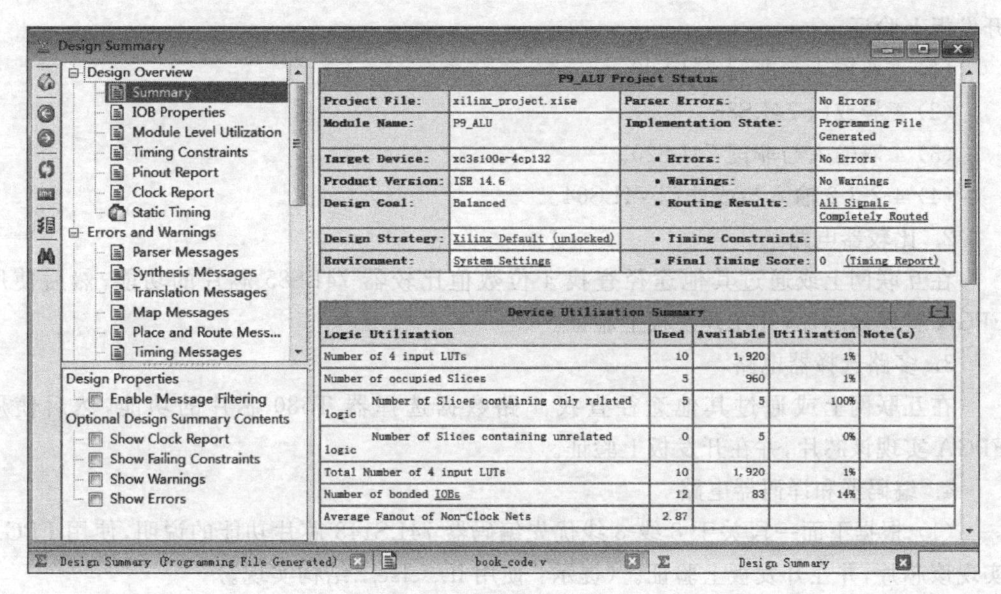

图 3-19　设计的汇总信息

在图 3-19 中，可以看到该设计使用的资源信息。例如，已使用 10 个 LUT、5 个 Slice、12 个引脚等。继续向下翻阅图 3-19，还可以看到更详细的综合报告、翻译报告、映射报告、布局布线报告、时序报告、位流文件产生报告，等等。

3.6　小结

本章重点介绍以下组合逻辑电路的设计。

✓ 基本门电路设计。
✓ 比较器。
✓ 数据选择器。
✓ 七段译码器。
✓ 编码器。
✓ 译码器。
✓ ALU。

同时,结合上述项目,介绍了 ISE 集成开发环境中常用的一些工具,包括 ISim、FPGA Editor、PlanAhead、Design Summary 等。

3.7 习题

1. 基本门电路

在互联网上或通过其他途径查找以下芯片的功能,然后使用 FPGA 予以实现,并在开发板上验证。

(1) 4 双输入与非门 74LS00。

(2) 4 异或门 74LS86。

(3) 4 双输入与非门 74LS20。

(4) 4-2-3-2 输入与或非门 74LS64。

2. 比较器电路

在互联网上或通过其他途径查找 4 位数值比较器 74LS85 芯片的功能,然后使用 FPGA 实现该芯片,并在开发板上验证。

3. 多路选择器电路

在互联网上或通过其他途径查找 4 路数据选择器 T580 芯片的功能,然后使用 FPGA 实现该芯片,并在开发板上验证。

4. 编码器和译码器电路

(1) 根据下面一段关于 8 线-3 线优先编码器 74LS148 芯片功能的说明,使用 FPGA 实现该芯片,并在开发板上验证。(提示:使用 if…else…结构实现。)

下面介绍优先编码器的基本原理。它允许同时输入 2 个以上信号,不过在设计优先编码器时已经将所有的输入信号按优先顺序排了队,当几个输入信号同时出现时,只对其中优先权最高的一个编码。

在 74LS148 中有 8 个输入 $I_0 \sim I_7$,其中输入 I_7 优先级最高,其余依次为 I_6、I_5、I_4、I_3、I_2、I_1、I_0,I_0 等级最低,其真值表如表 3-4 所示。

表 3-4 3 线优先编码器真值表

输入									输出				
EI	I_0	I_1	I_2	I_3	I_4	I_5	I_6	I_7	A_2	A_1	A_0	*GS*	*EO*
1	×	×	×	×	×	×	×	×	1	1	1	1	1
0	1	1	1	1	1	1	1	1	1	1	1	1	0
0	×	×	×	×	×	×	×	0	0	0	0	0	1
0	×	×	×	×	×	×	0	1	0	0	1	1	0
0	×	×	×	×	×	0	1	1	0	1	0	1	0
0	×	×	×	×	0	1	1	1	0	1	1	1	0

续表

输入									输出				
EI	I_0	I_1	I_2	I_3	I_4	I_5	I_6	I_7	A_2	A_1	A_0	GS	EO
0	×	×	×	0	1	1	1	1	1	0	0	1	0
0	×	×	0	1	1	1	1	1	1	0	1	1	0
0	×	0	1	1	1	1	1	1	1	1	0	1	0
0	0	1	1	1	1	1	1	1	1	1	1	1	0

从功能表可知，输入端优先级别的次序为 $I_7, I_6, \cdots, I_0$。当某一输入端有低电平输入，且比它优先级别高的输入端没有低电平输入时，输出端才输出相应该输入端的代码。例如，$I_5=0$ 且 $I_6=I_7=1$（I_6、I_7 优先级别高于 I_5），则此时输出代码 101，这就是优先编码器的工作原理。

（2）在互联网上或通过其他途径查找 2 线-4 线译码器 74LS139 芯片的功能，然后使用 FPGA 实现该芯片，并在开发板上验证。

（3）如何将两个 2 线-4 线译码器 74LS139 扩展成一个 3 线-8 线的译码器 74LS138？请使用 HDL 实现，并在开发板上验证。

（4）如何将两个 3 线-8 线译码器 74LS138 扩展成一个 4 线-16 线的译码器 74LS154？请使用 HDL 实现，并在开发板上验证。

5. 七段译码器电路

将 8421BCD 码译为七段数码管的七段信息，在数码管上显示与 BCD 码对应的十六进制数。8421BCD 七段译码器的真值表如表 3-5 所示。

表 3-5　8421BCD 七段译码器真值表

功　能	A_3	A_2	A_1	A_0	$\overline{a}$	$\overline{b}$	$\overline{c}$	$\overline{d}$	$\overline{e}$	$\overline{f}$	$\overline{g}$
0	L	L	L	L	L	L	L	L	L	L	H
1	L	L	L	H	H	L	L	H	H	H	H
2	L	L	H	L	L	L	H	L	L	H	L
3	L	L	H	H	L	L	L	L	H	H	L
4	L	H	L	L	H	L	L	H	H	L	L
5	L	H	L	H	L	H	L	L	H	L	L
6	L	H	H	L	H	H	L	L	L	L	L
7	L	H	H	H	L	L	L	H	H	H	H
8	H	L	L	L	L	L	L	L	L	L	L
9	H	L	L	H	L	L	L	H	H	L	L
10	H	L	H	L	H	H	H	L	L	H	L
11	H	L	H	H	H	H	L	L	H	H	L
12	H	H	L	L	H	L	H	H	H	L	L
13	H	H	L	H	L	H	H	L	H	L	L
14	H	H	H	L	H	H	H	L	L	L	L
15	H	H	H	H	H	H	H	H	H	H	H

要求：

(1) 使用低4位的拨码开关SW0～SW3作为输入数据，译码后的数据通过数码管显示出来。4个数码管同时显示，且显示同样的数据。

(2) 数码管除了显示BCD码外，还可以用于显示其他信息：比如一、=、|｜、空格等。请编写HDL代码实现这些信息的译码器，并在开发板上验证。

6. ALU电路

(1) 在互联网上或通过其他途径查找常见加法器芯片74LS183并了解该芯片的功能，然后使用HDL实现，并在开发板上验证。

(2) 为例3-12增加减法功能，并设置进位/借位标志、溢出标志、负标志位。使用HDL实现，并在开发板上验证。在开发板上验证时，可使用数码管显示输入、输出数据，使用LED灯显示标志位。

CHAPTER 4 第4章

时序逻辑电路设计与应用

本章重点介绍以下时序逻辑电路的设计：D触发器、寄存器、移位寄存器、计数器、分频器以及秒表计数器，同时介绍FPGA内部结构、层次建模模块调用规范、ISE schematic viewer等内容。

学习时序逻辑电路的设计与应用，主要目标有4个：①通过实践，掌握ISE和Vivado工具软件的使用方法；②通过实践，进一步掌握HDL语言结构；③通过实践，掌握时序电路的设计方法；④通过实践，掌握Xilinx厂商FPGA的内部结构。

实战项目10　设计触发器电路

【项目描述】 实现一个带同步使能、异步复位的D触发器。

要求：使用拨码开关SW0作为异步清零端，使用拨码开关SW1作为同步使能端，使用SW2作为D触发器的数据输入端，使用LD0作为触发器的输出显示。

【知识点】

(1) 同步和异步的实现方法。

(2) D触发器的实现方法。

(3) 使用按键作为D触发器时钟输入的方法。

(4) 使用ISE工具观察FPGA内部结构的方法。

(5) 开发板在时序逻辑电路设计中的应用方法。

实战项目10.mp4
(1.24MB)

4.1 触发器

4.1.1 D触发器设计

D触发器的功能为：D输入只能在时序信号clk的沿变化时才能被写入存储器替换以前的值，常用于数据延迟以及数据存储模块。同步使能是指只能在clk的沿变化时才检测使能信号是否有效；异步复位指的是不管其他信号如何变化，只要复位信号有效，就立即复位。

根据上面的说明，得到例4-1所示代码。

【例 4-1】 带同步使能、异步复位的 D 触发器的实现。

```
//顶层模块
module P10_Dff_top(clk,SW,LED);
    input clk;
    input[2:0] SW;
    output LED;
    Dff U1(.clk(clk),
          .clr(SW[0]),
          .en(SW[1]),
          .D(SW[2]),
          .q(LED));
endmodule
//带同步使能、异步复位的 D 触发器的实现
module Dff(clk,clr,en,D,q,qb);
    input clk;
    input clr;
    input en;
    input D;
    output reg q;
    output qb;
    assign qb = ~q;
    always @(posedge clk or posedge clr) begin
        if(clr) q<=0;                    //异步复位
        else if(en) q<=D;                //同步使能
    end
endmodule
```

分别结合例 3-4 和例 3-5 对本设计的输入和输出指定引脚,然后进行综合、实现、生成配置文件、编程到 Basys2 开发板和 Basys3 开发板。通过拨动 SW0~SW2 这 3 个拨码开关,观察 LD0 的输出状态。尤其要细心体会同步使能和异步复位的含义。

设计如例 4-2 所示的测试激励,对例 4-1 进行验证。

【例 4-2】 例 4-1 中 DFF 模块的 testbench。

```
'timescale 1ns / 1ps
module Dff_test;
    //Inputs
    reg clk;
    reg clr;
    reg en;
    reg D;
    //Outputs
    wire q;
    wire qb;
    //Instantiate the Unit Under Test (UUT)
    Dff uut (
        .clk(clk),
        .clr(clr),
        .en(en),
        .D(D),
```

```
        .q(q),
        .qb(qb)
    );
    initial begin                       //clk
        clk = 0;
        forever
            #10 clk = ~clk;
    end
    initial begin                       //D
        D = 0;
        repeat(10) begin
            #33 D= ~D;
        end
    end
    initial fork                        //clr,en
        clr = 0;
        en = 0;
        #25 clr = 1;
        #35 en = 1;
        #55 clr = 0;
    join
endmodule
```

在 ISE 中仿真，结果如图 4-1 所示。

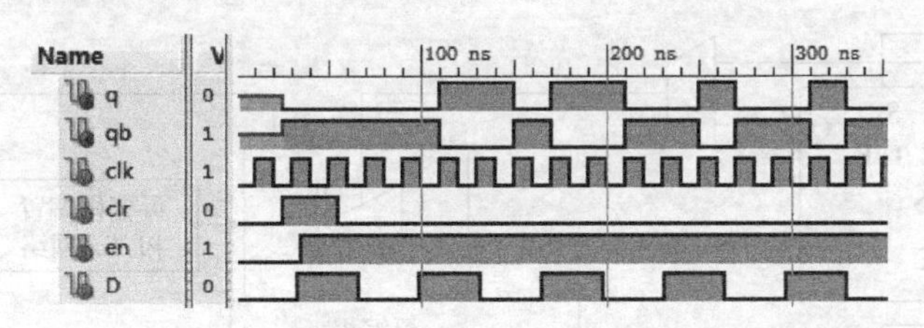

图 4-1　例 4-1 中 DFF 模块的仿真结果

在图 4-1 中，可以看出同步和异步的区别：同步使能必须要等到时钟上升沿，异步复位则不需要等待时钟上升沿的到来。

4.1.2　FPGA 内部结构

在 ISE 开发环境中，通过 PlanAhead 和 FPGA Editor 两个工具，都可以查看 FPGA 内部的结构。下面介绍 FPGA 的一般结构，读者可以打开 PlanAhead 工具或 FPGA Editor 工具，一边阅读本节，一边查看工具里展示的直观的 FPGA 的内部结构。

目前主流的 FPGA 都是基于查找表技术，并且整合了常用功能（如 RAM、时钟管理和 DSP）的硬核模块，如图 4-2 所示。

FPGA 芯片主要由 7 个部分构成，分别为：可编程输入/输出单元、基本可编程逻辑单元、嵌入式块 RAM、丰富的布线资源、完整的时钟管理、底层内嵌功能单元和内嵌专用硬核。

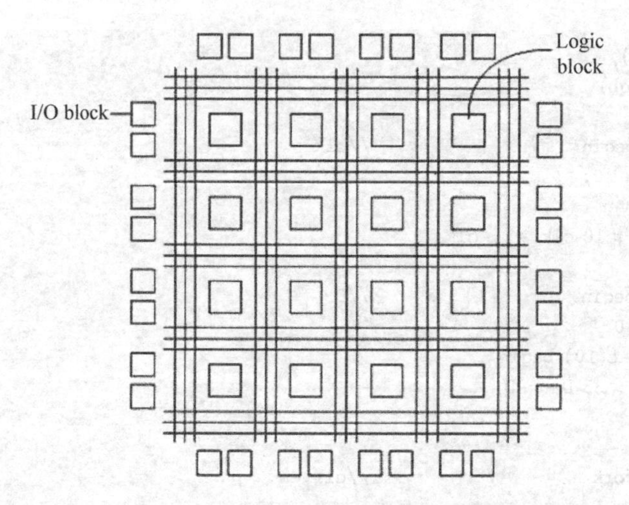

图 4-2 FPGA 芯片内部结构示意图

(1) 可编程输入/输出单元(IOB)

可编程输入/输出单元简称 I/O 单元,是芯片与外界电路的接口部分,完成不同电气特性下对输入/输出信号的驱动与匹配要求,其示意结构如图 4-3 所示。FPGA 内的 I/O 按组分类,每组都能独立地支持不同的 I/O 标准。通过软件的灵活配置,可适配不同的电气标准与 I/O 物理特性,调整驱动电流的大小,改变上、下拉电阻。

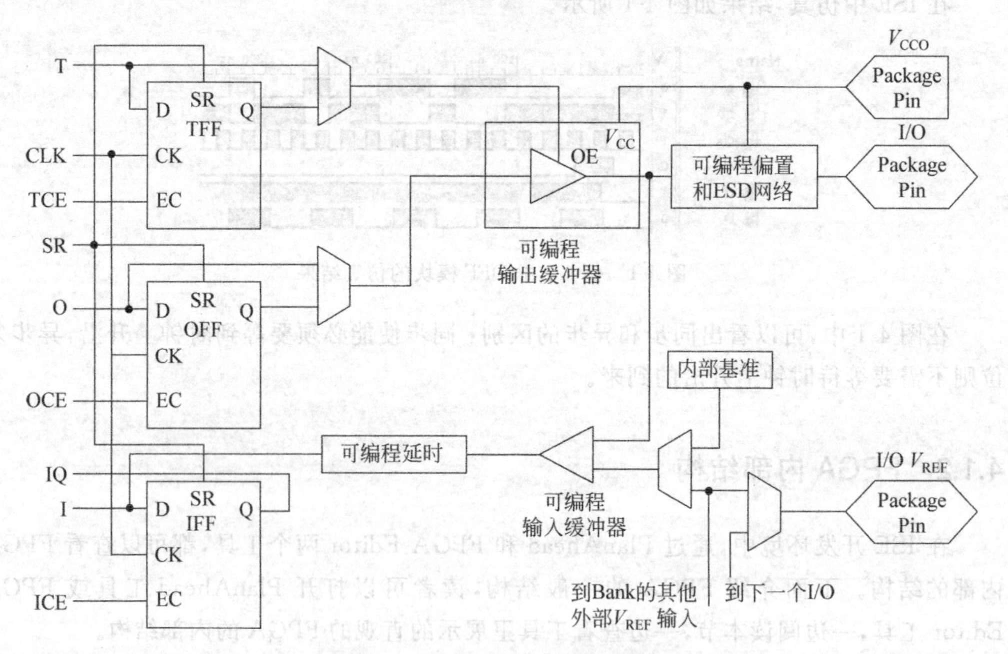

图 4-3 典型的 IOB 内部结构示意图

外部输入信号可以通过 IOB 模块的存储单元输入 FPGA 的内部,也可以直接输入 FPGA 内部。为了便于管理和适应多种电器标准,FPGA 的 IOB 被划分为若干个组(bank),每个 bank 的接口标准由其接口电压 V_{CCO}决定。一个 bank 只能有一种 V_{CCO},但不同 bank 的 V_{CCO}可以不同。只有相同电气标准的端口才能连接在一起,V_{CCO}电压相同是接口标准的基本条件。

(2) 基本可编程逻辑单元——可配置逻辑块(CLB)

CLB是FPGA内的基本逻辑单元。CLB的实际数量和特性依器件的不同而不同,但是每个CLB都包含一个可配置开关矩阵,此矩阵由4个或6个输入、一些选型电路(多路复用器等)和触发器组成。开关矩阵是高度灵活的,可以对其进行配置,以便处理组合逻辑、移位寄存器或RAM。在Xilinx公司的FPGA器件中,CLB由多个(一般为4个或2个)Slice和附加逻辑构成,如图4-4所示。每个CLB模块不仅可以用于实现组合逻辑、时序逻辑,还可以配置为分布式RAM和分布式ROM。

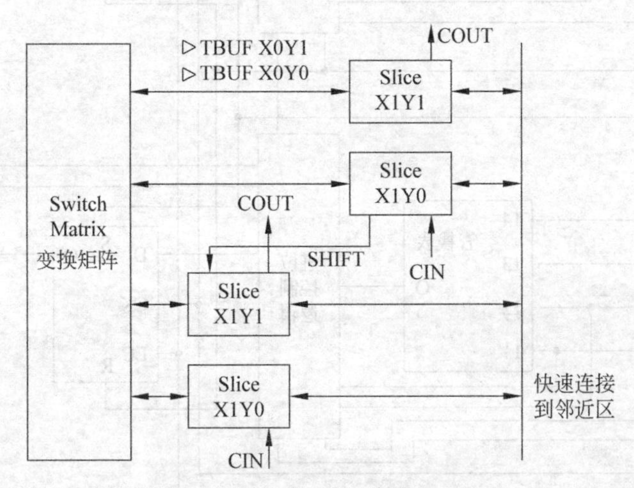

图4-4　典型的CLB结构示意图

Slice是Xilinx公司定义的基本逻辑单位,其内部结构如图4-5所示,一个Slice由两个4输入的函数、进位逻辑、算术逻辑、存储逻辑和函数复用器组成。算术逻辑包括一个异或门和一个专用与门,一个异或门可以使一个Slice实现2bit全加操作,专用与门用于提高乘法器的效率;进位逻辑由专用进位信号和函数复用器组成,用于实现快速的算术加减法操作;4输入函数发生器用于实现4输入LUT、分布式RAM或16比特移位寄存器(Virtex-5系列芯片的Slice中的两个输入函数为6输入,可以实现6输入LUT或64比特移位寄存器);进位逻辑包括两条快速进位链,用于提高CLB模块的处理速度。

(3) 嵌入式块RAM(BRAM)

大多数FPGA都具有内嵌的块RAM,这大大拓展了FPGA的应用范围和灵活性。块RAM可被配置为单端口RAM、双端口RAM以及FIFO等常用存储结构。除了块RAM,还可以将FPGA中的LUT灵活地配置成RAM、ROM和FIFO等结构。在实际应用中,芯片内部块RAM的数量也是选择芯片的一个重要因素。

单片块RAM的容量为18Kb,即位宽18b、深度1024b,可以根据需要改变位宽和深度,但要满足两个原则:首先,修改后的容量(位宽×深度)不能大于18Kb;其次,位宽最大不能超过36b。当然,可以将多片块RAM级联起来形成更大的RAM,此时只受限于芯片内块RAM的数量,不再受上面两条原则约束。

(4) 丰富的布线资源

布线资源连通FPGA内部的所有单元,连线的长度和工艺决定信号在连线上的驱动

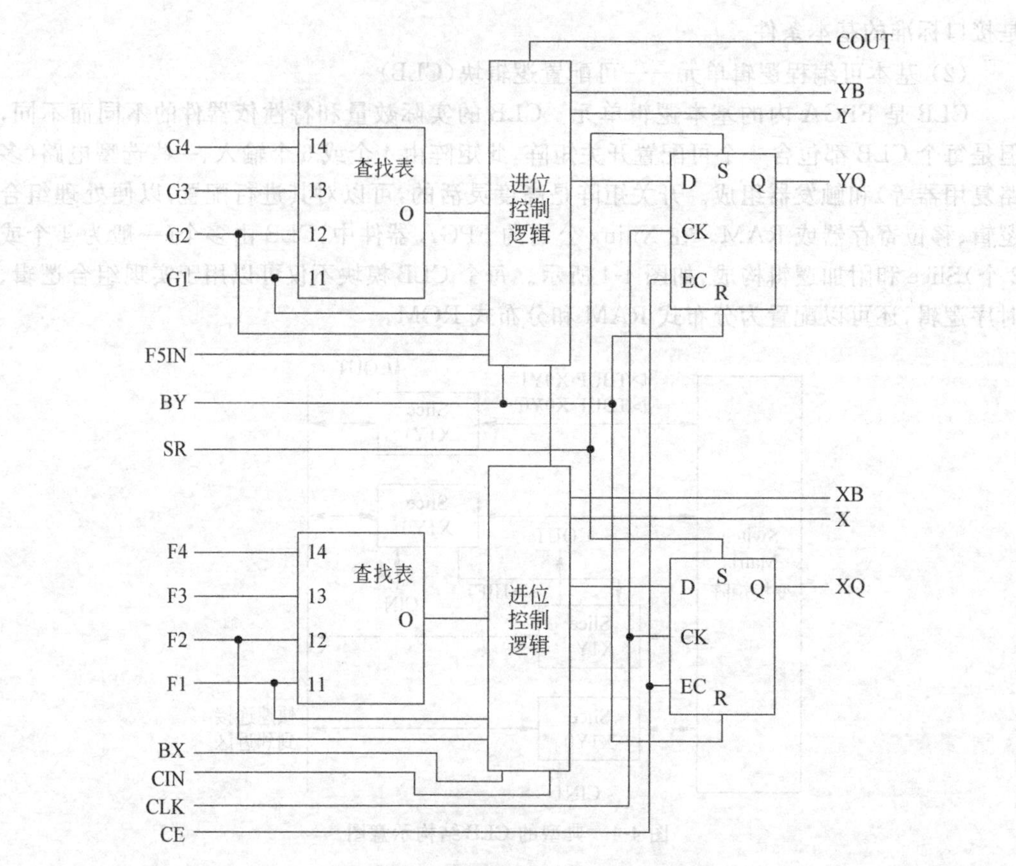

图 4-5 典型的 4 输入 Slice 结构示意图

能力和传输速度。FPGA 芯片内部有着丰富的布线资源,根据工艺、长度、宽度和分布位置的不同,划分为 4 种类别。第一类是全局布线资源,用于芯片内部全局时钟和全局复位/置位的布线;第二类是长线资源,用以完成芯片 Bank 间的高速信号和第二全局时钟信号的布线;第三类是短线资源,用于完成基本逻辑单元之间的逻辑互连和布线;第四类是分布式的布线资源,用于专有时钟、复位等控制信号线。

在实际中,设计者不需要直接选择布线资源,布局布线器可自动地根据输入逻辑网表的拓扑结构和约束条件选择布线资源来连通各个模块单元。

(5) 数字时钟管理模块(DCM)

业内大多数 FPGA 均提供数字时钟管理(Xilinx 的全部 FPGA 均具有这种特性)。Xilinx 推出最先进的 FPGA 提供数字时钟管理和相位环路锁定。相位环路锁定能够提供精确的时钟综合,能够降低抖动,并实现过滤功能。

(6) 底层内嵌功能单元

底层内嵌功能单元主要指 DLL(Delay Locked Loop)、PLL(Phase Locked Loop)、DSP 和 CPU 等软核(Soft Core)。现在越来越丰富的底层内嵌功能单元,使得单片 FPGA 成为系统级的设计工具,使其具备了软、硬件联合设计的能力,逐步向 SOC 平台过渡。

DLL 和 PLL 具有类似的功能,可以完成时钟高精度、低抖动的倍频和分频,以及占空比调整和移相等功能。Xilinx 公司生产的芯片上集成了 DLL，Altera 公司的芯片集成了 PLL。PLL 和 DLL 可以通过 IP 核生成的工具方便地进行管理和配置。

(7) 内嵌专用硬核

内嵌专用硬核是相对底层嵌入的软核而言的，指 FPGA 处理能力强大的硬核(Hard Core)，等效于 ASIC 电路。为了提高 FPGA 性能，芯片生产商在芯片内部集成了一些专用的硬核。例如，为了提高 FPGA 的乘法速度，主流的 FPGA 中都集成了专用乘法器；为了适用通信总线与接口标准，很多高端的 FPGA 内部都集成了串并收发器(SERDES)，可以达到数十 Gbps 的收发速度。

Xilinx 公司的高端产品不仅集成了 Power PC 系列 CPU，还内嵌了 DSP Core 模块，其相应的系统级设计工具是 EDK 和 Platform Studio，并依此提出了片上系统(System on Chip)的概念。通过 Power PC、Miroblaze、Picoblaze 等平台，可以轻易地开发 SOC 应用系统。

实战项目 11　设计寄存器电路

【项目描述】 设计实现寄存器和移位寄存器。

本项目包括三个子项目。

子项目 1：实现一个带同步使能、异步复位的 6 位寄存器。

要求：使用拨码开关 SW7 作为异步清零端，使用拨码开关 SW6 作为同步使能端，使用 SW5～SW0 作为 6 位寄存器的数据输入端，使用 LD5～LD0 作为寄存器输出的状态显示。

子项目 2：实现移位寄存器，对数据移位寄存，一个时钟脉冲左移 1 位，最高位丢弃，最低位由拨码开关产生输入数据。

要求：使用 BTN0 作为时钟信号，SW1 作为复位输入，SW0 作为存入寄存器最低位的数据，输出的数据送 LD7～LD0 显示。

子项目 3：实现多种移位方式，实现数据的移位操作后寄存，共有 4 种移位方式：逻辑左移、逻辑右移、循环左移和循环右移。

要求：初始数据由拨码开关 SW4～SW0 设置，移位的具体功能由 SW6～SW5 设置，复位功能用 SW7 实现，移位后寄存的数据送 LD5～LD0 显示。

【知识点】

(1) 寄存器的实现方法。

(2) 移位寄存器(包括逻辑左移、逻辑右移、循环左移、循环右移)的实现方法。

(3) 开发板在时序逻辑电路设计中的应用方法。

实战项目 11-6 位寄存器. mp4 (1.41MB)

实战项目 11-多种移位方式. mp4 (1.71MB)

实战项目 11-移位寄存器. mp4 (1.96MB)

4.2 寄存器和移位寄存器

4.2.1 寄存器设计

寄存器由一个或多个触发器构成,因此寄存器的设计与触发器类似,区别仅仅在于输出位数的不同,如例4-3所示。

【例4-3】 带同步使能、异步复位的寄存器的实现。

```
module P11_Register(clk,SW,LED);
    input clk;
    input[7:0] SW;
    output[5:0] LED;
    //寄存器的输入信号
    wire rst,en;
    wire[5:0] Dat;
    assign {rst,en,Dat} = SW;
    //寄存器的实现
    reg[5:0] q;
    always @(posedge clk or posedge rst)begin
        if(rst) q<=0;                          //异步复位
        else if(en) q<=Dat;                    //同步使能
    end
    //寄存器输出送LED显示
    assign LED = q;
endmodule
```

请仔细体会例4-1和例4-3的不同。分别结合例3-4和例3-5对本设计的输入和输出指定引脚,然后进行综合、实现、生成配置文件、编程到Basys2开发板和Basys3开发板。编程到开发板后,首先拨动SW6使能寄存器,然后设置SW0~SW5这6个拨码开关,最后拨动SW7观察LD0~LD5的输出状态。该输出状态应该与SW0~SW5这6个拨码开关的状态一致。

4.2.2 移位寄存器设计

把若干个触发器串接起来,输入数码依次地由低位触发器移到高位触发器,就可以构成一个移位寄存器。例4-4就是移位寄存器的例子。其中,输入数码由拨码开关SW0产生。

【例4-4】 移位寄存器的实现。

```
module P11_ShiftRegister(BTN0,SW,LED);
    input BTN0;
```

```
    input[1:0] SW;
    output[7:0] LED;
    //移位寄存器输入信号
    wire clk,rst;
    wire data_in;
    assign clk = BTN0;
    assign {rst,data_in} = SW;
    //移位寄存器的实现
    reg[7:0] q;
    always @(posedge clk or posedge rst) begin
        if(rst) q<=0;
        else begin
            q[7:1]<=q[6:0];
            q[0]<=data_in;
        end
    end
    //移位寄存器的输出送 LED 显示
    assign LED = q;
endmodule
```

本例中，使用 key0 作为时钟信号，需要在约束文件中说明，参见例 4-5 的最后一行。

【例 4-5】 例 4-4 的约束文件。

```
NET "sw[0]" LOC = P11;                    //SW0
NET "sw[1]" LOC = L3;                     //SW1
NET "key0" LOC = G12;                     //BTN0
#pin assignment for leds
NET "led[0]" LOC = M5;                    //LD0
NET "led[1]" LOC = M11;                   //LD1
NET "led[2]" LOC = P7;                    //LD2
NET "led[3]" LOC = P6;                    //LD3
NET "led[4]" LOC = N5;                    //LD4
NET "led[5]" LOC = N4;                    //LD5
NET "led[6]" LOC = P4;                    //LD6
NET "led[7]" LOC = G1;                    //LD7
NET "key0" CLOCK_DEDICATED_ROUTE = FALSE;
```

对 P11_ShiftRegister 模块进行综合、实现、生成配置文件、编程到开发板。然后，通过拨动 SW0～SW1 这 2 个拨码开关，不断按键 BTN0，观察 LD7～LD0 的状态变化，并结合移位寄存器的功能来理解这种现象。

移位寄存器有广泛的应用，在实际中，可能需要实现多种移位方式。例 4-6 就是一个实际的应用例子，可以实现逻辑左移、逻辑右移、循环左移、循环右移的功能。

【例 4-6】 移位寄存器的拓展。

```
module P11_ShiftRegisterEx(BTN0,SW,LED);
    input BTN0;
```

```
    input[7:0] SW;
    output[4:0] LED;
    //移位寄存器输入信号
    wire clk;
    assign clk = BTN0;
    wire[4:0] data_in;
    wire[1:0] sel;
    wire rst;
    assign {rst,sel,data_in} = SW;
    //移位寄存器的实现
    reg[4:0] q;
    always @(posedge clk, posedge rst)
        if(rst) q <= data_in;                        //初值
        else begin
            case(sel)
                0: q <= {1'b0,q[4:1]};               //shr,逻辑右移
                1: q <= {q[3:0],1'b0};               //shl,逻辑左移
                2: q <= {q[0],q[4:1]};               //ror,循环右移
                3: q <= {q[3:0],q[4]};               //rol,循环左移
                default: q <= {1'b0,q[4:1]};         //shr,逻辑右移
            endcase
        end
    //移位寄存器的输出送 LED 显示
    assign LED = q;
endmodule
```

在例4-6中,通过选择信号sel,对输入数据data_in施加不同的移位操作,结果存在变量q中。使用开发板验证本设计时,可使用4个数码开关SW0～SW3用作data_in,用LD0～LD3指示输出状态,将SW5～SW6用作sel实现功能选择,观察移位效果。

实战项目12　设计计数器电路

【项目描述】 设计不同进制的计数器。

本项目包括两个子项目。

子项目1:设计一个十六进制计数器,要求具有计数、同步使能、直接(异步)清零等功能,并在ISim中仿真。

子项目2:设计一个十进制计数器,要求具有计数、同步使能、直接(异步)清零等功能,并在ISim中仿真。

【知识点】

(1) 十六进制计数器的实现方法。

(2) 十进制计数器的实现方法。

(3) 同步、异步的实现方法。

(4) 开发板在时序逻辑电路设计中的应用方法。

4.3 计数器

4.3.1 十六进制计数器设计

十六进制计数器可以由 4 个 D 型触发器和若干个门电路构成，具有计数、使能、直接(异步)清零等功能。对所有触发器同时加上时钟，使得当计数使能输入和内部门发出指令时，输出变化彼此协调一致，而实现同步工作。该计数器清除是异步的(直接清零)，不管时钟输入、使能输入为何电平，清除输入端的低电平把所有 4 个触发器的输出直接置为低电平。典型的清除、计数和使能时序如图 4-6 所示。

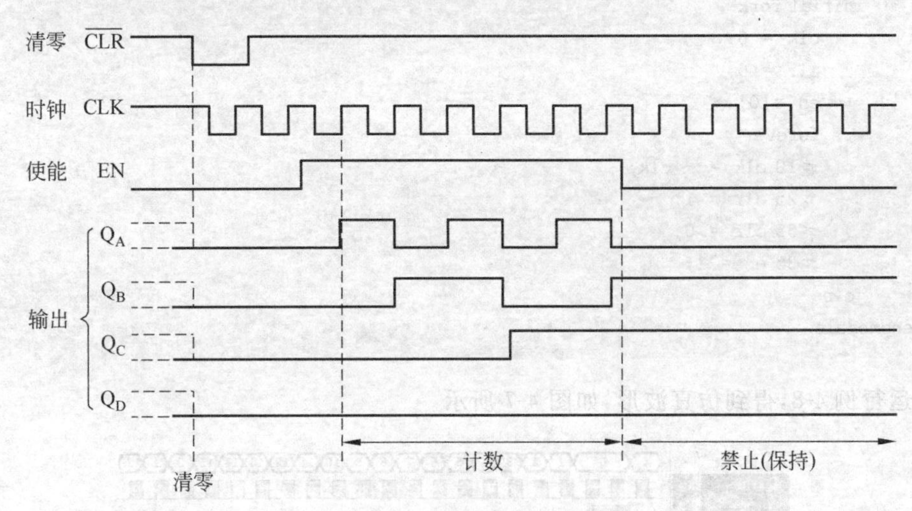

图 4-6　典型的清除、计数和使能时序

十六进制计数器的实现代码如例 4-7 所示，其仿真代码如例 4-8 所示。

【例 4-7】　带有同步使能异步清零功能的十六进制计数器。

```
module P12_Counter16(clk,rst,en,q);
    input clk;
    input rst;
    input en;
    output reg[3:0] q;
    always @(posedge clk or posedge rst) begin
        if(rst) q<=0;
        else if(en) q<=q+1;
    end
endmodule
```

【例 4-8】　十六进制计数器的 testbench。

```
'timescale 1ns / 1ps
module Counter16_test;
```

```
    //Inputs
    reg clk;
    reg clr;
    reg en;
    //Outputs
    wire [3:0] q;
    //Instantiate the Unit Under Test (UUT)
    P12_Counter16 uut (
        .clk(clk),
        .clr(clr),
        .en(en),
        .q(q)
    );
    initial fork
        clk = 0;
        clr = 0;
        en = 0;
        forever
        #10 clk = ~clk;
        #25 clr = 1;
        #55 clr = 0;
        #35 en = 1;
    join
endmodule
```

运行例 4-8,得到仿真波形,如图 4-7 所示。

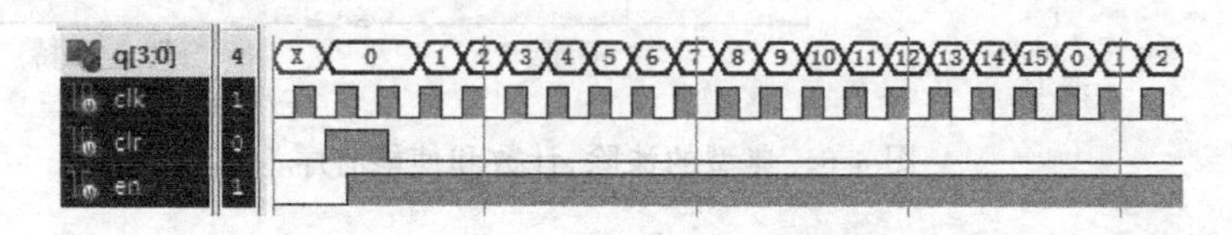

图 4-7　十六进制计数器仿真波形

从图 4-7 可以看出,当计数至 15 时,下一个计数值为 0,实现了十六进制计数的功能。需要说明的是,clr 信号的作用是高电平异步清零,en 信号的作用是同步使能计数,请读者结合仿真波形图,体会这两个信号的作用。

4.3.2 十进制计数器设计

对十六进制计数稍加改动,设置最大计数值为 9,就可以实现十进制计数器。十进制计数器的实现代码如例 4-9 所示。

【例 4-9】 带有同步使能异步清零功能的十进制计数器。

```
module P12_Counter10(clk,rst,en,q);
    input clk;
    input rst;
```

```
    input en;
    output reg[3:0] q;
    always @(posedge clk or posedge rst) begin
        if(rst) q<=0;
        else if(en) begin
            if(q==9) q<=0;
            else q<=q+1;
        end
    end
endmodule
```

在十进制计数器中,由于计数到 9 之后需要从 0 再开始计数,因此当计数值为 9 时,需要使 q 为 0,这样在下一个时钟上升沿到来时,可以输出计数值 0。例 4-9 对应的 testbench 与例 4-8 一样,只是例化语句要改成 P12_Counter10 模块,相应的仿真波形如图 4-8 所示。

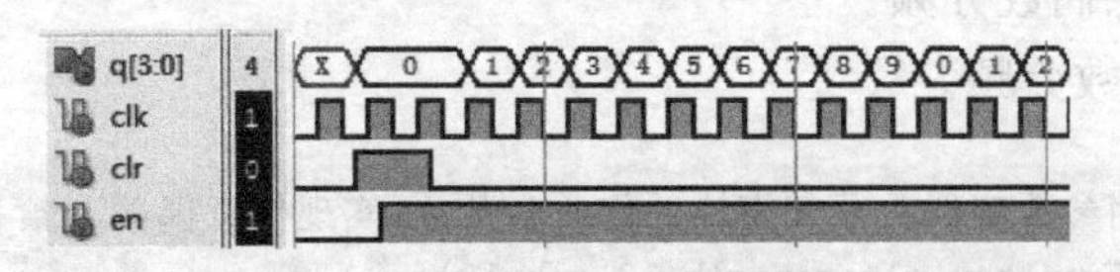

图 4-8　十进制计数器仿真波形

从图 4-8 可以看出,当计数至 9 时,下一个计数值为 0,实现了十进制计数的功能。

例 4-7 和例 4-9,均可使用开发板验证,计数值由 4 个 LED 灯的状态来表示。注意在验证时,时钟信号不要接 50MHz 的时钟,而是接至一个按键,将按下并释放按键产生的脉冲信号作为时钟信号。这部分硬件验证工作请读者自行完成。

实战项目 13　设计分频器电路

【项目描述】 完成偶数分频、奇数分频、$2n$ 分频。

本项目包括三个子项目。

子项目 1:偶数分频,要求实现参数型偶数分频,占空比为 50%,并例化该模块实现 10 分频和 12 分频;在 ISim 中仿真。

子项目 2:奇数分频,要求实现参数型奇数分频,占空比为 50%,并例化该模块实现 3 分频、5 分频和 7 分频;在 ISim 中仿真。

子项目 3:2^n 分频,要求实现参数型 2^n 分频,占空比为 50%,并例化该模块实现 8 分频;在 ISim 中仿真。

【知识点】

(1) 偶数分频的原理和实现方法。

(2) 奇数分频的原理和实现方法。

(3) 2^n 分频的原理和实现方法。

(4) 对于常用的 2^n 分频,可根据选定的频率查表确定 n 的值。

4.4 分频器

4.4.1 偶数分频

在数字逻辑电路设计中,分频器是一种基本电路,通常用来对某个给定频率进行分频,以得到所需的频率。

偶数倍分频是最简单的一种分频模式,完全可通过计数器计数实现。如要进行 N 倍偶数分频,可由待分频的时钟触发计数器计数,当计数器从0计数到 $N/2-1$ 时,输出时钟翻转,并给计数器一个复位信号,使得下一个时钟从0开始计数,以此循环下去。这种方法可以实现任意的偶数分频。例4-10给出的是一个参数型偶数分频电路。通过调用该模块,可实现任意偶数分频。

【例4-10】 偶数分频。

```
//顶层模块,调用参数型偶数分频模块并修改参数,可实现任意偶数分频
module P13_DivfEven_top(clk,rst,clk_12,clk_10);
    input clk;
    input rst;
    output clk_12,clk_10;
    divf_even #(12) U1(.clk(clk),
                       .rst(rst),
                       .clk_N(clk_12));
    divf_even #(10) U2(.clk(clk),
                       .rst(rst),
                       .clk_N(clk_10));
endmodule
//参数型偶数分频模块
module divf_even(clk,rst,clk_N);
    input clk;
    input rst;
    output reg clk_N;
    parameter N = 6;
    integer p;
    always @(posedge clk or posedge rst) begin
        if(rst) begin
            p<=0;
            clk_N<=0;
        end
        else if(p==N/2-1) begin
            p<=0;
            clk_N<=~clk_N;
        end
```

```
        else p<=p+1;
    end
endmodule
```

对于偶数分频，采用加法计数的方法，只是要对时钟的上升沿计数，这是因为输出波形的改变仅仅发生在时钟上升沿。例 4-10 使用了一个计数器 p 对上升沿计数，计数到一半时，控制输出时钟的电平取反，从而得到需要的时钟波形。

例 4-10 中的 divf_even 模块定义了一个参数化的偶数分频电路，并实现了一个 6 分频电路。顶层模块 P13_DivfEven_top 调用该模块并修改参数，实现了 12 分频和 10 分频。注意学习掌握在顶层模块中修改参数的方法。

divf_even_top 模块的仿真波形如图 4-9 所示。

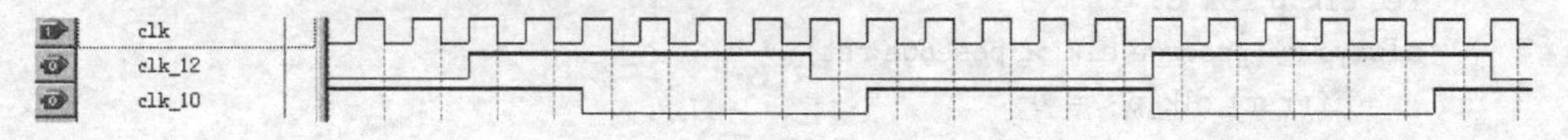

图 4-9　偶数分频仿真波形

从图 4-9 可知，例 4-10 正确实现了 10 分频和 12 分频。

4.4.2　奇数分频

奇数分频有多种实现方法，下面介绍常用的错位异或法的原理。对于实现占空比为 50% 的 N 倍奇数分频，首先进行上升沿触发的模 N 计数，计数到某一选定值时输出时钟翻转，得到一个占空比为 50% 的 N 分频时钟 clk1；然后在下降沿，经过在与选定时刻相差 $(N-1)/2$ 的时刻翻转另一个时钟，得到另一个占空比为 50% 的 N 分频时钟 clk2。将 clk1 和 clk2 两个时钟异或运算，得到占空比为 50% 的奇数 N 分频时钟。

【例 4-11】　参数型奇数分频。

```
//顶层模块，调用参数型奇数分频模块并修改参数，实现任意奇数分频
module P13_DivfOddn_top(clk,rst,clk_3,clk_5,clk_7);
    input clk;
    input rst;
    output clk_3,clk_5,clk_7;
    divf_oddn #(3) U1(.clk(clk),
                      .rst(rst),
                      .clk_N(clk_3));
    divf_oddn #(5) U2(.clk(clk),
                      .rst(rst),
                      .clk_N(clk_5));
    divf_oddn #(7) U3(.clk(clk),
                      .rst(rst),
                      .clk_N(clk_7));
endmodule
//参数型奇数分频模块
```

```
module divf_oddn(clk,rst,clk_N);
    input clk;
    input rst;
    output clk_N;
    parameter N = 3;
    integer p;
    always @(posedge clk or posedge rst) begin
        if(rst) p <= 0;
        else begin
            if(p == N-1) p <= 0;
            else p <= p+1;
        end
    end
    reg clk_p,clk_q;
    always @(posedge clk or posedge rst)
        if(rst) clk_p <= 0;
        else if(p == N-1) clk_p <= ~clk_p;
    always @(negedge clk or posedge rst)
        if(rst) clk_q <= 0;
        else if(p == (N-1)/2) clk_q <= ~clk_q;
    assign clk_N = clk_p^clk_q;
endmodule
```

对于奇数分频，由于输出波形的改变不仅仅发生在时钟上升沿，还会发生在下降沿，所以要在上升沿和下降沿分别处理两个信号 clk_p 和 clk_q，然后通过组合逻辑 assign clk_N＝clk_p^clk_q;控制输出时钟的电平，得到需要的时钟波形。模块 divf_oddn 的仿真波图如图 4-10 所示。

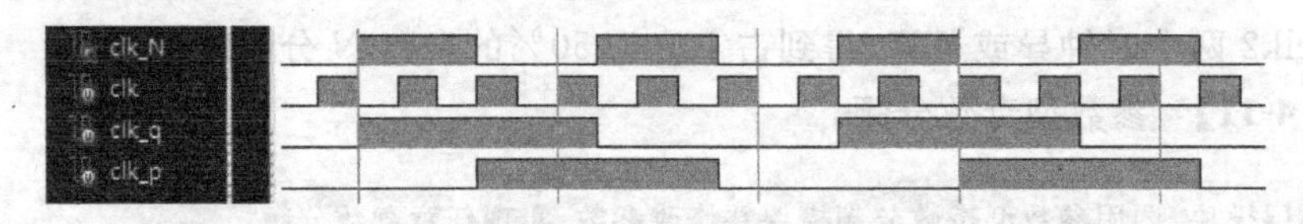

图 4-10　模块 divf_oddn 的仿真波形

divf_oddn 模块定义了一个参数化的奇数分频电路，并实现了一个 3 分频电路。顶层模块 P13_DivfOddn_top 调用该模块并实现 3 分频、5 分频和 7 分频。

注意：要掌握在顶层模块中修改参数的方法。

顶层模块 P13_DivfOddn_top 的仿真波形如图 4-11 所示。

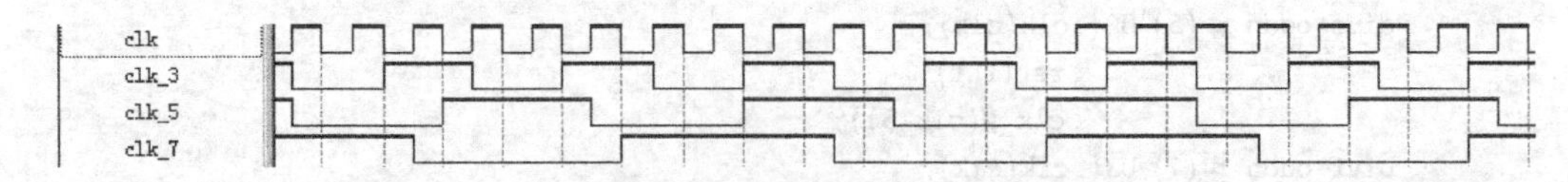

图 4-11　奇数分频仿真波形

从图 4-11 可知，例 4-11 实现了 3 分频、5 分频和 7 分频。

4.4.3　2^n 分频

2^n 分频电路是偶数分频电路的特例,采用偶数分频的方法实现。但由于 2^n 的特殊性,可以采用更加便捷的方式,如例 4-12 所示。

【例 4-12】　2^n 分频例 1。

```
//顶层模块,调用参数型 2^n 分频模块并修改参数,实现任意 2^n 分频
module P13_Divf_2pow3(clk,rst,clk8);
    input clk,rst;
    output clk8;
    divf_2powN #(3) U1(.clk(clk),
                       .rst(rst),
                       .clk_N(clk8));
endmodule
//参数型 2^n 分频模块
module divf_2powN(clk,rst,clk_N);
    input clk,rst;
    output clk_N;
    parameter N = 2;
    reg[N-1:0] count;
    always @(posedge clk or posedge rst) begin
     if(rst) count <= 0;
     else count <= count + 1;
    end
    assign clk_N = count[N-1];
endmodule
```

模块 divf_2powN 中的 N 定义为常整数 2,可实现 2 的 2 次幂分频,即 4 分频。模块 P13_Divf_2pow3 调用该模块,将参数 N 修改成了 3,实现 8 分频。

除了得到 2 的 N 次幂分频外,还可以非常容易地得到 2 的 $N-1$ 次幂、$N-2$ 次幂、……、1 次幂分频,只需要添加几条 assign 语句,如例 4-13 所示。

【例 4-13】　2^n 分频例 2。

```
module P13_Divf_2pow4(clk,rst,clk2,clk4,clk8,clk16);
    input clk,rst;
    output clk2,clk4,clk8,clk16;
    reg[3:0] count;
    always @(posedge clk or posedge rst) begin
        if(rst) count <= 0;
        else count <= count + 1;
    end
    assign clk2 = count[0];                          //2 分频
    assign clk4 = count[1];                          //4 分频
    assign clk8 = count[2];                          //8 分频
```

```
    assign clk16 = count[3];                    //16 分频
endmodule
```

2^n 分频用途很广，所以在此对分频得到的频率值汇总，如表 4-1 所示。后续项目用到 2^n 分频时，可以查此表。

表 4-1　关于 2^n 分频的说明

表达式	2^n 分频说明	计算步骤与结果/Hz
clkdiv[0]	2^1 分频	50M/2=25M
clkdiv[1]	2^2 分频	50M/4=12.5M
clkdiv[2]	2^3 分频	50M/8=6.25M
clkdiv[3]	2^4 分频	50M/16=3.125M
clkdiv[4]	2^5 分频	50M/32=1.5625M
clkdiv[5]	2^6 分频	50M/64=781.25k
clkdiv[6]	2^7 分频	50M/128=390.625k
clkdiv[7]	2^8 分频	50M/256=195k
clkdiv[8]	2^9 分频	50M/512=97.66k
clkdiv[9]	2^{10} 分频	50M/1024=48.83k
clkdiv[10]	2^{11} 分频	50M/2048=24.41k
clkdiv[11]	2^{12} 分频	50M/4096=12.21k
clkdiv[12]	2^{13} 分频	50M/8192=6.10k
clkdiv[13]	2^{14} 分频	50M/(2^{14})=3.05k
clkdiv[14]	2^{15} 分频	50M/(2^{15})=1.53k
clkdiv[15]	2^{16} 分频	50M/(2^{16})=762.94
clkdiv[16]	2^{17} 分频	50M/(2^{17})=381.45
clkdiv[17]	2^{18} 分频	50M/(2^{18})=190.73
clkdiv[18]	2^{19} 分频	50M/(2^{19})=95.37
clkdiv[19]	2^{20} 分频	50M/(2^{20})=47.68
clkdiv[20]	2^{21} 分频	50M/(2^{21})=23.84
clkdiv[21]	2^{22} 分频	50M/(2^{22})=11.92
clkdiv[22]	2^{23} 分频	50M/(2^{23})=5.96
clkdiv[23]	2^{24} 分频	50M/(2^{24})=2.98
clkdiv[24]	2^{25} 分频	50M/(2^{25})=1.49

在表 4-1 中，clkdiv 是一个计数器，clkdiv[n−1]是指这个计数器的第 $n-1$ 位。根据实际项目的需要，选定适用的频率后，可通过上述表格查表得到 n；当然，也可以计算求出。

分频器是十分有用的电路。在实际电路设计中，可能需要多种频率值，用本节介绍的方法基本上可以解决问题。在同一设计中还有可能综合应用多种分频方法。

实战项目 14 设计秒表电路

【项目描述】 设计一个秒计数器，1s实现加1计数，计到59后再从0计数。

要求：使用1个拨码开关SW0用作同步清零端口，输出计数值驱动LD0～LD7这8个LED灯显示。

【知识点】

(1) 六十进制计数器的实现方法。

(2) 50MHz分频得到1Hz的方法。

(3) View RTL Schematics的使用方法。

(4) 层次设计中模块调用的方法和技巧。

实战项目14.mp4
(2.21MB)

4.5 综合项目：秒计数器

4.5.1 秒计数器设计

秒计数器可划分成2个模块来实现：第一个模块(IP_1Hz)是分频器，功能是将50MHz的频率分频得到1Hz的频率；第二个模块(second)完成六十进制计数的功能，使用1Hz的频率实现每秒加1计数，并用计数结果直接驱动LED灯。2个模块的连接关系如图4-12所示。

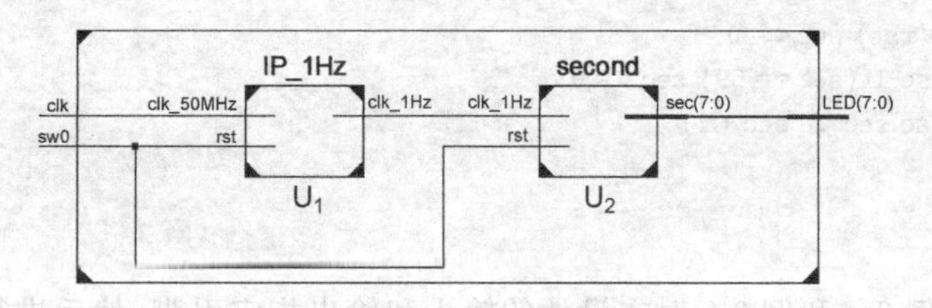

图 4-12 秒计数器模块划分

实现图4-12中的模块，代码如例4-14所示。

【例 4-14】 秒表设计代码。

```
//顶层模块
module P14_Second_top(clk,SW0,LED);
    input clk;
    input SW0;
    output[7:0] LED;
    wire clk_1Hz;
    IP_1Hz U1(.clk_50MHz(clk),
              .rst(SW0),
```

```
            .clk_1Hz(clk_1Hz));
    second U2(.clk(clk_1Hz),
            .rst(SW0),
            .sec(LED));
endmodule
//分频模块:50MHz→1Hz
module IP_1Hz(clk_50MHz,rst,clk_1Hz);
    input clk_50MHz;
    input rst;
    output reg clk_1Hz;
    reg[24:0] cnt;
    always@(posedge clk_50MHz or posedge rst) begin
        if(rst) begin
            clk_1Hz<=0;
            cnt<=0;
        end
        else if(cnt==25000000-1) begin
            clk_1Hz<=~clk_1Hz;
            cnt<=0;
        end
        else cnt<=cnt+1;
    end
endmodule
//计数模块:0～59
module second(clk,rst,sec);
    input clk,rst;
    output reg[7:0] sec;
    always @(posedge clk or posedge rst) begin
        if(rst) sec<=0;
        else if(sec==59) sec<=0;
        else sec<=sec+1;
    end
endmodule
```

分别结合例 3-4 和例 3-5 对本设计的输入和输出指定引脚，然后进行综合、实现、生成配置文件、编程到 Basys2 开发板和 Basys3 开发板。首先观察 LD7～LD0 的状态变化，然后拨动 SW0 这个拨码开关，关注 LD7～LD0 的状态变化，并结合秒计数器的功能来理解这种现象。

当然，上述顶层模块中的 2 个子模块 IP_1Hz、second 也可设计在一个模块内，使用 2 个 always 块分别实现上述 2 个子模块，如例 4-15 所示。

【例 4-15】 将例 4-14 中的 2 个子模块整合成一个模块。

```
module Second_top(clk,rst,LED);
    input clk;                                    //50MHz
    input rst;
    output[7:0] LED;
```

```
    //输出
    reg[7:0] q;
    assign LED = q;
    //分频
    reg clk_1Hz;
    reg[24:0] cnt;
    always@(posedge clk or posedge rst) begin
        if(rst) begin
            clk_1Hz <= 0;
            cnt <= 0;
        end
        else if(cnt == 25000000 - 1) begin
            clk_1Hz <= ~clk_1Hz;
            cnt <= 0;
        end
        else cnt <= cnt + 1;
    end
    //计数
    always @(posedge clk_1Hz or posedge rst) begin
        if(rst) q <= 0;
        else if(q == 59) q <= 0;
        else q <= q + 1;
    end
endmodule
```

例 4-14 和例 4-15 这两种设计方法都经常使用。通常，例 4-14 这种层次建模的方法在设计大规模电路时，优势较明显。

4.5.2 ISE schematic viewer 工具的使用

ISE schematic viewer 工具是 ISE 工程在早期综合后得到的在寄存器级别的对工程的表达。可以通过查看该视图，来看有没有综合出期望的元件。在该视图中，显示分为三大类信息：模块实例或元件、输入/输出接口，以及网络（即各个模块之间，模块与输入、输出之间的连线网络）。注意，最开始看到的是整体模块图，可以双击每个模块进入低一层，直至最后的寄存器级网表。

RTL 原理图不是设计开发描述工具，它是综合器输出的一个结果。在 FPGA 应用开发过程中，使用 ISE 完成 synthesize 后，就可以通过 view RTL schematics 查看系统框图，ISE 会自动调用原理图编辑器 ECS 来浏览 RTL 结构。双击框图，就可以看到内部的电路原理图。

选择 Tools|Schematic Viewer|RTL...，打开例 4-14 的 RTL 电路图。双击该电路图，进入其内部，如图 4-13 所示。

view RTL schematic 这一功能在自顶向下的层级设计中，常用于检查模块端口间的连接是否正确，是一个非常实用的工具。在本书后续章节，经常会使用这一工具给出电

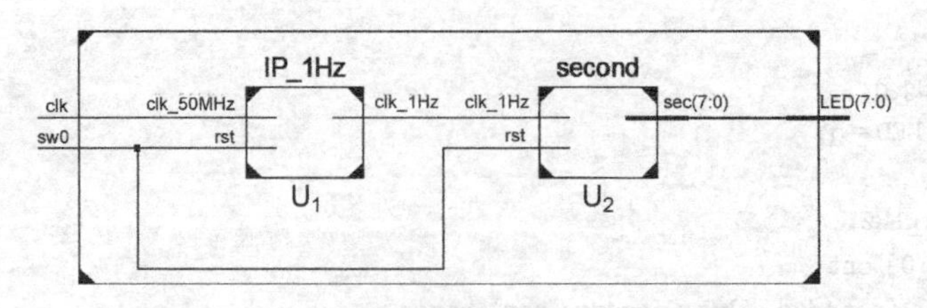

图 4-13 秒表计数器的 RTL 视图

路原理图,说明模块间的连接关系;同时,在设计过程中也常用这个工具来排查错误,尤其是模块间的连接错误。

4.5.3 层次建模模块调用规范

在 Verilog 层次建模时,有两种模块调用的方法。一种是位置映射法,严格按照模块定义的端口顺序来连接,不用注明原模块定义时规定的端口名,其语法如下:

```
模块名 (连接端口 1 信号名, 连接端口 2 信号名, 连接端口 3 信号名,...);
```

另一种是信号映射法,即利用“.”符号,表明原模块定义时的端口名,其语法如下:

```
模块名 (.端口 1 信号名(连接端口 1 信号名),
        .端口 2 信号名(连接端口 2 信号名),
        .端口 3 信号名(连接端口 3 信号名),...);
```

例 4-14 的顶层模块采用的是信号映射法,也可以使用位置映射法,如例 4-16 所示。

【例 4-16】 使用位置映射法实现顶层模块。

```
module Second_top(clk,SW0,LED);
    input clk;
    input SW0;
    output[7:0] LED;
    wire clk_1Hz;
    IP_1Hz U1(clk, SW0, clk_1Hz);
    second U2(clk_1Hz, SW0, LED);
endmodule
```

显然,信号映射法同时将信号名和被引用端口名列出来,不必严格遵守端口顺序,不仅降低了代码易错性,还提高了程序的可读性和可移植性。因此,在良好的代码中,尽量避免使用位置调用法,建议全部采用信号映射法。

4.6 小结

本章重点介绍了以下时序逻辑电路的设计。

✓ D 触发器。

✓ 寄存器。

✓ 移位寄存器。

✓ 计数器。

✓ 分频器。

✓ 小型综合应用项目——秒表计数器。

本章还穿插介绍了 FPGA 内部结构、层次建模模块调用规范及 ISE schematic viewer 等内容。

4.7 习题

1. 触发器

(1) 查找双上升沿 D 触发器 74LS74 芯片，使用 HDL 语言实现，并在开发板上验证。

(2) 使用一个按键产生时钟脉冲，每按下按键一次，产生一个时钟脉冲，在开发板上实现例 4-1，更深刻地体会 clr 和 en 信号的功能。

(3) 尝试实现 RS 触发、T 触发器、JK 触发器，并进行仿真。

提示：时序电路是高速电路的主要应用类型，其特点是在任意时刻，电路产生的稳定输出不仅与当前的输入有关，还与电路过去时刻的输入有关。时序电路的基本单元就是触发器。下面给出常见的带同步清零的 T 触发器的 Verilog 实现参考示例，其仿真由读者自行完成。

```
module Tff(clk, clr, t, q, qb);
    input clk, clr, t;
    output q, qb;
    reg q;
    assign qb = ~q;
    always @(posedge clk) begin
        if(clr) q <= 0;
        else if(t) q <= ~q;
        else ;
    end
endmodule
```

2. 寄存器

(1) 尝试使用 6 个 D 触发器构造一个 6 位的寄存器，替换例 4-3 中的寄存器，并完成综合、实现、生成配置文件、编程到开发板验证。

(2) 修改例 4-4，使用一个按键产生时钟脉冲，每按下按键一次则产生一个时钟脉冲，以便更清楚地观察和理解移位寄存器的工作原理。

(3) 在互联网上或通过其他途径查找 8 位串入并出移位寄存器 74LS164 的功能，然后使用 FPGA 实现该芯片，并在开发板上验证。

(4) 使用移位寄存器实现串并转换操作,以及并串转换操作。对于远距离传输,当发送数据时,可采用并串转换,形成一个数据流串,通过一条线发送出去;当接收数据时,可采用串并转换,再将数据流串转换形成有效的多位数据,以节省FPGA资源。

3. 计数器

(1) 在例4-7中增加一个加减控制信号add_sub。当add_sub=1时,计数器加1计数;当add_sub=0时,计数器减1计数,并进行仿真验证。

(2) 在例4-7中增加一个预置控制信号load。当load=1时,计数器输出值为预置数;当load=0时,计数器从当前计数值继续正常计数。

(3) 在互联网上或通过其他途径查找同步十进制计数器74LS160芯片的功能,然后使用FPGA实现该芯片,并在开发板上验证。

注意:验证时,使用按键作为时钟信号。

4. 分频器

(1) 使用某特定频率的信号去控制一个LED灯。通过实验验证,当频率大于何值时,由于人眼的视觉暂留现象,看起来的效果是灯常亮,看不出灯的闪烁。

提示:频率约为40Hz。

(2) 通过分频,得到8个不同频率的信号,分别去控制8个灯闪烁。

(3) 分频得到3个频率的信号1Hz、256Hz和1024Hz。以这3个频率作为多路选择器的3路输入,选择信号为2个拨码开关,输出接至蜂鸣器(蜂鸣器直接通过两根线接至PMOD口)。在开发板上验证时,通过拨码开关选择不同的信号,体会蜂鸣器声音的不同。

(4) 设计占空比可变的任意整数分频器。

提示:对于占空比可变的分频器,需要设置两个参数,一个控制分频比,另一个控制占空比,从而得到需要的时钟波形。例如,可设置分频参数$N=7$,占空比参数$M=3$,得到占空比为3/7的7分频电路。可参考如下任意整数分频器。

```
//顶层模块,调用该模块并修改参数,实现任意整数分频
module DivfPara_top(rst,clk,clk3_2,clk5_1,clk6_3);      //顶层设计
    input rst,clk;
    output clk3_2,clk5_1,clk6_3;
    divf_parameter #(3,2) f1(.rst(rst),
                             .clk(clk),
                             .clkout(clk3_2));          //3分频,占空比为2/3
    divf_parameter #(5,1) f2(.rst(rst),
                             .clk(clk),
                             .clkout(clk5_1));          //5分频,占空比为1/5
    divf_parameter #(6,3) f3(.rst(rst),
                             .clk(clk),
                             .clkout(clk6_3));          //6分频,占空比为3/6
endmodule
//参数型任意整数分频模块
module divf_parameter(rst,clk,clkout);
    input rst,clk;
    output clkout;
```

```
    integer temp;                    //最大值为 2 的 32 次方
    parameter N = 7,M = 3;           //N 为分频系数,M/N 为占空比
    always @(posedge clk) begin
        if(rst) temp <= 0;
        else if(temp == N - 1) temp <= 0;
        else temp <= temp + 1;
    end
    assign clkout = (temp < M)? 1 : 0;
endmodule
```

顶层模块 DivfPara_top 的仿真波形如图 4-14 所示。

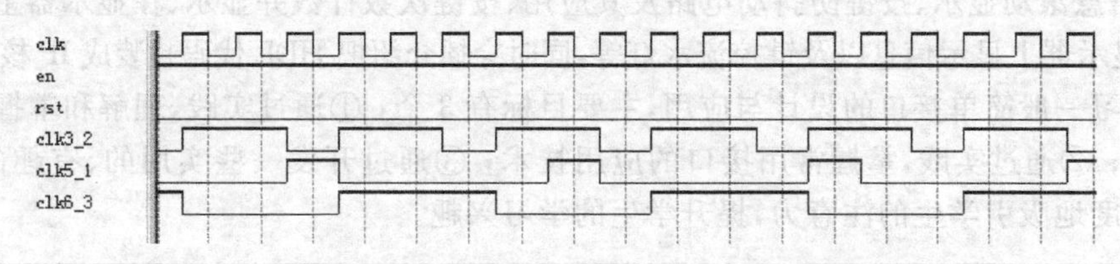

图 4-14　占空比可变的任意整数分频仿真波形

从图 4-14 可知,实现了占空比可变的分频功能。

(5) 设计占空比可变的任意小数分频器。

提示:对于小数分频,先设计两个不同分频比的整数分频器,然后通过控制两种不同分频比出现的次数来实现。对于小数 N,可以转换成 M/P 的形式,其中 P 为 10^n(n 表示小数的位数)。例如,2.6 分频时,可以进行 4 次 2 分频和 6 次 3 分频,于是这 10 次分频的平均分频系数为:(4×2+6×3)/(4+6)=2.6(分频),实现平均意义上的小数分频。根据小数分频原理,如果要 7.1 分频,可以进行 9 次 7 分频和 1 次 8 分频,于是 10 次分频的平均分频系数为:(9×7+1×8)/(4+6)=7.1(分频)。

5. 在例 4-14 中,增加结果显示模块 second_disp,尝试将秒计数值显示在 2 个数码管中。

第5章 一般简单接口电路设计与应用

CHAPTER 5

本章重点介绍以下应用项目：LED控制、单数码管显示控制、多数码管动态扫描显示控制、信息滚动显示、按键防抖动电路及其应用、按键次数计数并显示、在显示器上显示条纹、在显示器上显示信息以及键控流水灯等，同时穿插介绍把HDL代码封装成IP核等内容。

学习一般简单接口的设计与应用，主要目标有3个：①通过实践，理解和掌握常用接口协议；②通过实践，掌握常用接口的应用技术；③通过开发一些实用的、有趣的项目，最大限度地吸引学生的注意力，提升学生的学习兴趣。

实战项目15　控制LED灯亮灭

【项目描述】 实现单LED灯和多LED灯的显示控制。

本项目包括两个子项目。

子项目1：控制1个LED灯闪烁。要求：控制LD0以1s周期闪烁，亮0.5s，灭0.5s。

子项目2：控制8个LED灯循环点亮，从左向右，一次只亮一个LED灯，延时1s。

【知识点】

(1) LED灯闪烁的原理及实现方法。

(2) 流水灯的实现原理和方法。

(3) 常用状态机的编码方法。

实战项目15-1个LED闪烁.mp4
(1.58MB)

实战项目15-8个LED循环点亮.mp4
(1.80MB)

5.1　LED显示电路设计与应用

5.1.1　LED闪烁

为了实现LED灯闪烁，周期为1s，首先要对50MHz的频率分频，得到1Hz频率，然后使用1Hz的频率去控制LED灯闪烁。实现代码如例5-1所示。

【例 5-1】　控制一个 LED 灯闪烁：亮 0.5s，灭 0.5s，循环。

```
module P15_LedBlink(clk,rst,LED0);
    input clk;
    input rst;
    output LED0;
    wire clk_1Hz;
    //使用 1Hz 频率信号控制 LED 灯
    assign LED0 = clk_1Hz;
    //分频产生 1Hz 频率的模块调用
    IP_1Hz U1(.clk_50MHz(clk),
            .rst(rst),
            .clk_1Hz(clk_1Hz));
endmodule
```

分别结合例 3-4 和例 3-5 对本设计的输入和输出指定引脚，然后进行综合、实现、生成配置文件、编程到 Basys2 开发板和 Basys3 开发板。下载到开发板后，可观察到 LD0 闪烁的效果。

5.1.2　LED 流水灯

流水灯可通过两个模块实现：模块 IP_1Hz 完成分频，将 50MHz 的频率分频，得到 1Hz 的频率；模块 ledrun 完成 LED 灯的流水灯控制，在 1Hz 频率控制下，实现流水灯的效果。模块划分如图 5-1 所示。

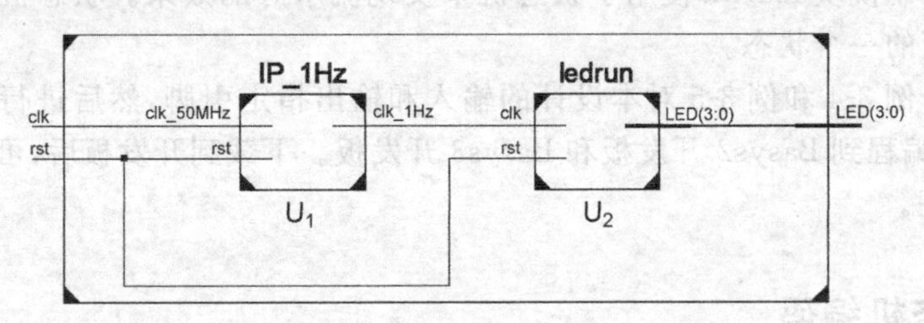

图 5-1　控制 8 个灯循环点亮的模块划分

实现图 5-1 中的模块，代码如例 5-2 所示。

【例 5-2】　控制 8 个 LED 灯循环点亮，从左向右，一次只亮一个 LED 灯。

```
module P15_LedRun_top(clk,rst,LED);
    input clk;
    input rst;
    output[3:0] LED;
    wire clk_1Hz;
    IP_1Hz U1(.clk_50MHz(clk),
            .rst(rst),
            .clk_1Hz(clk_1Hz));
    ledrun U2(.clk(clk_1Hz),
            .rst(rst),
            .LED(LED));
```

```
endmodule
//控制灯运转状态模块
module ledrun(clk,rst,LED);
    input clk;                  //1Hz
    input rst;
    output[3:0] LED;
    parameter S0 = 4'b0001,
              S1 = 4'b0010,
              S2 = 4'b0100,
              S3 = 4'b1000;
    reg[3:0] state;
    //控制输出模块
    assign LED =  state;
    //状态转移模块
    always@(posedge clk or posedge rst)
        if(rst) state <= S0;
        else begin
            case(state)
            S0: state <= S1;
            S1: state <= S2;
            S2: state <= S3;
            S3: state <= S0;
            default: state <= S0;
            endcase
        end
endmodule
```

流水灯控制模块 ledrun 使用了状态机来实现流水灯的效果。状态机中的每一个状态对应流水灯的一个状态。

分别结合例 3-4 和例 3-5 对本设计的输入和输出指定引脚,然后进行综合、实现、生成配置文件、编程到 Basys2 开发板和 Basys3 开发板。下载到开发板后,可观察到 LD0～LD7 循环点亮。

5.1.3 状态机编码

状态编码又称状态分配,通常有多种编码方法。编码方案选择得当,设计的电路可以简单;反之,电路会占用过多的逻辑,或速度降低。设计时,须综合考虑电路复杂度和电路性能这两个因素。

二进制编码(Binary)、格雷码(Gray)编码、独热码(One-Hot)编码、直接输出型编码都是比较常用的编码方式。下面简单讨论状态机的这几种编码方式。

二进制编码也称连续编码,其码元值的大小是连续变化的。

格雷编码的特点是:相邻状态只有一个状态位发生翻转。

独热编码即 One-Hot 编码,又称 1 位有效编码,使用 N 位状态寄存器来对 N 个状态进行编码,每个状态的码值在任意时候只有 1 位有效,即每个码元值只有 1 位是“1”,其他位都是“0”。

直接输出型编码在编码前就考虑输出的情况,将状态编码与在该状态下的输出完全对应。这样,在对输出信号赋值时,可以直接赋值为该编码。

表5-1所示为6个状态的各种编码方法的比较。直接输出型编码与输出关系密切，在表中未体现出来。例5-2使用的编码方式既是独热码，也是直接输出型编码，在后续的项目设计中，还会经常使用直接输出型编码。

表5-1　编码方式

状态	顺序编码	独热编码	格雷编码
s0	3'b000	6'b000001	3'b000
s1	3'b001	6'b000010	3'b001
s2	3'b010	6'b000100	3'b011
s3	3'b011	6'b001000	3'b111
s4	3'b100	6'b010000	3'b110
s5	3'b101	6'b100000	3'b100

二进制码和格雷码是压缩状态编码。格雷编码不仅能消除状态转换时由多条状态信号线的传输延迟造成的毛刺，还可以降低功耗。独热编码虽然使用较多的触发器，但由于状态译码简单，可减少组合逻辑，且速度较快。这种编码方式还易于修改，增加状态或改变状态转换条件，都可以在不影响状态机其他部分的情况下很方便地实现。另外，它的速度独立于状态数量。与之相比，压缩状态编码在状态增加时，速度会明显下降。

二进制编码、格雷码编码使用最少的触发器，消耗较多的组合逻辑，而独热码编码反之。独热码编码的最大优势在于状态比较时仅仅需要比较一个位，在一定程度上简化了译码逻辑。虽然在需要表示同样的状态数时，独热编码占用较多的位，也就是消耗较多的触发器，但这些额外触发器占用的面积可与译码电路省下来的面积相抵消。

直接输出型编码与输出关系密切，其优点是节省了输出的组合逻辑电路。

在状态机的设计中，使用各种编码，尤其是独热编码或直接输出型编码后，通常会不可避免地出现大量剩余状态，即未定义的编码组合。这些状态在状态机的运行中是不需要出现的，通常称为非法状态。例如，含3个状态的状态机使用独热编码，需要用到3位，这样，除了3个有效状态s0、s1、s2之外，还有5个非法状态，如表5-2所示。

表5-2　非法状态

状态	s0	s1	s2	N1	N2	N3	N4	N5
独热编码	001	010	100	011	101	110	111	000

在状态机的设计中，如果没有对这些非法状态合理地处理，在外界不确定的干扰下，或是随机上电的初始启动后，状态机都有可能进入不可预测的非法状态，其后果是有可能完全无法进入正常状态。因此，非法状态的处理，是设计者必须考虑的问题之一。

处理的方法有两种。

(1) 在语句中对每一个非法状态都做出明确的状态转换指示。如在原来的case语句中增加以下语句。

```
case(state)
N1: state<=s0;
N2: state<=s0;
…
```

(2) 利用default语句对未提到的状态做统一处理。

```
case(state)
    S0: state <= S1;
      …
    default: state <= S0;
endcase
```

由于剩余状态的次态不一定都指向状态s0,所以可以使用方法一来分别处理每一个剩余状态的转向。

实战项目16　控制数码管显示信息

【项目描述】　实现数码管的显示控制。

本项目包括三个子项目。

子项目1:使数码管的8个段轮流点亮。

要求:段显示每间隔1秒钟切换一次。

子项目2:使4个数码稳定地显示在4个数码管上。

要求:SW7～SW4设置的数据显示在左侧,SW3～SW0设置的数据显示在右侧,这2个数据同时稳定地显示在2个数码管上,然后把上面设置的数据的反码显示到另外2个相邻的数码管上。要求这4个数码管稳定地显示数据。

子项目3:在数码管上滚动显示一串数码,并且能循环显示。

要求:在4个数码管上滚动显示一串数码“F-01234567890-FF”,其中的F在数码管上要求不显示出来;显示到最后一个数码后,从头开始循环滚动显示;有复位功能,每次复位后,都从信息起始处滚动显示。

【知识点】

(1) 数码管结构原理。

(2) 数码管显示原理。

(3) 根据数码管显示原理,得到通用的数码管显示IP核的方法。

(4) 数码管显示IP核的应用方法。

(5) 使用移位寄存器实现信息滚动的方法。

(6) 在数码管中显示空格和其他字符(如“-”)的方法。

(7) 把自己的模块封装成IP的方法。

实战项目16-轮流点亮.mp4 (2.38MB)

实战项目16-数码稳定显示.mp4 (2.76MB)

实战项目16-数码循环显示.mp4 (1.12MB)

5.2　数码管显示电路设计与应用

5.2.1　单数码管显示原理

发光二极管(LED)由特殊的半导体材料砷化镓、磷砷化镓等制成,可以单独使用,也可以组装成分段式或点阵式 LED 显示器件(半导体显示器)。分段式显示器(LED 数码管)由 7 条线段围成“8”型,每一段包含一个发光二极管。外加正向电压时,二极管导通,发出清晰的光,有红、黄、绿等色。只要按规律控制各发光段的亮、灭,就可以显示各种字形或符号。

数码管分共阴极和共阳极两类,如图 5-2 所示。对于共阳数码管来说,当数码管的输入为 11000000 时,则数码管的 8 个段 h、g、f、e、d、c、b、a 分别接 1、1、0、0、0、0、0、0;由于接有低电平的段发光,所以数码管显示“0”。

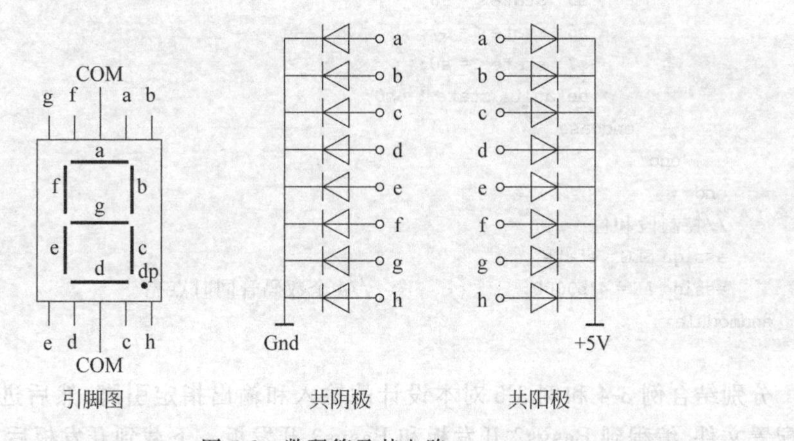

图 5-2　数码管及其电路

可以设计电路,使数码管的 8 个段轮流点亮,每 1 秒切换一次,代码如例 5-3 所示。

【例 5-3】　数码管的 8 个段循环点亮。

```
module P16_Seg7_segrun(clk,rst,SEG,AN);
    input clk;
    input rst;
    output[7:0] SEG;
    output[3:0] AN;
    //分频产生 1Hz 频率的模块调用
    IP_1Hz U1(.clk_50MHz(clk),
              .rst(rst),
              .clk_1Hz(clk_1Hz));
    //使用状态机实现 8 段轮流点亮
    reg[7:0] state;
    parameter s0 = 8'b11111110,
```

```
                s1 = 8'b11111101,
                s2 = 8'b11111011,
                s3 = 8'b11110111,
                s4 = 8'b11101111,
                s5 = 8'b11011111,
                s6 = 8'b10111111,
                s7 = 8'b01111111;
    always@(posedge clk_1Hz,posedge rst) begin
        if(rst) state <= s0;
        else begin
            case(state)
                s0: state <= s1;
                s1: state <= s2;
                s2: state <= s3;
                s3: state <= s4;
                s4: state <= s5;
                s5: state <= s6;
                s6: state <= s7;
                s7: state <= s0;
                default: state <= s0;
            endcase
        end
    end
    //控制段和位
    assign SEG = state;
    assign AN = 4'b0000;                //4 个数码管同时点亮
endmodule
```

分别结合例 3-4 和例 3-5 对本设计的输入和输出指定引脚,然后进行综合、实现、生成配置文件、编程到 Basys2 开发板和 Basys3 开发板。下载到开发板后,观察数码管的显示变化,此时 4 个数码管的 8 个段滚动显示。

5.2.2 多数码管显示原理

图 5-3 所示的是 4 位数码扫描显示电路。其中,每个数码管的 8 个段 h、g、f、e、d、c、b、a(h 是小数点)分别连在一起,4 个数码管分别由 4 个选通信号 K_1、K_2、K_3、K_4 来选择。被选通的数码管显示数据,其余关闭,如在某一时刻,K_1 为低电平,其余选通信号为高电平,这时仅 K_1 对应的数码管显示来自段信号端的数据,其他 3 个数码管均不显示。因此,如果希望在 4 个数码管显示不同的数据,必须使得 4 个选通信号 K_1、K_2、K_3、K_4 轮流被单独选通,同时,在段信号输入口加上希望在对应数码管上显示的数据。于是,随着选通信号的变化,就能实现扫描显示的目的。当扫描频率较低时,可以看到数码管轮流显示的效果;当扫描频率较高时,由于人眼的视觉暂留现象,看到的将是 4 个数码管同时稳定地显示。

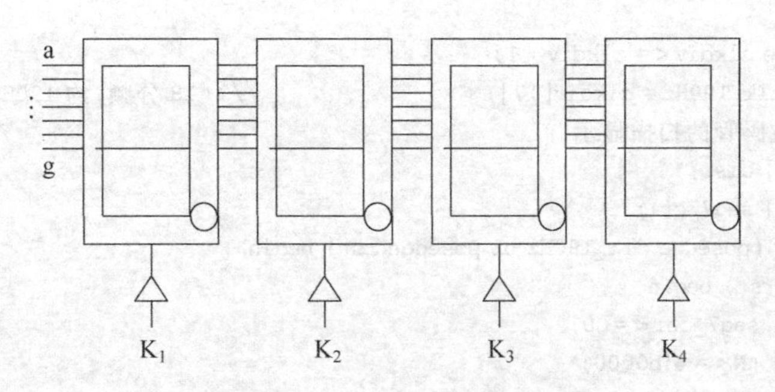

图 5-3　4 位数码扫描显示电路

数码管动态扫描显示原理如图 5-4 所示。从图中可以看出，要保证数码管稳定地显示数据，要求刷新周期为 1～16ms，这意味着刷新频率为 1kHz～60Hz。事实上，经过实测，使数据稳定显示的频率可以更低，稍后说明。

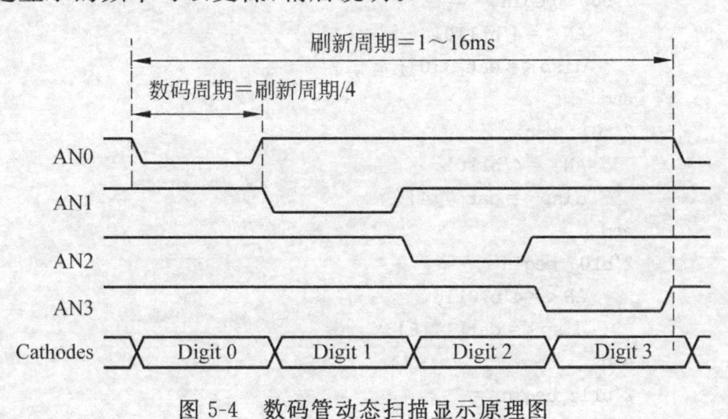

图 5-4　数码管动态扫描显示原理图

5.2.3　数码管显示 IP 核

根据多数码管的显示原理，可以编制数码管显示 IP 核，供将来实际项目使用。例 5-4 为 4 个数码管的显示 IP 核，可供使用 4 个数码管的项目应用。

【例 5-4】　4 个数码管的显示 IP 核。

```
module IP_seg7(clk,rst,dat,SEG,AN);
    input clk;                                          //50MHz
    input rst;
    input[15:0]dat;
    output reg[7:0] SEG;
    output reg[3:0] AN;
    //分频得到 190Hz
    wire clk_190Hz;
    reg[17:0] clkdiv;
    always @(posedge clk or posedge rst)
        if(rst) clkdiv<=0;
```

```
        else clkdiv <= clkdiv + 1;
    assign clk_190Hz = clkdiv[17];                        //2^18 分频,约 190Hz
    //4 个数码管的扫描显示
    reg[3:0] disp;
    reg[1:0] seg7_ctl;
    always@(posedge clk_190Hz or posedge rst) begin
        if(rst) begin
            seg7_ctl <=  0;
            AN <= 4'b0000;
            disp <= 0 ;
        end
        else begin
            seg7_ctl <= seg7_ctl + 1;
            case(seg7_ctl)
                2'b00: begin
                    AN <= 4'b1110;
                    disp <= dat[3:0];
                end
                2'b01: begin
                    AN <= 4'b1101;
                    disp <= dat[7:4];
                end
                2'b10: begin
                    AN <= 4'b1011;
                    disp <= dat[11:8];
                end
                2'b11: begin
                    AN <= 4'b0111;
                    disp <= dat[15:12];
                end
            endcase
        end
     end
     //对 0~F 数字的显示译码
     always@(disp)
        case(disp)
            0: SEG <= 8'b11000000;                        //0
            1: SEG <= 8'b11111001;                        //1
            2: SEG <= 8'b10100100;                        //2
            3: SEG <= 8'b10110000;                        //3
            4: SEG <= 8'b10011001;                        //4
            5: SEG <= 8'b10010010;                        //5
            6: SEG <= 8'b10000010;                        //6
            7: SEG <= 8'b11111000;                        //7
            8: SEG <= 8'b10000000;                        //8
            9: SEG <= 8'b10010000;                        //9
            10: SEG <= 8'b10001000;                       //A
            11: SEG <= 8'b10000011;                       //B
```

```
            12: SEG<=8'b11000110;                    //C
            13: SEG<=8'b10100001;                    //D
            14: SEG<=8'b10000110;                    //E
            15: SEG<=8'b10001110;                    //F
            default: SEG<=8'b11000000;               //默认为 0
        endcase
endmodule
```

4 个数码管显示代码中：输入时钟频率为 50MHz，dat 位宽 16 位，wei 位宽 4 位，中间变量 sel 位宽 2 位，显示频率为 190Hz。在使用 Basys3 开发板时，使用 100Hz 频率直接连接这个 IP 核的 clk_50MHz 是完全可以的。

为什么选择 190Hz 频率？首先，为了分频简捷、方便，设计中选用 2^n 分频方法；其次，参考表 4-1，从 2^{25} 分频开始，逐步加快扫描频率。经过实验证明，使 4 个数码管同时稳定显示的最低频率是 2^{18} 分频，即 190Hz。

5.2.4　数码管显示应用实例 1：显示静态数据

设计中直接调用数码管显示 IP 核显示来自拨码开关设置的数据，如图 5-5 所示。

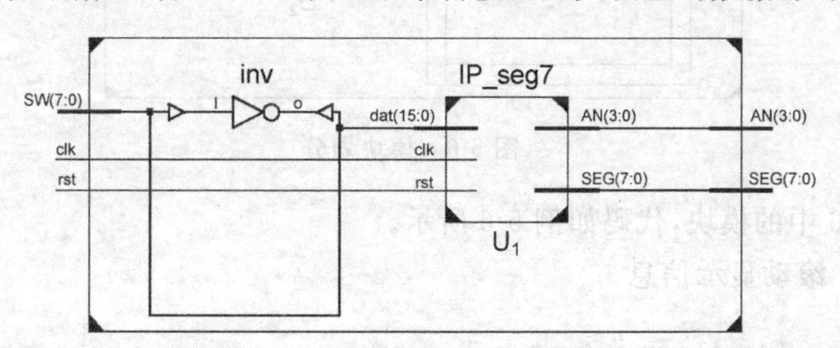

图 5-5　实现 4 个数码管同时显示的模块划分图

实现图 5-5 中的模块，代码如例 5-5 所示。

【例 5-5】　动态扫描显示：4 个数码管的显示控制。

```
module P16_Seg7_fourdsp(clk,rst,SW,SEG,AN);
    input clk;
    input rst;
    input[7:0] SW;
    output[7:0] SEG;
    output[3:0] AN;
    //待显示数据
    wire[15:0] data;
    assign data={SW,～SW};                    //低 4 位为反码,高 4 位为原码
    //调用显示 IP 核
    IP_seg7 U1(.clk(clk),
              .rst(rst),
              .dat(data),
```

```
                .SEG(SEG),
                .AN(AN));
endmodule
```

分别结合例3-4和例3-5对本设计的输入和输出指定引脚，然后进行综合、实现、生成配置文件、编程到Basys2开发板和Basys3开发板。下载到开发板后，拨动SW0～SW7，观察数码管的显示变化，此时4个数码管应该同时稳定地显示4个数码。

5.2.5 数码管显示应用实例2：滚动显示信息

数码管滚动显示设计规划了2个模块：模块msg_dat，动态产生显示信息模块，使用3Hz的频率对原始信息进行移位操作，从而获得需要显示的信息；模块msg_dsp，显示4个数码管的信息，使用190Hz的频率进行动态扫描。模块划分如图5-6所示。

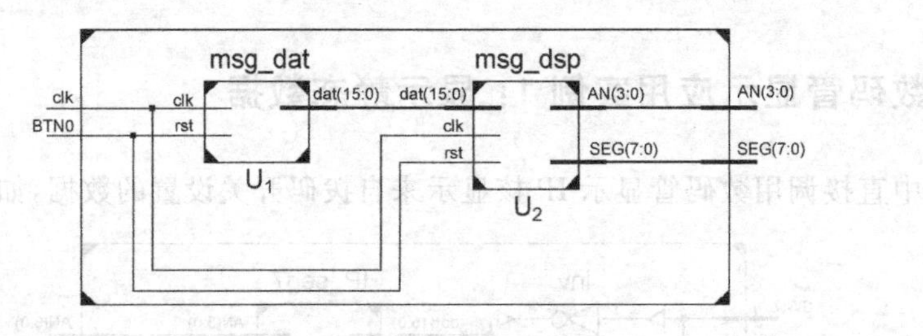

图5-6 模块划分

实现图5-6中的模块，代码如例5-6所示。

【例5-6】 滚动显示信息。

```
module P16_MsgScroll_top(clk,BTN0,SEG,AN);
    input clk,BTN0;
    output[7:0] SEG;
    output[3:0] AN;
    wire[15:0] msg;
    msg_dat U1(.clk(clk),
               .rst(BTN0),
               .dat(msg));
    msg_dsp U2(.clk(clk),
               .rst(BTN0),
               .dat(msg),
               .SEG(SEG),
               .AN(AN));
endmodule
//显示信息产生模块
module msg_dat(clk,rst,dat);
    input clk,rst;
    output[15:0] dat;
    //分频产生约3Hz的频率
```

```
    wire clk_3Hz;
    reg[23:0] clkdiv;
    always @(posedge clk, posedge rst) begin
        if(rst) clkdiv <= 0;
        else clkdiv <= clkdiv + 1;
    end
    assign clk_3Hz = clkdiv[23];                    //2^24 分频,约 3Hz
    //产生滚动信息
    reg[0:63] msg_r;
    parameter msg = 64'hFFFD01234567890D;           //待显示信息
    assign dat = msg_r[0:15];
    always @(posedge clk_3Hz, posedge rst) begin
        if(rst) msg_r <= msg;
        else begin
            msg_r[0:59] <= msg_r[4:63];
            msg_r[60:63] <= msg_r[0:3];
        end
    end
endmodule
//显示模块
//本模块对 IP_seg7 进行了重新改写,以增加"-"以及空白的译码处理
module msg_dsp(clk,rst,dat,SEG,AN);                 //一次同时显示 4 个数字
    input clk,rst;
    input[15:0] dat;
    output reg[7:0] SEG;
    output reg[3:0] AN;
    //分频得到 190Hz
    wire clk_190Hz;
    reg[17:0] clkdiv;
    always @(posedge clk or posedge rst)
        if(rst) clkdiv <= 0;
        else clkdiv <= clkdiv + 1;
    assign clk_190Hz = clkdiv[17];                  //2^18 分频,约 190Hz
    //4 个数码管的扫描显示
    reg[3:0] dat_dsp;                               //数码管显示的数据
    reg[1:0] s;
    //产生控制变量
    always @(posedge clk_190Hz, posedge rst)
        if(rst)s <= 0;
        else s <= s + 1;                            //0～3 循环计数
    //产生段数据和位数据
    always @(*)
        case(s)
            0: begin
                dat_dsp <= dat[3:0];
                AN <= 4'b1110;
            end
            1: begin
```

```
                    dat_dsp <= dat[7:4];
                    AN <= 4'b1101;
                end
                2: begin
                    dat_dsp <= dat[11:8];
                    AN <= 4'b1011;
                end
                3: begin
                    dat_dsp <= dat[15:12];
                    AN <= 4'b0111;
                end
                default: ;
            endcase
    //段数据译码
    always @( * )
        case(dat_dsp)
            0: SEG <= 8'b11000000;
            1: SEG <= 8'b11111001;
            2: SEG <= 8'b10100100;
            3: SEG <= 8'b10110000;
            4: SEG <= 8'b10011001;
            5: SEG <= 8'b10010010;
            6: SEG <= 8'b10000010;
            7: SEG <= 8'b11111000;
            8: SEG <= 8'b10000000;
            9: SEG <= 8'b10010000;
            10: SEG <= 8'b10001000;
            11: SEG <= 8'b10000011;
            12: SEG <= 8'b11000110;
            13: SEG <= 8'b10111111;                //划线 -
            14: SEG <= 8'b10000110;
            15: SEG <= 8'b11111111;                //空白
            default: SEG <= 8'b11000000;           //默认为 0
        endcase
endmodule
```

本项目的核心模块是显示信息产生模块 msg_dat。该模块根据设计要求使用移位寄存器产生新信息，需要重点理解和掌握。从本项目的处理可以看出，若要求数码管显示不同的内容，需要在译码环节进行显示的处理。

分别结合例 3-4 和例 3-5 对本设计的输入和输出指定引脚，然后进行综合、实现、生成配置文件、编程到 Basys2 开发板和 Basys3 开发板。下载到开发板后，可观察到设定的信息在数码管中滚动显示。指定引脚时，Key0 可以连接 SW0 或 BTN0，由拨码开关或按键控制复位，其作用是使信息从头开始滚动显示。

5.2.6 把自己的模块封装成 IP 核

在 ISE 中如何将自己的模块封装成一个 IP 核？IP 核分为硬核、固核和软核。可以使用 PlanAhead，将设计转换为 PBlock，加上约束条件，最后 export，这样实现的 IP 就是硬核。以后要用这个硬核，只需要 import 这个 PBlock。可以使用网表文件，则该 IP 是固核；如果要求灵活性最高，可以使用 RTL，则该 IP 是软核。

软核的特点是：RTL 代码对设计人员是完全可见的，保密性较差；使用硬核的特点是：设计人员没法对硬核施加控制；固核的特点是：设计者看不到 RTL 源代码，还可以对固核的布局布线施加一些优化控制。

本节设计的 4 个数字的显示模块，几乎适用于所有的设计，所以可直接用做 IP 软核，供将来设计时使用。

有时，对于一些适用较广的模块，不需要用户看到源代码，而只是能够调用模块，此时需要将设计制作成黑盒(BlackBox)，也就是网表文件，用户就看不到设计，而只能够调用这个模块。这种 IP 称为固核。

在一个大的设计中，可以用一系列网表文件作为输入的一部分，而并不全部使用 HDL 文件。当综合这个大设计时，综合器不需要知道这些网表文件是怎样实现的，只需要知道它的输入/输出接口就可以了。这样的网表称为黑盒子，因为不需要看到它的内部情况。通常，付费 IP 都会以 BlackBox 的形式提供。

(1) 在 ISE 中如何制作 BlackBox?

BlackBox 只是普通网表而已，因此 XST 的综合结果 *.NGC 这个网表文件就可以直接作为 BlackBox 使用。

(2) 在 ISE 中如何使用 BlackBox?

BlackBox 网表可以是 EDIF 或 NGC 文件。每个 BlackBox 网表都需要有一个与之相对应的 HDL 文件来注明它的端口。这个 HDL 只说明 BlackBox 的端口信息，不提供具体的实现信息。这个只提供端口信息的 HDL 文件称为 Wrapper。Wrapper 的名字及其端口名称通常需要与 BlackBox 网表的名字及其端口名称相同。

在 ISE 工程中使用 BlackBox 时，只需要将网表文件及其 Wrapper 添加到工程中，然后像普通的模块一样在其上层例化使用。如果只将网表文件添加到 ISE 工程中，而没有 Wrapper，可以在例化该模块的上层模块进行声明，然后例化使用这个模块。

添加到工程的 BlackBox 网表文件可以放在 ISE 工程目录中，也可以放在其他任意文件夹内。当不放在 ISE 工程目录时，需要在 Translate 属性中将 Macro Search Path 指向这个目录。多个目录使用“|”分割。

下面再用实例说明制作和使用 BlackBox 的过程。

将例 5-7 综合，将生成该模块的网表文件 adder2 .ngc。这个网表文件就是 adder2 模块的 IP，或者 Blackbox。在其他工程中使用这个 IP 时，首先要将网表文件 adder2 .ngc 添加到工程中，接下来例化这个 IP。此时有两种方法。第一种方法是：设计与网表文件相对应的 wrapper，如例 5-8 所示，将此文件添加到工程中，然后才能在工程中例化该 IP，如例 5-9 所示。第二种方法是：不需要生成 wrapper 文件，直接在例化该 IP 的模块前面先对该 IP 进行声明，然后再例化，如例 5-10 所示。也就是说，第二种方法使用例 5-10 一个文件代替了第一种方法中例 5-8 和例 5-9 这两个文件。

【例 5-7】 adder2 模块。

```
module adder2(a,b,s);
    input a,b;
    output s;
    assign s = a + b;
endmodule
```

【例 5-8】 与 adder2 模块对应的 Wrapper 文件。

```
module adder2(a,b,s);
    input a,b;
    output s;
endmodule
```

注意：Wapper 文件只有端口声明，没有实际内容。

【例 5-9】 adder2 IP 的顶层模块。

```
module adder2_top(a1,a2,sum);
    input a1,a2;
    output sum;
    adder2(.a(a1),.b(a2),.s(sum));
endmodule
```

【例 5-10】 调用 adder2 IP 的顶层模块。

```
module adder2(a,b,s);                    //网表文件声明
    input a,b;
    output s;
    endmodule
    module adder2_top(a1,a2,sum);        //调用网表文件
    input a1,a2;
    output sum;
    adder2(.a(a1),.b(a2),.s(sum));
endmodule
```

需要特别说明的是，例 5-5 中的 IP_seg7 模块设计成了软核。在以后的项目中使用到该模块时，不再给出详细的代码，只是调用该模块，请读者注意。

实战项目 17　键控显示信息

【项目描述】 实现通过按键来控制信息的显示。

本项目包括两个子项目。

子项目 1：实现按键状态的检测，并对按键进行消抖处理。

要求：

(1) 检测按键原始的状态,判断在未按下按键时,读取按键得到的按键电平值是高电平,还是低电平。要求使用开发板,读取 BTN0 的值,并直接用该值控制 LD0。

(2) 判断按键操作时是否有抖动。按下按键并释放,通过上升沿次数来计算按键抖动次数。要求使用开发板,按 BTN0 按键时,对按键过程中的抖动次数进行计数,并使用 LD7～LD0 这 8 个 LED 灯来显示该计数值。

(3) 对按键进行消抖动处理,将按键的抖动输入转换成稳定的按键输入。

(4) 按键消抖处理后的应用：4 个按键控制 4 种不同的 LED 闪烁频率。要求使用开发板,按下 BTN0 时,LD7～LD0 这 8 个 LED 灯同时闪烁,闪烁频率约为 1.5Hz；按下 BTN1～BNT3 中的任一按键,LD7～LD0 这 8 个 LED 灯仍同时闪烁,只是闪烁频率不同,分别约为 3Hz、6Hz、12Hz。

子项目 2：按下任一按键后,按键次数加 1,对按键次数进行计数,使用 4 个数码管显示计数值。

要求：按一次 BTN0,按键次数加 1,并使用 4 个数码管以十进制码的形式显示计数值。4 个数码管的计数最大值为 9999,当高位都为 0 时,要求相应的高位数码管不显示。

【知识点】

(1) 按键原始状态的检测方法。

(2) 按键消抖原理。

(3) 根据按键消抖原理,得到按键消抖 IP 核的方法。

(4) 按键消抖 IP 核的应用方法。

(5) 当十进制数高位全为 0 时,在数码管中不显示高位的方法。

(6) 通过按键控制产生不同频率信号的方法。

(7) 对按键操作进行计数的方法和应用。

实战项目 17-控制不同 LED 闪烁频率. mp4
(1.70MB)

实战项目 17-按键次数计数. mp4
(2.81MB)

5.3 按键电路设计与应用

5.3.1 按键状态检测

按键状态包括初始状态和抖动状态。初始状态是指按键未按下时,FPGA 连接按键的引脚的电平值,可检测初始状态是高电平,还是低电平。抖动状态是指按键按下或释放时,是否存在抖动。

检测按键原始状态,可使用例5-11所示代码。

【例5-11】 检测按键原始状态。

```
module P17_BtnState(BTN0,LED0);
    input BTN0;
    output LED0;
    assign LED0 = BTN0;
endmodule
```

分别结合例3-4和例3-5对本设计的输入和输出指定引脚,然后进行综合、实现、生成配置文件、编程到Basys2开发板和Basys3开发板。下载到开发板后,可以看到LD0不亮;当按下BTN0时,LD0亮。

根据实验结果可知,按键的原始状态为低电平,是与GND相连接的。

判断按键操作时是否有抖动,可通过按键的上升沿计数来计算抖动次数。由于按键初始状态是低电平,当按下并释放按键时,读取按键信号会有上升沿。如果存在抖动,上升沿次数会大于1,由此判断是否有抖动,也可以得出抖动次数。实现代码如例5-12所示。

【例5-12】 判断按键抖动,通过上升沿计数来计算抖动次数。

```
module P17_BtnBounce(BTN0,rst,LED);
    input BTN0;
    input rst;
    output[7:0] LED;
    //对按键上升沿加1计数
    reg[7:0] cnt;
    always@(posedge BTN0,posedge rst) begin
        if(rst) cnt<=0;
        else cnt<=cnt+1;
    end
    //计数值送LED显示
    assign LED = cnt;
endmodule
```

结合例3-4对本设计的输入和输出指定引脚,约束文件要增加一条使用时钟的说明,如例5-13所示。

【例5-13】 例5-12的引脚约束文件。

```
NET "BTN0" LOC = G12;
NET "LED[7]" LOC = G1;
NET "LED[6]" LOC = P4;
NET "LED[5]" LOC = N4;
NET "LED[4]" LOC = N5;
NET "LED[3]" LOC = P6;
```

```
NET "LED[2]" LOC = P7;
NET "LED[1]" LOC = M11;
NET "LED[0]" LOC = M5;
NET "BTN0" CLOCK_DEDICATED_ROUTE = FALSE;
```

在例 5-13 中,最后一句的作用是使用 BTN0 作为时钟信号。没有这一句,ISE 软件会报错;加了这句后,报错信息变成 warning(报警)信息。

将例 5-13 所示的约束文件添加到工程后,再对例 5-12 进行综合、实现、生成配置文件、编程到开发板。下载到开发板后,按一次(包括按下去并松开)按键后,可以看到 LED 灯加 1 计数。

根据实验结果可知,开发板的按键没有抖动,因此在使用按键时不需要进行消抖处理。

同样,使用例 5-12 测试从市场上购买的几块不同型号的开发板,发现这几块开发板上的按键大部分都存在抖动,而且每块开发板上按键抖动的次数不一样,即使是同一块开发板,每次按键时产生的抖动也不一样。

由此得出结论:对于大部分开发板,按键按下时都会有抖动,因此本书下面还要介绍按键消抖的基本原理以及基本方法,并且在后续项目中若使用按键,都首先对其进行消抖处理。

5.3.2　按键消抖基本原理

为了保证键每闭合一次,FPGA 仅做一次处理,必须去除键按下时和释放时的抖动。开发板使用的按键是触点式的,如图 5-7 所示。由于按键是机械触点,当机械触点断开、闭合时,会有抖动。FPGA 输入端的波形如图 5-8 所示。

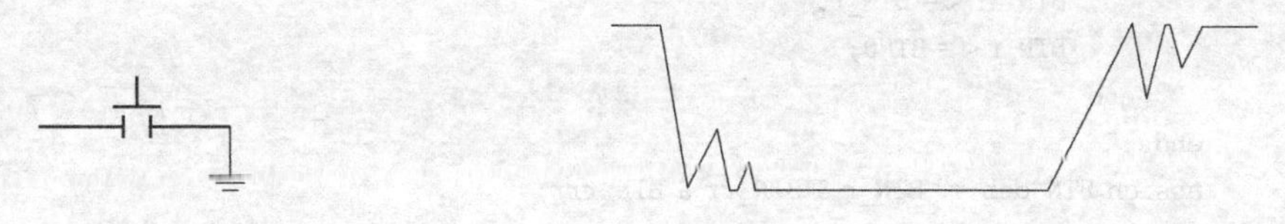

图 5-7　机械触点式按键　　　　图 5-8　FPGA 输入端的波形(抖动)

图 5-8 所示的这种抖动对于人来说是感觉不到的,但对处理器来说,由于处理器的处理速度是在微秒级,而机械抖动的时间至少是毫秒级,因此这种抖动是一个“漫长”的时间。

对于按键存在的抖动,如果在抖动过程中高、低电平的状态没有发生变化,则该抖动不需要考虑。但是,如果在抖动过程中高、低电平状态发生了变化,甚至是频繁变化,就应消除该抖动。下文提到的抖动就是这种类型的。

为了使 FPGA 能正确地读出按键的状态,对每一次按键只做一次响应,必须考虑如何去除抖动。常用的去抖动的方法有两种:硬件方法和软件方法。在 FPGA 设计中,常用软件法去抖。因此对于硬件方法,我们不做介绍。

软件法去抖其实很简单。按键初始状态为低电平,当 FPGA 获得键值为 1 的信息后,不是立即认定按键已被按下,而是延时 5ms 或更长一些时间后再次检测按键;如果仍为低,说明按键的确按下了,这实际上是避开了按键按下时的抖动时间。在检测到按键释放后,再延时约 5ms,消除后沿的抖动,然后对键值处理。当然,实际应用中,按键的质量千差万别,要根据按键的不同来设定延时时间。通常延时不会太短,设为 5~20ms。

例 5-14 使用的软件法去抖是在上述去抖原理的基础上,做了些许改进,具体做法是:将按键信息延时 3 次,取样 3 次,每次延迟取样间隔约 5ms。当这 3 个取样值都一样时,说明抖动已消失;如果 3 个取样值不一样,说明抖动存在。直至这 3 个取样值一样时,才认为按键稳定。将这 3 个取样值相与后得到的信号作为按键的状态。这个按键状态可作为稳定的按键输入,参与到后续对按键的处理操作。

【例 5-14】 对单个按键消抖处理。

```
module BTN_deb(clk_190Hz,rst,BTN0,BTN_deb);
    input clk_190Hz;                    //为了去抖动,此处频率为 190Hz/5ms
    input rst;
    input BTN0;
    output BTN_deb;
    //消抖
    reg BTN_r,BTN_rr,BTN_rrr;
    always@(posedge rst,posedge clk_190Hz) begin
        if(rst) begin
            BTN_rrr <= 0;
            BTN_rr <= 0;
            BTN_r <= 0;
        end
        else begin
            BTN_rrr <= BTN_rr;
            BTN_rr <= BTN_r;
            BTN_r <= BTN0;
        end
    end
    assign BTN_deb = BTN_r & BTN_rr & BTN_rrr;
endmodule
```

对例 5-14 进行仿真,testbench 如例 5-15 所示。

【例 5-15】 模块 BTN_deb 的 testbench。

```
module BTN_deb_test;
    //Inputs
    reg clk_190Hz;
    reg rst;
    reg btn;
    //Outputs
    wire btn_deb;
    //Instantiate the Unit Under Test (UUT)
```

```
    BTN_deb uut (
        .clk_190Hz(clk_190Hz),
        .rst(rst),
        .BTN0(btn),
        .BTN_deb(btn_deb)
    );
    initial begin
        clk_190Hz = 0;
        forever
        #500 clk_190Hz = ~clk_190Hz;
    end
    initial begin
        rst = 0;
        #250 rst = 1;
        #500 rst = 0;
    end
    initial begin
        btn = 0;
        #1200 btn = 1;
        #1000 btn = 0;
        #500 btn = 1;
        #500 btn = 0;
        #500 btn = 1;
        #2000 btn = 0;
        #500 btn = 1;
        #800 btn = 0;
        #1200 btn = 1;
        #500 btn = 0;
    end
endmodule
```

运行例 5-15，结果如图 5-9 所示。

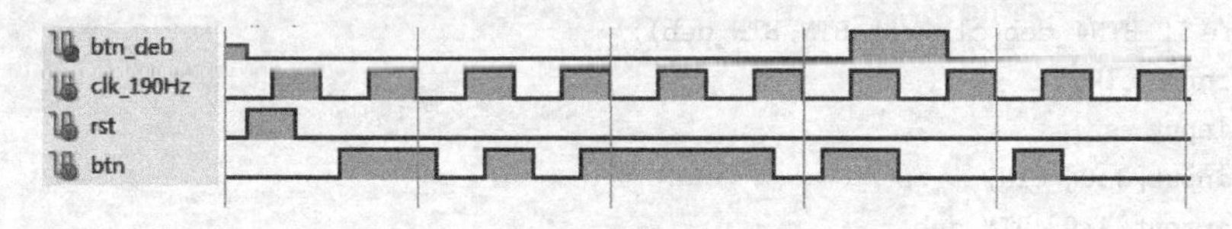

图 5-9　例 5-15 的仿真结果

由图 5-9 可以看出，有抖动的按键输入变成了一个单脉冲输入。注意，在后续使用按键时，该单脉冲可理解成按键操作的直接结果。

由于开发板上的时钟频率为 50MHz，在模块内将 50MHz 分频成 190Hz，将例 5-14 改写成例 5-16。

【例 5-16】 单个按键消抖处理。

```
module IP_BTN_deb(clk,rst,BTN0,BTN_deb);
    input clk;
```

```
    input rst;
    input BTN0;
    output BTN_deb;
    //分频得到 190Hz,周期约为 5ms
    //用于消抖。根据不同开发板的实际抖动情况,此频率可能需要相应地调整
    wire clk_190Hz;
    reg[17:0] clkdiv;
    always @(posedge clk or posedge rst)
        if(rst) clkdiv <= 0;
        else clkdiv <= clkdiv + 1;
    assign clk_190Hz = clkdiv[17];                  //2^18 分频,约 190Hz
    //消抖
    reg BTN_r,BTN_rr,BTN_rrr;
    always@(posedge rst,posedge clk_190Hz) begin
        if(rst) begin
            BTN_rrr <= 0;
            BTN_rr <= 0;
            BTN_r <= 0;
        end
        else begin
            BTN_rrr <= BTN_rr;
            BTN_rr <= BTN_r;
            BTN_r <= BTN0;
        end
    end
    assign BTN_deb = BTN_r & BTN_rr & BTN_rrr;
endmodule
```

IP_BTN_deb 做成 IP 核,在使用单个按键的时候,可以调用该模块对按键消抖。

下面实现对 4 个按键同时进行消抖动处理,约 5ms 取样按键值。连续取样 3 次的值如果相同,则认为按键已消抖动,如例 5-17 所示。

【例 5-17】 4 个按键同时进行消抖动处理。

```
module IP_BTN4_deb(clk,rst,BTN,BTN_deb);
    input clk;
    input rst;
    input[3:0] BTN;
    output[3:0] BTN_deb;
    //分频
    wire clk_190Hz;
    reg[17:0] clkdiv;
    always @(posedge clk or posedge rst)
        if(rst) clkdiv <= 0;
        else clkdiv <= clkdiv + 1;
    assign clk_190Hz = clkdiv[17];                  //2^18 分频,约 190Hz
    //消抖
    reg[3:0] BTN_r,BTN_rr,BTN_rrr;
    always@(posedge rst,posedge clk_190Hz) begin
```

```
        if(rst) begin
            BTN_rrr <= 0;
            BTN_rr <= 0;
            BTN_r <= 0;
        end
        else begin
            BTN_rrr <= BTN_rr;
            BTN_rr <= BTN_r;
            BTN_r <= BTN;
        end
    end
    assign BTN_deb = BTN_r & BTN_rr & BTN_rrr;
endmodule
```

4个按键的消抖模块IP_BTN4_deb同时对4个按键进行消抖动，适用于在一个设计中同时使用4个按键的场合。单个按键的消抖模块IP_BTN_deb仅对一个按键进行消抖动，适用于使用1个按键的场合；若使用2个或3个按键，可以调用IP_BTN_deb模块2次或3次。由于在设计中经常使用按键，所以可以将这两个模块做成IP软核，供将来设计时使用。本书后续的一些项目就直接调用了这些模块。

5.3.3 按键应用1：按键控制闪烁频率

按键控制LED灯闪烁的频率，实现该设计时使用了2个模块：模块IP_BTN4_deb用于按键消抖；模块BTN _LED用于控制LED灯的闪烁。模块划分如图5-10所示。

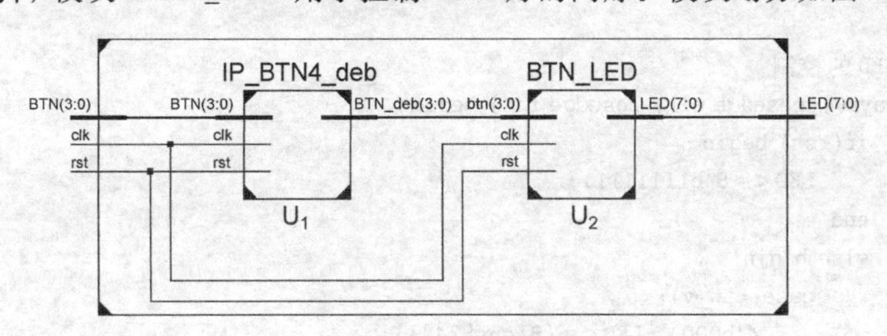

图5-10 模块划分

实现图5-10中的模块，代码如例5-18所示。

【例5-18】 4个按键控制4种灯的闪烁频率。

```
module P17_BtnLedBlink(clk,rst,BTN,LED);
    input clk;
    input rst;
    input[3:0] BTN;
    output[7:0] LED;
    wire[3:0] BTN_deb;
    IP_BTN4_deb U1(.BTN_deb(BTN_deb),
```

```
                    .rst(rst),
                    .clk(clk),
                    .BTN(BTN));
    BTN_LED U2(.clk(clk),
               .rst(rst),
               .btn(BTN_deb),
               .LED(LED));
endmodule
//按键控制4种灯的闪烁频率
module BTN_LED(clk,rst,btn,LED);
    input clk,rst;
    input[3:0] btn;
    output reg[7:0] LED;
    reg[24:0] cnt;
    reg[3:0] btn_v;
    //按键信息的获取
    always@(posedge clk, posedge rst) begin
        if(rst) btn_v<=4'b0000;
        else begin
            if(btn!=4'b0000)                          //键按下,则存储当前按键值
             btn_v<=btn;
        end
    end
    //计数变量加1计数
    always@(posedge clk, posedge rst) begin
        if(rst) cnt<=25'd0;
        else cnt <= cnt + 1;
    end
    //LED的控制
    always@(posedge clk, posedge rst) begin
        if(rst) begin
            LED<=8'b11111111;
        end
        else begin
            case(btn_v)
                4'b0001: LED<={8{cnt[24]}};
                4'b0010: LED<={8{cnt[23]}};
                4'b0100: LED<={8{cnt[22]}};
                4'b1000: LED<={8{cnt[21]}};
                default: LED<=8'b11111111;          //全亮
            endcase
        end
    end
endmodule
```

分别结合例3-4和例3-5对本设计的输入和输出指定引脚,然后进行综合、实现、生成配置文件、编程到Basys2开发板和Basys3开发板。依次按下、释放BTN3～BTN0,观察LD7～LD0这8个LED灯的闪烁频率的变化,并结合按键控制闪烁频率的功能要求

来理解这些现象。

5.3.4　按键应用 2：按键次数显示电路

按键次数显示电路，实现该设计时使用了 2 个模块：按键处理模块 BTN_cnt，对按键加 1 计数，并产生用于 4 个数码管显示的 16 位数据；数码管显示模块 IP_seg7_2，用于显示结果。模块划分如图 5-11 所示。

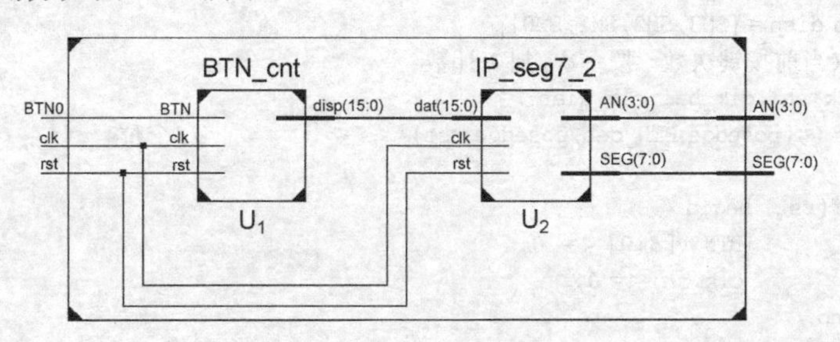

图 5-11　流水灯项目模块划分

实现图 5-11 中的模块，代码如例 5-19 所示。

【例 5-19】　每按一次按键，则增 1 计数。计数值由数码管显示。

```
module P17_BtnCntSeg7(clk,rst,BTN0,SEG,AN);
    input clk,rst;
    input BTN0;
    output[7:0] SEG;
    output[3:0] AN;
    wire[15:0] disp;
    BTN_cnt U1(.clk(clk),
               .rst(rst),
               .BTN(BTN0),
               .disp(disp));
    IP_seg7_2 U2(.clk(clk),
                 .rst(rst),
                 .dat(disp),
                 .SEG(SEG),
                 .AN(AN));
endmodule
//计数并生成显示数据模块
//本模块中的 4 个 always 结构一致,因此可考虑写一个模块,然后调用 4 次
module BTN_cnt(clk,rst,BTN,disp);
    input clk,rst,BTN;
    output[15:0] disp;
    //按键消抖
    wire BTN_deb;
    IP_BTN_deb U11(.BTN_deb(BTN_deb),
                   .rst(rst),
```

```
                    .clk(clk),
                    .BTN0(BTN));
//生成显示数据。注意,最高位为 0 时,不显示出来
wire[3:0] SM3,SM2,SM1,SM0;
reg[15:0] BTN_v;
assign SM3 = (BTN_v[15:12] == 0)? 4'hF:BTN_v[15:12];
assign SM2 = (BTN_v[15:8] == 0)? 4'hF:BTN_v[11:8];
assign SM1 = (BTN_v[15:4] == 0)? 4'hF:BTN_v[7:4];
assign SM0 = BTN_v[3:0];
assign disp = {SM3,SM2,SM1,SM0};
//获取当前按键次数: 按一次,加 1 计数
reg clk_shi,clk_bai,clk_qian;
always @(posedge BTN_deb,posedge rst)                       //个位
begin
    if(rst) begin
            BTN_v[3:0] <= 0;
            clk_shi <= 0;
    end
    else begin
        if(BTN_v[3:0] == 9) begin
            BTN_v[3:0] <= 0;
            clk_shi <= 1;
        end
        else begin
            BTN_v[3:0] <= BTN_v[3:0] + 1;
            clk_shi <= 0;
        end
    end
end
always @(posedge clk_shi,posedge rst)                       //十位
begin
    if(rst) begin
            BTN_v[7:4] <= 0;
            clk_bai <= 0;
    end
    else begin
        if(BTN_v[7:4] == 9) begin
            BTN_v[7:4] <= 0;
            clk_bai <= 1;
        end
        else begin
            BTN_v[7:4] <= BTN_v[7:4] + 1;
            clk_bai <= 0;
        end
    end
end
always @(posedge clk_bai,posedge rst)                       //百位
begin
    if(rst) begin
            BTN_v[11:8] <= 0;
            clk_qian <= 0;
```

```
            end
            else begin
                if(BTN_v[11:8] == 9) begin
                    BTN_v[11:8] <= 0;
                    clk_qian <= 1;
                end
                else begin
                    BTN_v[11:8] <= BTN_v[11:8] + 1;
                    clk_qian <= 0;
                end
            end
        end
        always @(posedge clk_qian,posedge rst)                 //千位
        begin
            if(rst) begin
                    BTN_v[15:12] <= 0;
            end
            else begin
                if(BTN_v[15:12] == 9) begin
                    BTN_v[15:12] <= 0;
                end
                else begin
                    BTN_v[15:12] <= BTN_v[15:12] + 1;
                end
            end
        end
    endmodule
    //显示模块.因为高位为 0 时,要求不显示出来,所以需要重新改写 IP_seg7 显示模块
    module IP_seg7_2(clk,rst,dat,SEG,AN);
        input clk;
        input rst;
        input[15:0]dat;
        output reg[7:0] SEG;
        output reg[3:0] AN;
        //分频
        wire clk_190Hz;
        reg[17:0] clkdiv;
        always @(posedge clk or posedge rst)
            if(rst) clkdiv <= 0;
            else clkdiv <= clkdiv + 1;
        assign clk_190Hz = clkdiv[17];                          //2^18 分频,约 190Hz
        //产生位数据和段数据
        reg[3:0] disp;
        reg[1:0] seg7_ctl;
        always@(posedge clk_190Hz,posedge rst)
            if(rst) begin
                seg7_ctl <= 0;
                AN <= 4'b0000;
                disp <= 0;
            end
            else begin
                seg7_ctl <= seg7_ctl + 1;
```

```
            case(seg7_ctl)
            2'b00: begin AN<=4'b1110; disp<=dat[3:0]; end
            2'b01: begin AN<=4'b1101; disp<=dat[7:4]; end
            2'b10: begin AN<=4'b1011; disp<=dat[11:8]; end
            2'b11: begin AN<=4'b0111; disp<=dat[15:12]; end
            endcase
        end
    //显示译码
    always@(disp)
        case(disp)
            0: SEG<=8'b11000000;                          //0
            1: SEG<=8'b11111001;                          //1
            2: SEG<=8'b10100100;                          //2
            3: SEG<=8'b10110000;                          //3
            4: SEG<=8'b10011001;                          //4
            5: SEG<=8'b10010010;                          //5
            6: SEG<=8'b10000010;                          //6
            7: SEG<=8'b11111000;                          //7
            8: SEG<=8'b10000000;                          //8
            9: SEG<=8'b10010000;                          //9
            10: SEG<=8'b10001000;                         //A
            11: SEG<=8'b10000011;                         //B
            12: SEG<=8'b11000110;                         //C
            13: SEG<=8'b10100001;                         //D
            14: SEG<=8'b10000110;                         //E
            15: SEG<=8'b11111111;                         //"F",不显示
            default: SEG<=8'b11000000;                    //默认为0
        endcase
endmodule
```

对于例5-19的显示模块IP_seg7_2，由于高位为0时不显示，所以该模块与IP_seg7有细微差别。当数据为F时，段码不显示，请细心体会。IP_seg7_2模块有着广泛的应用，后续项目设计中仍会调用该模块。

分别结合例3-4和例3-5对本设计的输入和输出指定引脚，然后进行综合、实现、生成配置文件、编程到Basys2开发板和Basys3开发板。下载到开发板后，不停地按下、释放BTN0按键，观察数码管显示的变化，并结合使用数码管对按键次数计数的功能要求来理解这些现象。

实战项目18 控制VGA显示彩条和信息

【项目描述】 控制VGA在指定位置显示彩条和信息。

本项目包括两个子项目。

子项目1：在VGA的指定位置显示“红绿蓝白”四色条纹。

要求：在一个矩形区域内，每40行显示一种颜色，依次显示红、绿、蓝、白四色；该矩形区域在显示器的中间位置，整个矩形区域约占整个显示器面积的1/9。

子项目2：在VGA上显示存在于PROM中的信息“HJK欢迎你”。

要求：在显示器左上角，垂直方向100～115，水平方向200～279的区域内，显示信息“HJK欢迎你”，字体颜色为红色。

【知识点】

(1) VGA显示原理。

(2) 根据VGA显示原理，得到通用的VGA显示IP核的方法。

(3) VGA显示IP核的应用方法。

(4) 在VGA中显示彩条的原理和实现方法。

(5) 在VGA中显示信息的原理和实现方法。

5.4 VGA显示电路设计与应用

5.4.1 VGA显示原理

VGA(Video Graphics Array，视频图形阵列)是IBM公司在1987年推出的一种视频传输标准，具有分辨率高、显示速率快、颜色丰富等优点，在彩色显示器领域应用广泛。VGA接口和开发板上的VGA电路如图5-12所示。

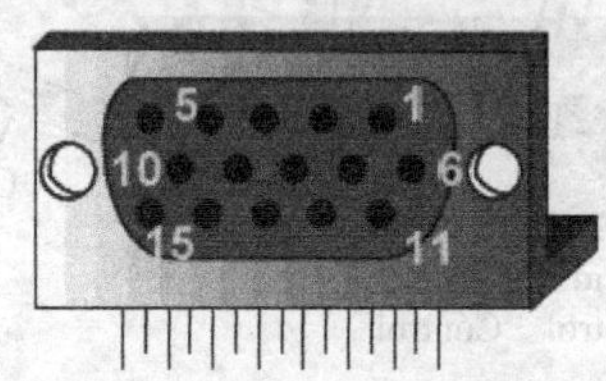

Pin 1: Red　　Pin 5: GND
Pin 2: Grn　　Pin 6: Red GND
Pin 3: Blue　　Pin 7: Grn GND
Pin 13: HS　　Pin 8: Blue GND
Pin 14: VS　　Pin 10: Sync GND

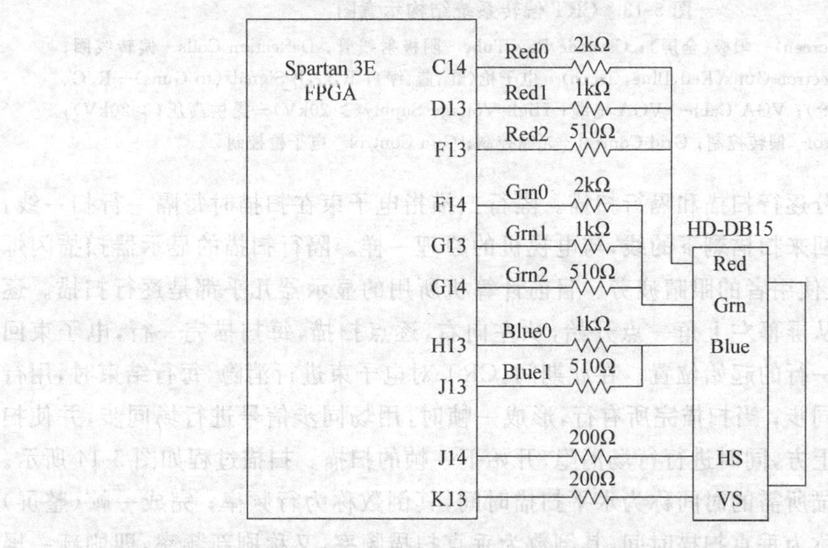

图5-12 VGA接口和开发板上的VGA电路

VGA 色彩由 R、G、B 决定。在 Basys2 中,RGB 共 8 根线,因此可显示 256 种颜色。表 5-3 仅列出了常用的 8 种颜色。

表 5-3 颜色表

RGB 二进制值(8 位)	颜色	RGB 二进制值(8 位)	颜色
111_000_00	红	000_111_11	青
000_111_00	绿	111_000_11	紫
000_000_11	蓝	000_000_00	黑
111_111_00	黄	111_111_11	白

图 5-13 所示为 CRT 偏转系统结构示意图。显示器采用光栅扫描方式,即轰击荧光屏的电子束,在 CRT(阴极射线管)屏幕上从左到右(受水平同步信号 HSYNC 控制)、从上到下(受垂直同步信号 VSYNC 控制)有规律地移动。

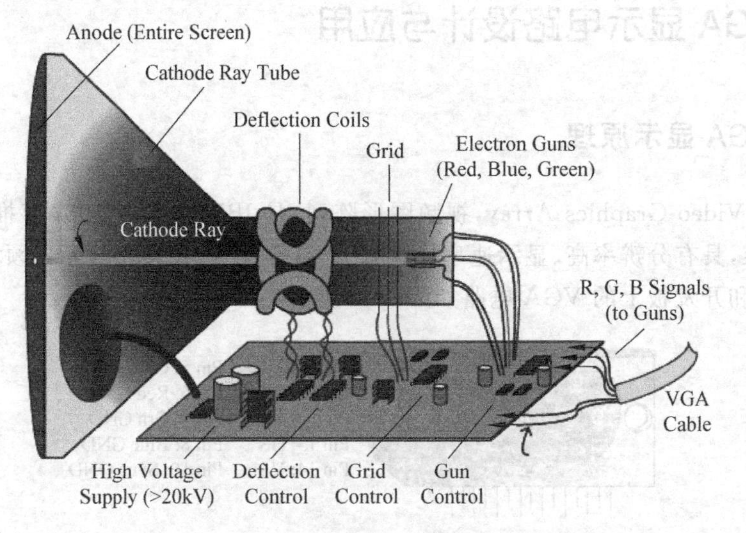

图 5-13 CRT 偏转系统结构示意图

Anode(Entire Screen)—阳极(全屏); Cathode Ray Tube—阴极射线管; Deflection Coils—偏转线圈; Grid—光栅; Electron Guns(Red, Blue, Green)—电子枪(红、蓝、绿); R, G, B Signals(to Guns)—R、G、B 信号(到电子枪); VGA Cable—VGA 电缆; High Voltage Supply(>20kV)—提供高压(>20kV); Deflection Control—偏转控制; Grid Control—光栅控制; Gun Control—电子枪控制

光栅扫描又分逐行扫描和隔行扫描。隔行扫描指电子束在扫描时每隔一行扫一线,完成一屏后再返回来扫描剩下的线,与电视机的原理一样。隔行扫描的显示器扫描闪烁得比较厉害,会让使用者的眼睛疲劳。目前计算机所用的显示器几乎都是逐行扫描。逐行扫描是指扫描从屏幕左上角一点开始,从左向右,逐点扫描,每扫描完一行,电子束回到屏幕的左边下一行的起始位置。在此期间,CRT 对电子束进行消隐,每行结束时,用行同步信号进行行同步;当扫描完所有行,形成一帧时,用场同步信号进行场同步,并使扫描回到屏幕的左上方,同时进行行场消隐,开始下一帧的扫描。扫描过程如图 5-14 所示。

完成一行扫描所需的时间称为水平扫描时间,其倒数称为行频率;完成一帧(整屏)扫描所需的时间称为垂直扫描时间,其倒数为垂直扫描频率,又称刷新频率,即刷新一屏

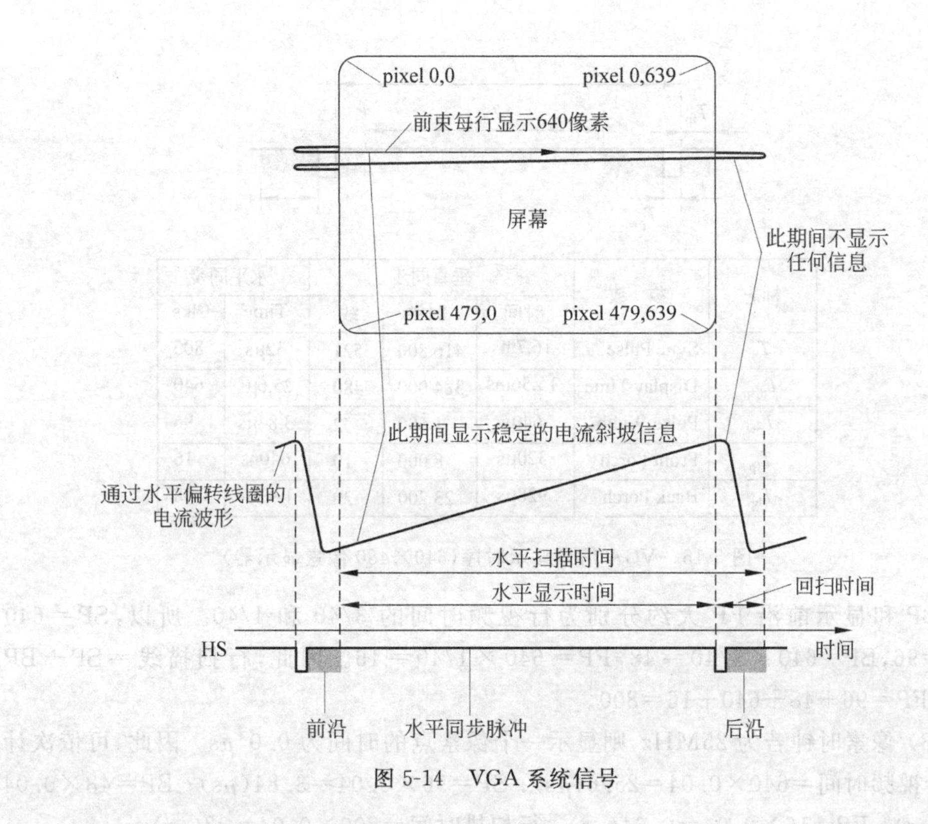

图 5-14　VGA 系统信号

的频率。常见的有 60Hz、75Hz 等。

视频电子标准协会(Video Electronics Standards Association，VESA)对显示器时序进行了规范。VGA 的标准参考显示时序如图 5-14 所示。行时序和场时序都需要产生同步脉冲(Sync)、显示后沿(Back Porch)、显示时序段(Display Interval)和显示前沿(Front Porch)4 个部分。行同步、场同步都为负极性，即同步头脉冲要求是负脉冲。

每一行都有一个负极性行同步脉冲(Sync)，是数据行的结束标志，也是下一行的开始标志。在同步脉冲之后为显示后沿(Back Porch)，在显示时序段(Display Interval)显示器为亮的过程中，RGB 数据驱动一行上的每一个像素点，从而显示　行。在一行的最后为显示后沿。在显示时序段之外没有图像投射到屏幕时，插入消隐信号。同步脉冲、显示后沿和显示前沿都是在行消隐间隔内(Horizontal Blanking Interval)。当行消隐有效时，RGB 信号无效，屏幕不显示数据。

VGA 的场时序与 VGA 的行时序基本一样，每一帧的负极性帧同步脉冲是一帧的结束标志，也是下一帧的开始标志，而显示数据是一帧的所有行数据。

图 5-15 给出了针对 640×480 像素分辨率的显示器的 VGA 信号时序。

推导得出图 5-15 所列出的 VGA 信号(640×480 像素显示器)的显示时序的过程如下。

(1) 显示器分辨率为 640×480 像素，得出行视频点 HV 为 640，场视频线 VV 为 480。

(2) 根据 VGA 的一般规范，同步脉冲的长度 SP 大约为行视频时间的 0.15 倍，显示

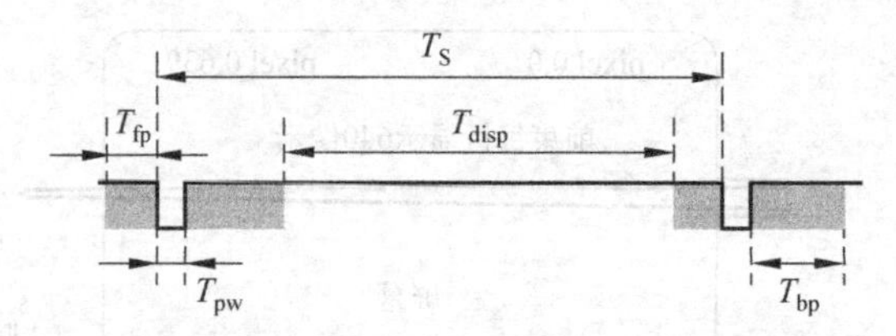

标志	参 数	垂直同步			水平同步	
		时间	时钟	线	Time	Clks
T_S	Sync Pulse	16.7ms	416 800	521	32μs	800
T_{disp}	Display Time	15.36ms	384 000	480	25.6μs	640
T_{pw}	Pulse Width	64μs	1 600	2	3.84μs	96
T_{fp}	Front Porch	320μs	8 000	10	640ns	16
T_{bp}	Back Porch	928μs	23 200	29	1.92μs	48

图 5-15　VGA 信号显示时序(640×480 像素显示器)

后沿 BP 和显示前沿 FP 大约分别为行视频时间的 3/40 和 1/40。所以,SP＝640×0.15＝96,BP＝640×3/40＝48,FP＝640×1/40＝16。因此,行扫描线＝SP＋BP＋HV＋FP＝96＋48＋640＋16＝800。

(3) 像素时钟若为 25MHz,则显示一个像素点的时间为 0.04μs。因此,可依次计算出:行视频时间＝640×0.04＝25.6(μs); SP＝96×0.04＝3.84(μs); BP＝48×0.04＝1.92(μs); FP＝16×0.04＝0.64(μs); 行扫描时间＝800×0.04＝32(μs)。

(4) 显示器刷新频率为 60Hz,所以场扫描时间(显示一屏时间)为 1/60s ＝16.67ms。

(5) 场扫描行＝场扫描时间/行扫描时间＝16.67ms/32μs＝521 行。

(6) 根据 VGA 的一般规范,场同步脉冲的长度 SP 大约为场视频时间的 1/240。所以,SP＝480×1/240＝2; BP＋FP＝521－VV－SP＝521－480－2＝39。显示后沿 BP 和显示前沿 FP 分别采用 75％和 25％的分隔规范来分隔剩下的行,因此可依次计算出:BP＝39×75％＝29; FP＝39×25％＝10。进一步计算出 SP 所需要的时间:SP＝2×32＝64(μs)。

以上推理过程,不仅仅适用于分辨率为 640×480 像素的显示器,还可以用于其他任意分辨率的显示器。当然,显示器的分辨率越高,所需要的像素时钟越高。

综上所述,得到 VGA 控制原理,如图 5-16 所示。

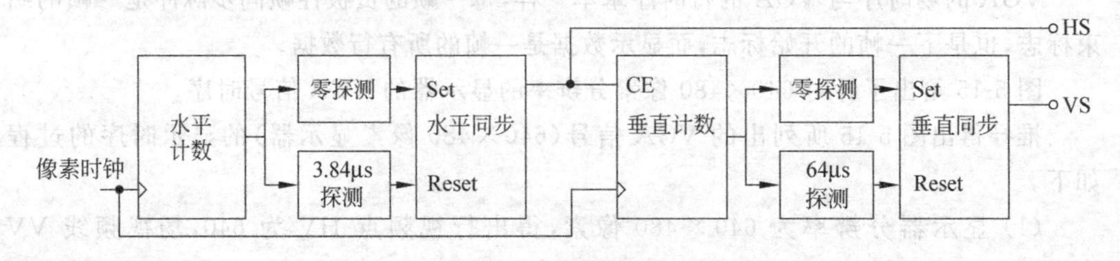

图 5-16　VGA 控制原理

5.4.2 VGA 显示 IP 核

根据 VGA 显示原理，对于 VGA 的控制，只需要 5 根线，即 R、G、B、HS 和 VS 各一根。按 VGA 接口时序，对这 5 根线赋予不同的值，可实现 VGA 的显示控制。根据上一节关于分辨率为 640×480 像素的显示器的时序描述，可以得到 640×480 像素分辨率 VGA 显示 IP 核，如例 5-20 所示。

【例 5-20】 640×480 像素分辨率 VGA 显示 IP 核。

```
//==============================================================//
//VGA 显示 IP 核
//分辨率和频率: 60Hz,640×480
//行: 前沿 F--16,后沿 B--48,同步 S--96
//场: 前沿 F--10,后沿 B--33,同步 S--2
//(vga_xpos,vga_ypos): 指示当前点的坐标值
//==============================================================//
module IP_VGA(clk,rst,r_sig,g_sig,b_sig,R,G,B,HS,VS,hpos,vpos);
    input clk,rst;
    input[2:0] r_sig;
    input[2:0] g_sig;
    input[1:0] b_sig;
    output[2:0] R;
    output[2:0] G;
    output[1:0] B;
    output HS,VS;
    output[9:0] hpos;                    //640×480 像素的显示区域中的点的位置
    output[8:0] vpos;
    //行参数
    parameter H_CNT_MAX = 10'd800;
    parameter H_HS = 10'd96;
    parameter H_BP = 10'd48;
    parameter H_DISP = 10'd640;
    parameter H_FP = 10'd16;
    parameter H_Left = H_HS + H_BP;
    parameter H_Right = H_HS + H_BP + H_DISP;
    //列参数
    parameter V_CNT_MAX = 10'd521;
    parameter V_HS = 10'd2;
    parameter V_BP = 10'd29;
    parameter V_DISP = 10'd480;
    parameter V_FP = 10'd10;
    parameter V_Left = V_HS + V_BP;
    parameter V_Right = V_HS + V_BP + V_DISP;
    //分频得到 25MHz 时钟
    reg clk_25M;
    always@(posedge clk or posedge rst)
```

```
        if(rst) clk_25M <= 0;
        else clk_25M <= ~clk_25M;
    //行列扫描
    reg[9:0] h_cnt,v_cnt;
    always@(posedge clk_25M or posedge rst) begin
        if(rst) begin
            h_cnt <= 0;
            v_cnt <= 0;
        end
        else begin
            if(h_cnt == (H_CNT_MAX - 1)) begin
                h_cnt <= 0;
                if(v_cnt == (V_CNT_MAX - 1)) v_cnt <= 0;
                else v_cnt <= v_cnt + 1;
            end
            else h_cnt <= h_cnt + 1;
        end
    end
    //HS 和 VS
    assign HS = (h_cnt < H_HS)? 1'b0: 1'b1;
    assign VS = (v_cnt < V_HS)? 1'b0: 1'b1;
    //valid region for display
    wire disp_valid;
    assign disp_valid = ((h_cnt >= H_Left)&&(h_cnt < H_Right)&&(v_cnt >= V_Left)&&(v_cnt <
V_Right))? 1'b1:1'b0;
    //display
    assign R = disp_valid ? r_sig : 3'b000;
    assign G = disp_valid ? g_sig : 3'b000;
    assign B = disp_valid ? b_sig : 2'b00;
    //显示区域中的点的位置
    assign hpos = h_cnt - H_Left;
    assign vpos = v_cnt - V_Left;
endmodule
```

在例 5-20 中,显示器的扫描频率为 25MHz。若将该频率修改为 50MHz,编译下载后,显示器提示“输入信号超出范围”的信息。因此,在使用 Basys3 开发板时,要将 100MHz 的输入频率分频为 25MHz。

对于其他分辨率的显示器,要结合本节前面推导 VGA 信号(640×480 像素显示器)显示时序的过程来选择合适的扫描频率和参数。

5.4.3 VGA 应用 1:显示四色条纹

对于 VGA 的控制,只需要 10 根线,包括 R 3 根线、G 3 根线、B 2 根线、HS 和 VS 各 1 根线。按 VGA 接口时序,对这 10 根线赋不同的值,实现 VGA 的显示控制。

设计要求在一个矩形区域内依次显示红、绿、蓝、白四色。该矩形区域在显示器的中间位置，整个矩形区域约占显示器的 1/9 面积。若使用 600×480 像素分辨率的显示器，并定义显示器左上角的坐标为(0,0)，可以定义该矩形区域 4 个角的坐标分别为(200,120)、(400,120)、(400,240)、(200,240)。

实现显示四色条纹项目时使用了 2 个模块：模块 VGA_strips 用于产生 VGA 显示的条纹信号；模块 IP_VGA 产生驱动 VGA 显示的控制信号。模块划分如图 5-17 所示。

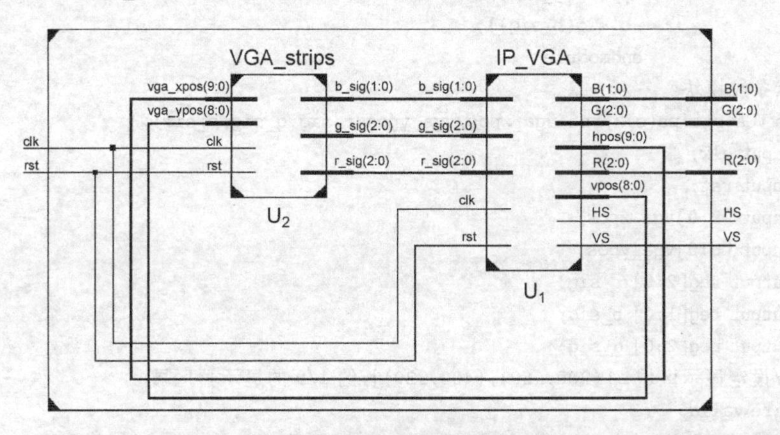

图 5-17　VGA 显示条纹顶层模块

【例 5-21】　在 VGA 上显示条纹，水平显示红、绿、蓝、白四色条纹。

```
module P18_VgaStrips_top(clk,rst,R,G,B,HS,VS);
    input clk,rst;
    output[2:0] R;
    output[2:0] G;
    output[1:0] B;
    output HS,VS;
    //wire
    wire[9:0] hpos;                    //640 * 480 像素的显示区域中的点的位置
    wire[8:0] vpos;
    wire[2:0] r_sig;
    wire[2:0] g_sig;
    wire[1:0] b_sig;
    //模块调用
    IP_VGA U1(.clk(clk),
              .rst(rst),
              .r_sig(r_sig),
              .g_sig(g_sig),
              .b_sig(b_sig),
              .R(R),
              .G(G),
              .B(B),
              .HS(HS),
              .VS(VS),
              .hpos(hpos),
              .vpos(vpos));
```

```
VGA_strips U2(.clk(clk),
              .rst(rst),
              .vga_xpos(hpos),
              .vga_ypos(vpos),
              .r_sig(r_sig),
              .g_sig(g_sig),
              .b_sig(b_sig));
              endmodule
//显示条纹模块
module VGA_strips(clk,rst,vga_xpos,vga_ypos,r_sig,g_sig,b_sig);
    input clk;
    input rst;
    input [9:0]vga_xpos;
    input [8:0]vga_ypos;
    output reg[2:0] r_sig;
    output reg[1:0] b_sig;
    output reg[2:0] g_sig;
    //设定显示区域：[(200,160),(400,320)],约 1/9 的显示器区域
    wire valid;
    assign valid = (vga_xpos > 200)&&(vga_xpos < 400)&&(vga_ypos > 160)&&(vga_ypos < 320);
    //显示横条纹：红、绿、蓝、白
    always@(posedge clk or posedge rst) begin
        if(rst) begin
            r_sig <= 3'b000; g_sig <= 3'b000; b_sig <= 2'b00;             //black
        end
        else begin
            if(valid) begin
                if((vga_ypos > 160)&&(vga_ypos <= 200)) begin            //red
                    r_sig <= 3'b111; g_sig <= 3'b000; b_sig <= 2'b00;
                end
                else if((vga_ypos > 200)&&(vga_ypos <= 240)) begin       //green
                    r_sig <= 3'b000; g_sig <= 3'b111; b_sig <= 2'b00;
                end
                else if((vga_ypos > 240)&&(vga_ypos <= 280)) begin       //blue
                    r_sig <= 3'b000; g_sig <= 3'b000; b_sig <= 2'b11;
                end
                else begin                                               //white
                    r_sig <= 3'b111; g_sig <= 3'b111; b_sig <= 2'b11;
                end
            end
            else begin
                r_sig <= 3'b000; g_sig <= 3'b000; b_sig <= 2'b00;        //black
            end
        end
    end
endmodule
```

结合例 3-4 对本设计的输入和输出指定引脚，然后进行综合、实现、生成配置文件、编

程到 Basys2 开发板。下载到开发板后，可以看到，在 VGA 显示器上的一个矩形区域内依次显示红、绿、蓝、白四色。

5.4.4 VGA 应用 2：显示信息

VGA 显示器可显示任何信息，如“HJK 欢迎你!”字模如下所述。字母由 16 行 8 列的像素点阵实现，汉字由 16 行 16 列的像素点阵实现。

```
00000000_00000000_01100000_00000000_00000000_00000000_00000000_00000000_00000000_00000000
01100110_00011111_01100011_00000000_01000000_01000001_00000000_00000100_01000000_00011000
01100110_00000110_01100110_01111111_11111111_00000011_00111110_00001100_11111111_00011000
01100110_00000110_01101100_00000010_10010011_01000110_00010010_00001000_10010011_00011000
01100110_00000110_01111000_00000110_10010010_01000100_00010010_00011001_10010010_00011000
01100110_00000110_01110000_01100100_00010000_01001100_00010010_00101000_00010000_00011000
01100110_00000110_01110000_00101100_00010000_01001000_00010010_00101000_00010000_00011000
01111110_00000110_01111000_00111000_00010000_01001000_00010010_01101000_00111000_00011000
01111110_00000110_01101100_00011000_00111000_01001000_00010010_11001000_01010100_00011000
01100110_00000110_01100110_00011100_00111000_01001000_00010010_10001000_10010010_00011000
01100110_00000110_01100011_00110100_00101000_01001001_00010010_00001001_00010001_00011000
01100110_00000110_01100001_00100010_00101000_01001010_00010110_00001000_00010000_00011000
01100110_01100110_01100000_01100001_01000100_01001100_00010010_00001000_01010000_00000000
01100110_01100110_01100000_01000000_01000100_01000000_00010000_00001000_00110000_00011000
01100110_00111100_01100000_11000000_10000010_10111111_11111111_00001000_00010000_00011000
00000000_00000000_00000000_00000000_00000000_00000000_00000000_00000000_00000000_00000000
```

上述字模数据中，0 表示不显示，1 表示显示，将 0 隐藏后可以明显地看出“HJK 欢迎你!”的字样，如图 5-18 所示。

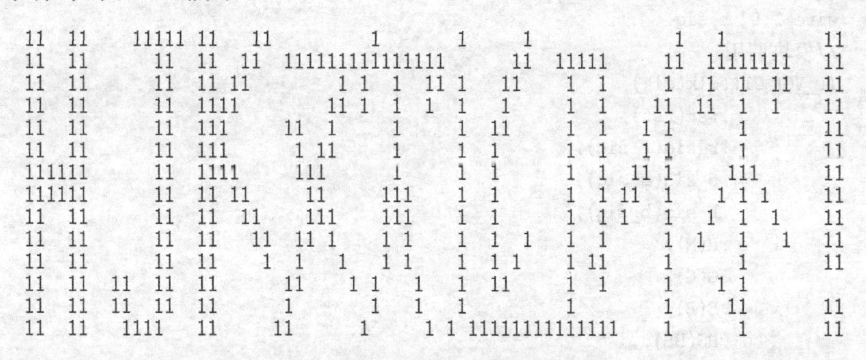

图 5-18 字模“HJK 欢迎你!”

显示“1”时，可以使用各种颜色，就如同彩色条纹一样，可选颜色有 256 种。可以对 RGB 赋不同的值，得到预期的颜色。

在 VGA 上显示信息，同样需要 10 根线，包括 RGB、HS 和 VS。按 VGA 接口时序，对这 10 根线赋不同的值，实现 VGA 显示信息。

实现 VGA 显示信息项目时使用了 2 个模块：模块 VGA_info 用于产生 VGA 显示

的信息；模块 IP_VGA 产生驱动 VGA 显示的控制信号。模块划分如图 5-19 所示。

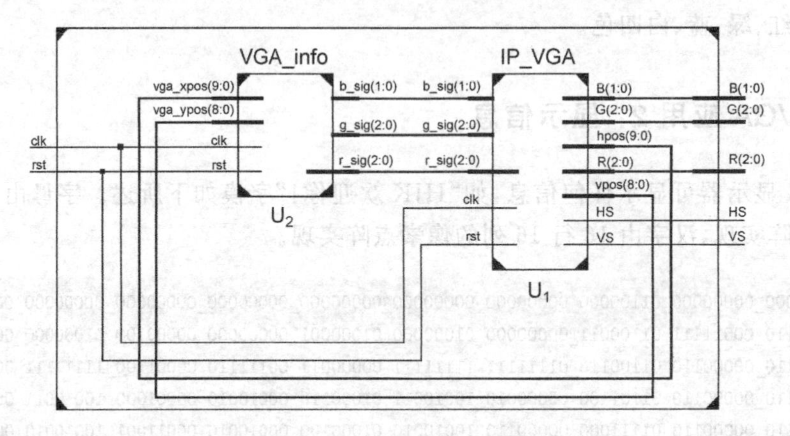

图 5-19　VGA 显示信息顶层模块

【例 5-22】　在 VGA 上显示信息"HJK 欢迎你!"。

```
module P18_VgaInfo_top(clk,rst,R,G,B,HS,VS);
    input clk,rst;
    output[2:0] R;
    output[2:0] G;
    output[1:0] B;
    output HS,VS;
    //wire
    wire[9:0] hpos;                    //640 * 480 像素的显示区域中的点的位置
    wire[8:0] vpos;
    wire[2:0] r_sig;
    wire[2:0] g_sig;
    wire[1:0] b_sig;
    //模块调用
    IP_VGA U1(.clk(clk),
              .rst(rst),
              .r_sig(r_sig),
              .g_sig(g_sig),
              .b_sig(b_sig),
              .R(R),
              .G(G),
              .B(B),
              .HS(HS),
              .VS(VS),
              .hpos(hpos),
              .vpos(vpos));
    VGA_info U2(.clk(clk),
                .rst(rst),
                .vga_xpos(hpos),
                .vga_ypos(vpos),
                .r_sig(r_sig),
```

```
                .g_sig(g_sig),
                .b_sig(b_sig));
endmodule
//显示信息模块
module VGA_info(clk,rst,vga_xpos,vga_ypos,r_sig,g_sig,b_sig);
    input clk;
    input rst;
    input [9:0]vga_xpos;
    input [8:0]vga_ypos;
    output reg[2:0] r_sig;
    output reg[1:0] b_sig;
    output reg[2:0] g_sig;
    //设定显示区域：上下左右[(141,201),(220,216)]
    parameter DISP_L = 140,DISP_R = DISP_L + 80,DISP_U = 200,DISP_D = DISP_U + 16;
    wire valid;
    assign valid = (vga_xpos > DISP_L)&&(vga_xpos < = DISP_R)&&(vga_ypos > DISP_U)&&(vga_
ypos < = DISP_D);
    reg[6:0] Line,Pixel;
    parameter info = {
    {80'b00000000_00000000_01100000_00000000_00000000_00000000_00000000_00000000_
00000000_00000000},
    {80'b01100110_00011111_01100011_00000000_01000000_01000001_00000000_00000100_
01000000_00011000},
    {80'b01100110_00000110_01100110_01111111_11111111_00000011_00111110_00001100_
11111111_00011000},
    {80'b01100110_00000110_01101100_00000010_10010011_01000110_00010010_00001000_
10010011_00011000},
    {80'b01100110_00000110_01111000_00000110_10010010_01000100_00010010_00011001_
10010010_00011000},
    {80'b01100110_00000110_01110000_01100100_00010000_01001100_00010010_00101000_
00010000_00011000},
    {80'b01100110_00000110_01110000_00101100_00010000_01001000_00010010_00101000_
00010000_00011000},
    {80'b01111110_00000110_01111000_00111000_00010000_01001000_00010010 01101000_
00111000_00011000},
    {80'b01111110_00000110_01101100_00011000_00111000_01001000_00010010_11001000_
01010100_00011000},
    {80'b01100110_00000110_01100110_00011100_00111000_01001000_00010010_10001000_
10010010_00011000},
    {80'b01100110_00000110_01100011_00110100_00101000_01001001_00010010_00001001_
00010001_00011000},
    {80'b01100110_00000110_01100001_00100010_00101000_01001010_00010110_00001000_
00010000_00011000},
    {80'b01100110_01100110_01100000_01100001_01000100_01001100_00010010_00001000_
01010000_00000000},
    {80'b01100110_01100110_01100000_01000000_01000100_01000000_00010000_00001000_
00110000_00011000},
    {80'b01100110_00111100_01100000_11000000_10000010_10111111_11111111_00001000_
00010000_00011000},
```

```
    {80'b00000000_00000000_00000000_00000000_00000000_00000000_00000000_00000000_
00000000_00000000}
    };
    //显示像素的行列位置
    always@(posedge clk) begin
        if ((vga_ypos > DISP_U) & (vga_ypos <= DISP_D))
                Line <= vga_ypos - DISP_U - 1;
        if ((vga_xpos >= DISP_L) & (vga_xpos <= DISP_R))
                Pixel <= vga_xpos - DISP_L - 1;
    end
    //使用红色显示: HJK 欢迎你!
    always@(posedge rst, posedge clk) begin
        if(rst) begin
            r_sig <= 0;
            g_sig <= 0;
            b_sig <= 0;
        end
        else if(valid)
            r_sig <= {3{info[1279 - (Line * 80 + Pixel)]}}; //red
        else r_sig <= 0;
    end
endmodule
```

结合例3-4对本设计的输入和输出指定引脚,然后进行综合、实现、生成配置文件、编程到Basys2开发板。下载到开发板后,观察VGA显示器上的显示信息,会看到显示器上显示红色的“HJK欢迎你!”。

VGA应用的两个例子都很容易应用到Basys3开发板,仅需要根据RGB接口的引线数量对Verilog代码稍做调整,在此不再赘述,感兴趣的读者可自行完成。

实战项目19 键控流水灯

【项目描述】 设计3种流水灯效果,可通过按键选择其中任何一种运行。

要求:按一次BTN0,按键次数加1。按键次数在0、1、2这3个数中循环,每一个按键次数对应一种流水灯方式。方式0,先奇数灯亮,即第1、3、5、7灯亮0.5s;然后偶数灯亮,即第2、4、6、8灯亮0.5s;依次类推。方式1,按照1/2、3/4、5/6、7/8的顺序一次点亮2个灯,依次点亮所有灯,间隔0.5s;然后按1/2、3/4、5/6、7/8的顺序一次灭2个灯,依次熄灭所有灯,间隔0.5s。方式2,8个LED灯同时亮,然后同时灭,间隔0.5s。

实战项目19.mp4
(3.01MB)

【知识点】

(1) 通过按键产生多种模式的方法与应用。

(2) 通过状态机实现流水灯效果的方法。

5.5　综合项目：键控流水灯

本设计使用 2 个模块实现：按键处理模块 BTN_mode 产生流水灯的 3 种模式；流水灯控制模块 water_lamp 根据设定的模式，产生流水灯的效果。模块划分如图 5-20 所示。

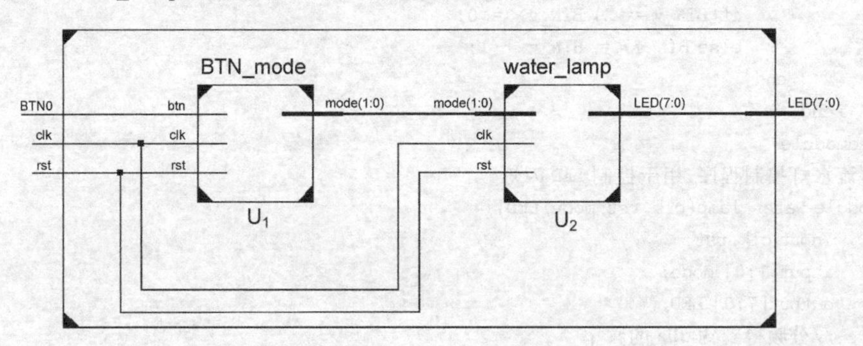

图 5-20　流水灯项目模块划分

实现图 5-20 所示的模块，代码如例 5-23 所示。

【例 5-23】　流水灯设计源码。

```
//流水灯顶层模块,调用了两个模块
module P19_WaterLamp_top(clk,rst,BTN0,LED);
    input clk,rst;
    input BTN0;
    output[7:0] LED;
    wire[1:0] mode;
    BTN_mode U1(.clk(clk),
               .rst(rst),
               .btn(BTN0),
               .mode(mode));
    water_lamp U2(.clk(clk),
                 .rst(rst),
                 .mode(mode),
                 .LED(LED));
endmodule
//模式产生电路
module BTN_mode(clk,rst,btn,mode);
    input clk,rst,btn;
    output[1:0] mode;
    //按键消抖
    wire btn_deb;
    IP_BTN_deb U11(.BTN_deb(btn_deb),
                  .rst(rst),
                  .clk(clk),
                  .BTN0(btn));
```

```
    //设置模式
    reg[1:0] BTN_v;
    assign mode = BTN_v;
    //获取当前按键次数:按一次,加 1 计数
    always @(posedge rst, posedge btn_deb) begin
        if(rst) BTN_v <= 0;
        else begin
            if(BTN_v == 2) BTN_v <= 0;
            else BTN_v <= BTN_v + 1;
        end
    end
endmodule
//流水灯控制程序,用于控制 LED 闪烁
module water_lamp(clk,rst,mode,LED);
    input clk,rst;
    input[1:0] mode;
    output[7:0] LED;
    //分频得到约 3Hz 的频率
    wire clk_3Hz;
    reg[23:0] clkdiv;
    always @(posedge clk or posedge rst)
        if(rst) clkdiv <= 0;
        else clkdiv <= clkdiv + 1;
    assign clk_3Hz = clkdiv[23];                         //2^24 分频,约 3Hz
    //状态编码采用直接输出型编码
    reg[7:0] state;
    assign LED = state;
    parameter s0 = 8'b01010101,
              s1 = 8'b10101010,                          //模式 1 的 2 个状态
              s2 = 8'b00000011,
              s3 = 8'b00001111,
              s4 = 8'b00111111,
              s5 = 8'b11111111,
              s6 = 8'b11111100,
              s7 = 8'b11110000,
              s8 = 8'b11000000,
              s9 = 8'b00000000;                          //模式 2 共 8 个状态
    //产生下一个状态
    always @ (posedge clk_3Hz, posedge rst) begin
        if(rst) state <= s0;
        else begin
            if(mode == 0)                                //2 个状态
                case(state)
                    s0: state <= s1;
                    s1: state <= s0;
                    default: state <= s0;
                endcase
            else if(mode == 1)                           //8 个状态
```

```
                case(state)
                    s2: state <= s3;
                    s3: state <= s4;
                    s4: state <= s5;
                    s5: state <= s6;
                    s6: state <= s7;
                    s7: state <= s8;
                    s8: state <= s9;
                    s9: state <= s2;
                    default: state <= s2;
                endcase
            else if(mode == 2)              //2 个状态
                case(state)
                    s5: state <= s9;
                    s9: state <= s5;
                    default: state <= s5;
                endcase
        end
    end
endmodule
```

在例 5-23 中，对于 IP_BTN_deb 模块，前文已经说明，此处直接调用，不再给出代码。例 5-23 采用的状态编码方式是直接输出型编码，模式 3 中的两个状态与模式 2 中的两个状态相同，所以在实现模式 3 时，没有使用新的状态编码，直接使用模式 2 中的两个状态。

分别结合例 3-4 和例 3-5 对本设计的输入和输出指定引脚，然后进行综合、实现、生成配置文件、编程到 Basys2 开发板和 Basys3 开发板。下载到开发板后，观察流水灯的效果；然后通过按 BTN0 按键，在 3 种流水灯模式间切换，观察流水灯的效果，并结合键控流水灯的功能要求来理解这些现象。

5.6 小结

本章重点介绍了以下应用项目。

✓ 单 LED 控制。
✓ 多 LED 控制。
✓ 单数据码显示控制。
✓ 多数码管动态扫描显示控制。
✓ 信息滚动显示。
✓ 按键防抖动电路及其应用。
✓ 脉冲产生电路及其应用。
✓ 按键次数计数并显示。

✓ 在显示器上显示条纹。

✓ 在显示器上显示信息。

✓ 综合应用项目——键控流水灯。

同时穿插介绍了把自己的HDL代码封装成IP核等内容。

通过本章的学习,读者应该掌握VGA接口协议,并初步掌握这两种接口的应用技术。下一步,读者可以尝试完成UART接口、液晶接口、I²C接口的设计,进一步巩固对协议的理解和应用。

5.7 习题

1. LED灯

请读者设计一种LED流水方式,在开发板实现并验证。例如,先循环左移,再循环右移(任一时刻只有一个LED灯亮),然后从两头至中间(任一时刻只有两个LED亮),之后不断重复以上行为。

2. 数码管

(1) 实现单只数码管的扫描显示。按本节的实验步骤,求出当数码管稳定(不闪烁)地显示数据时的最低扫描频率,精确到1Hz。

提示: 可考虑使用任意整数分频的方法实现分频。

(2) 使用4个数码管,按本节的实验步骤,求出当4个数码管同时稳定地显示数据(如1234)时的最低扫描频率,精确到1Hz。

(3) 自行设定需要显示的信息,并在数码管上滚动显示。

(4) 修改例5-6中信息滚动显示的频率,观察滚动快慢效果的变化。

3. 按键

(1) 在例5-23的基础上,增加几种LED流水模式,通过按键控制展示哪种流水灯模式,并在开发板中实现。例如,循环左移模式(任一时刻只有一个LED灯亮)、循环右移模式、从两头至中间模式(任一时刻只有两个LED亮),等等。

(2) 实现键号显示。当按下某个按键后,直接在数码管中显示该按键的键号。键号可以依次定义为1、2、3、4。

(3) 实现按键功能。当按下1号按键时,实现增1功能;按下2号按键时,实现减1功能;按下3号按键时,实现乘2功能;按下4号按键,实现除2功能。

(4) 在例5-19中,BTN_cnt模块中的4个always结构一致,因此可考虑写一个模块,然后调用4次,请实现。

提示: BTN_cnt模块的另一种实现参考代码如下所示。

```
module BTN_cnt _r(key_debounce,rst,disp);
input key_debounce,rst;
output[15:0] disp;
```

```
wire[3:0] SM3,SM2,SM1,SM0;
wire clk_shi,clk_bai,clk_qian;
wire[15:0] key_v;
//计数值
digit_process U11(.clk(key_debounce),
                  .rst(rst),
                  .cnt(key_v[3:0]),
                  .top(clk_shi));
digit_process U12(.clk(clk_shi),
                  .rst(rst),
                  .cnt(key_v[7:4]),
                  .top(clk_bai));
digit_process U13(.clk(clk_bai),
                  .rst(rst),
                  .cnt(key_v[11:8]),
                  .top(clk_qian));
digit_process U14(.clk(clk_qian),
                  .rst(rst),
                  .cnt(key_v[15:12]));
//高位的处理：注意，高位为0时，不显示出来
assign SM3 = (key_v[15:12] == 0)? 4'hF:key_v[15:12];
assign SM2 = (key_v[15:8] == 0)? 4'hF:key_v[11:8];
assign SM1 = (key_v[15:4] == 0)? 4'hF:key_v[7:4];
assign SM0 = key_v[3:0];
//生成显示数据
assign disp = {SM3,SM2,SM1,SM0};
endmodule
//每个数位的单独处理
module digit_process(clk,rst,cnt,top);
input clk,rst;
output reg top;
output reg[3:0] cnt;
always @(posedge clk, posedge rst)
begin
    if(rst) begin
            cnt = 0;
            top = 0;
    end
    else begin
        if(cnt == 9) begin
            cnt = 0;
            top = 1;
        end
        else begin
            cnt = cnt + 1;
            top = 0;
        end
    end
```

```
end
endmodule
```

在例 5-19 中,使用提示中的模块 BTN_cnt_r 替换 BTN_cnt 模块,可达到同样的效果,请验证。

4. VGA 显示器

(1) R、G、B 3 根线有 8 种组合,一种组合对应一种颜色,共有 8 种颜色。在显示器中,从上到下显示这 8 种组合的颜色,形成横彩条。

(2) 在 VGA 上显示一个方块,该方块从左向右以 1Hz 的频率移动。当从显示器右侧消失后,马上在左侧出现。要求使用 640×480 像素显示器,方块大小为 100×75 像素,在显示器第 76～150 行显示方块,颜色为红色,显示器背景为黑色。

(3) 设计一个屏幕保护程序,使显示的信息不停地、有规律地移动。

CHAPTER 6

第6章

综合项目应用

本章重点介绍以下应用项目：反应测量仪、序列检测器、密码锁、交通控制器、具有校时功能的数字钟、频率计、正弦信号发生器等，同时穿插介绍脉冲产生电路及其应用、状态机编码方式、Mealy状态机和Moore状态机的区别与联系、内嵌逻辑分析仪ChipScope的使用等内容。

通过本章的学习，达到以下目标：通过实践，进一步加深对数字系统设计的理解，掌握较复杂的数字系统设计方法。

实战项目20　设计反应测量仪

【项目描述】 设计一个反应测量仪，用于测量人体反应时间。

要求：LD0随机点亮。当看到灯亮后，立即按键BTN0。测量LD0亮到按下BTN0这段时间，该段时间即为人体反应时间。然后，将该反应时间以十进制数的形式反映到4个数码管上，以ms为单位。当高位为0时，不显示。

注意：通常，反应时间为100～500ms，因此用4个数码管来显示(单位：ms)，最大值为9999ms。

【知识点】

(1) 控制LED灯随机点亮的处理方法。

(2) 反应时间的获取方法。

(3) 当十进制数高位全为0时，在数码管中不显示高位的方法。

(4) 数码管显示信息的处理方法。

实战项目20.mp4

(2.47MB)

6.1　反应测量仪

本设计用3个模块实现：第一个模块是react_LED，主要功能是随机地点亮LED；第二个模块是react_timer，主要功能是判断按键是否按下，并测量LED从亮到按键被按下的延时；第三个模块是显示模块IP_seg7_2，将延时信息显示在4个数码管中。模块划分如图6-1所示。

实现图6-1中的顶层模块和react_LED、react_timer模块，代码如例6-1所示，其他

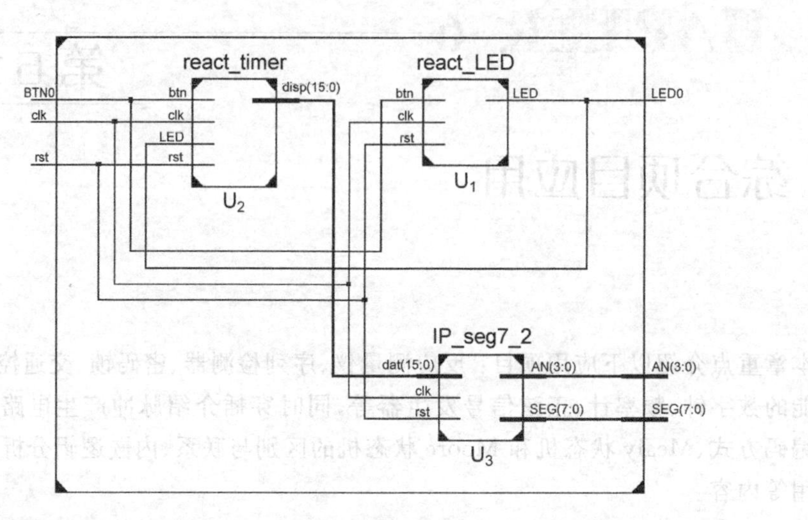

图 6-1 模块划分

模块源码请参见以前的实验。

【例 6-1】 反应测量仪。

```
//顶层模块
module P20_React_top (clk,rst,LED0,BTN0,SEG,AN);
    input clk,rst;
    input BTN0;
    output LED0;
    output[7:0] SEG;
    output[3:0] AN;
    wire[15:0] disp;
    react_LED U1(.clk(clk),
                 .rst(rst),
                 .btn(BTN0),
                 .LED(LED0));
    react_timer U2(.clk(clk),
                   .rst(rst),
                   .LED(LED0),
                   .btn(BTN0),
                   .disp(disp));
    IP_seg7_2 U3(.clk(clk),
                 .rst(rst),
                 .dat(disp),
                 .SEG(SEG),
                 .AN(AN));
endmodule
//控制 LED: 随机控制 LED 亮灭,随机时间可控
module react_LED(clk,rst,btn,LED);
    input clk,rst;
    input btn;
```

```
    output reg LED;
    reg[11:0] cnt;
    //分频得到约 1.5kHz 的频率
    wire clk_1k5Hz;
    reg[14:0] clkdiv;
    always @(posedge clk or posedge rst)
        if(rst) clkdiv <= 0;
        else clkdiv <= clkdiv + 1;
    assign clk_1k5Hz = clkdiv[14];                //2^15 分频,约 1.5kHz
    //随机控制 LED 点亮
    always @(posedge clk_1k5Hz, posedge rst) begin
        if(rst) begin
            LED <= 0;
            cnt <= 0;
        end
        else begin
            cnt <= cnt + 1;
            if(cnt == 4000) LED <= 1;           //约 3s,此处可修改设置间隔时间
            else if(btn == 1) begin
                LED <= 0;
                cnt <= 0;                       //按下按键后,灯熄,且间隔计数值清零
            end
        end
    end
endmodule
//测量反应时间,并生成显示数据
module react_timer(clk,rst,LED,btn,disp);
    input clk,rst;
    input LED,btn;
    output[15:0] disp;
    //分频得到 1kHz,用于毫秒计时
    reg clk_1kHz;
    reg[14:0] cnt1;
    always@(posedge clk, posedge rst)
        if(rst) begin
            cnt1 <= 0;
            clk_1kHz <= 0;
        end
        else begin
            if(cnt1 == 25000) begin //1kHz
                cnt1 <= 0;
                clk_1kHz <= ~clk_1kHz;
            end
            else cnt1 <= cnt1 + 1;
        end
    //高位的处理: 注意高位为 0 时,不显示出来
    reg[15:0] react_time;
    wire[3:0] SM3,SM2,SM1,SM0;
```

```
    assign SM3 = (react_time[15:12] == 0)? 4'hF:react_time[15:12];
    assign SM2 = (react_time[15:8] == 0)? 4'hF:react_time[11:8];
    assign SM1 = (react_time[15:4] == 0)? 4'hF:react_time[7:4];
    assign SM0 = react_time[3:0];
    //生成显示数据
    assign disp = {SM3,SM2,SM1,SM0};
    //测量反应时间
    reg[15:0] cnt2 = 0;
    always @(posedge clk_1kHz, posedge rst) begin
        if(rst) begin
            cnt2 <= 0;react_time <= 0;
        end
        else begin
            if(btn == 1) begin
                react_time <= cnt2;
            end
            else begin
                if(LED == 1) begin                                  //计数最大值为 9999
                    if(cnt2 == 9999) cnt2 <= 0;
                    else begin
                        if(cnt2[3:0] == 9) begin                    //个位
                            cnt2[3:0]<= 0;
                            if(cnt2[7:4] == 9) begin                //十位
                                cnt2[7:4]<= 0;
                                if(cnt2[11:8] == 9) begin           //百位
                                    cnt2[11:8]<= 0;
                                    if(cnt2[15:12] == 9) begin      //千位
                                        cnt2[15:12]<= 0;
                                    end
                                    else cnt2[15:12]<= cnt2[15:12] + 1;
                                end
                                else cnt2[11:8]<= cnt2[11:8] + 1;
                            end
                            else cnt2[7:4]<= cnt2[7:4] + 1;
                        end
                        else cnt2[3:0] <=  cnt2[3:0]  +  1;
                    end
                end
                else cnt2 <= 0;          //灯熄,即将反应时间清零; 否则,反应时间加 1 计数
            end
        end
    end
endmodule
```

分别结合例 3-4 和例 3-5 对本设计的输入和输出指定引脚,然后进行综合、实现、生成配置文件、编程到 Basys2 开发板和 Basys3 开发板。当看到 LD0 亮后,立即按键 BTN0,观察数码管上显示的数字。多测量几次,取最后 3 次的平均值,计算反应时间。

实战项目21　设计序列检测器

【项目描述】 在连续信号中,检测是否包含"110"序列。若包含该序列,指示灯亮,否则指示灯灭。例如"111001100111000l"序列串,出现了3次"110",指示灯应该亮3次。

要求:使用两个按键BTN[0:1]输入0和1。按动BTN1,输入1;按动BTN0,输入0。当连续信号中出现"110"序列时,点亮LD0灯,其他时候LD0灯灭。

实战项目21.mp4
(3.06MB)

【知识点】

(1) 脉冲产生电路的实现方法和应用技巧。

(2) 序列串生成的方法和技巧。

(3) Mealy状态机和Moore状态机的区别与联系。

(4) Mealy状态机的实现方法。

6.2 序列检测器

6.2.1 脉冲产生电路设计与应用

脉冲有着广泛的用途,有对电路起开关作用的控制脉冲,有起统帅全局作用的时钟脉冲,有做计数用的计数脉冲,有起触发启动作用的触发脉冲等。

本节设计一个脉冲产生电路,通过按键产生脉冲信号,然后将脉冲信号作为D触发器的时钟输入,控制D触发器数据的传输。在开发板上,拨码开关SW0用于D触发器的输入端,LD0连接D触发器的输出端,按键BTN0产生的脉冲信号作为D触发器的时钟。因此,可实现拨码开关SW0控制LD0,而且要求在按下BTN0按键后,才使用SW0值控制LD0;在其他情况下,SW0和LD0没有必然联系。

当按键按下时,经过FPGA处理,产生矩形脉冲。脉冲产生电路与按键去抖动电路类似,区别在于3输入与门的最后一个输入要取反,如例6-2所示。

【例6-2】 产生脉冲信号代码。

```
module IP_pulse_gen(clk,rst,BTN,pulse);
    input clk,rst,BTN;
    output pulse;
    reg BTN_r,BTN_rr;
    //寄存BTN值两次
    always@(posedge clk,posedge rst) begin
        if(rst) begin
            BTN_r<=0;
            BTN_rr<=0;
```

```
            end
            else begin
                BTN_r <= BTN;
                BTN_rr <= BTN_r;
            end
        end
        //产生脉冲信号
        assign pulse = BTN&BTN_r&~BTN_rr;
endmodule
```

例 6-2 的测试代码如例 6-3 所示。

【例 6-3】 IP_pulse_gen 模块的 testbench。

```
'timescale 1ns / 1ps
module IP_pulse_gen_test;
    //Inputs
    reg clk;
    reg rst;
    reg BTN;
    //Outputs
    wire pulse;
    //Instantiate the Unit Under Test (UUT)
    IP_pulse_gen uut (
        .clk(clk),
        .rst(rst),
        .BTN(BTN),
        .pulse(pulse)
    );
    initial begin
        clk = 0;
        forever
        #10 clk = ~clk;
    end
    initial begin
        rst = 0;
        #15 rst = 1;
        #20 rst = 0;
    end
    initial begin
        BTN = 0;
        #95 BTN = 1;
        #190 BTN = 0;
    end
endmodule
```

运行例 6-3,得到仿真波形,如图 6-2 所示。

从图 6-2 可以看出,当按键按下后,产生一个脉冲信号。脉冲信号的持续时间为一个

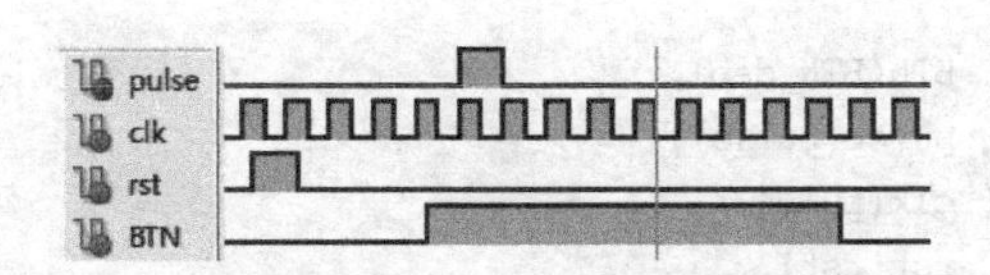

图 6-2　IP_pulse_gen 模块的仿真波形

clk 周期,而且脉冲信号的上升沿通常会延后按键的上升沿一小段时间。当然,这一小段时间小于一个 clk 周期。

另外,需要特别说明的是,IP_pulse_gen 模块中的输入信号 key 通常是经过消抖处理后的信号。脉冲信号可作为触发器或寄存器的时钟信号,用于实现控制触发器或寄存器单步传输数据。

脉冲应用于 D 触发器的设计可规划 3 个模块:按键消抖模块 IP_BTN_deb,得到一个消抖的信号;该消抖信号送入第二个模块 IP_pulse_gen,产生脉冲信号;该脉冲信号作为第三个模块 pulse_mydff 的时钟。pulse_mydff 模块实现了一个 D 触发器,当脉冲信号的上升沿到来时,将拨码开关 SM0 的值送入 LD0 显示。模块划分如图 6-3 所示。

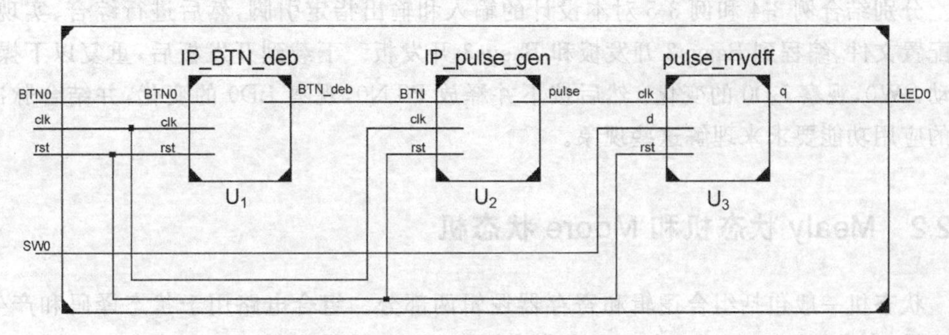

图 6-3　脉冲应用项目的模块划分

实现图 6-3 中的顶层模块和 Pulse_mydff 模块,代码如例 6-4 所示,其他模块源代码请参见以前的实验。

【例 6-4】　脉冲信号的产生及其应用。

```
//顶层模块
module Pulse_top(clk,rst,BTN0,SW0,LED0);
    input clk,rst;
    input BTN0,SW0;
    output LED0;
    wire pulse;
    wire BTN_deb;
    IP_BTN_deb U1(.BTN_deb(BTN_deb),
                  .rst(rst),
                  .clk(clk),
                  .BTN0(BTN0));
    IP_pulse_gen U2(.clk(clk),
                    .rst(rst),
```

```
                    .BTN(BTN_deb),
                    .pulse(pulse));
    pulse_mydff U3(.clk(pulse),
                    .rst(rst),
                    .d(SW0),
                    .q(LED0));
endmodule
//D 触发器
module pulse_mydff(clk,rst,d,q);
    input clk,rst;
    input d;
    output reg q;
    always@(posedge clk,posedge rst)
        if(rst) q<=0;
        else q<=d;
endmodule
```

分别结合例 3-4 和例 3-5 对本设计的输入和输出指定引脚,然后进行综合、实现、生成配置文件、编程到 Basys2 开发板和 Basys3 开发板。下载到开发板后,重复以下操作:拨动 SW0,观察 LD0 的变化;然后按下并释放 BTN0,观察 LD0 的变化,并结合脉冲信号的应用功能要求来理解这些现象。

6.2.2 Mealy 状态机和 Moore 状态机

状态机一般包括组合逻辑和寄存器逻辑两部分。组合电路用于状态译码和产生输出信号,寄存器用于存储状态。一个典型的状态机电路模型如图 6-4 所示。

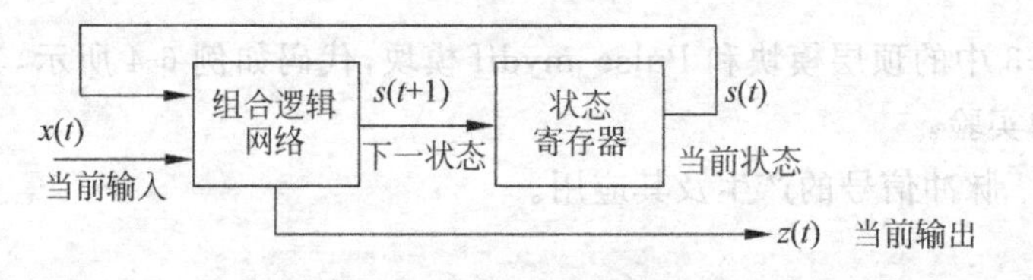

图 6-4 状态机电路模型

状态机的下一个状态及输出不仅与输入信号有关,还与寄存器当前状态有关。根据输出信号产生方法的不同,状态机分为米里(Mealy)型和摩尔(Moore)型。前者的输出是当前状态和输入信号的函数,后者的输出仅是当前状态的函数,如图 6-5 和图 6-6 所示。

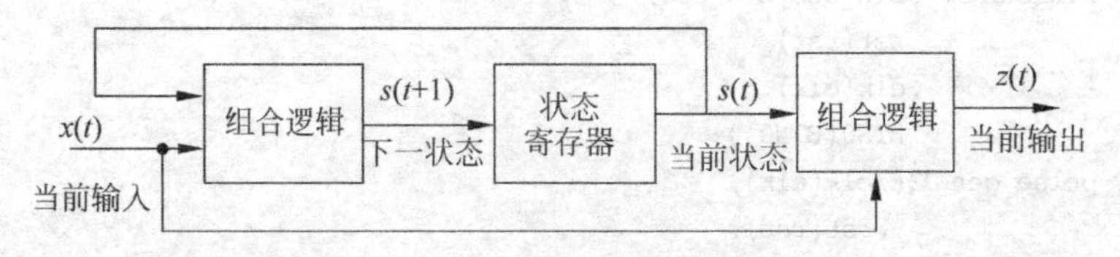

图 6-5 Mealy 状态机电路模型

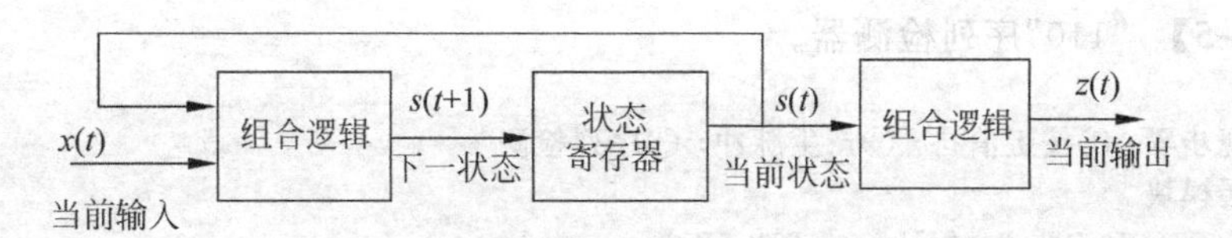

图 6-6　Moore 状态机电路模型

两种状态机在实现硬件电路时，使用的状态和输出逻辑均有区别。在硬件设计时，根据需要决定采用哪种状态机。

6.2.3　“110”序列检测器设计

本节使用 Mealy 状态机实现“110”序列检测器。“110”序列检测器的 Mealy 状态机如图 6-7 所示。

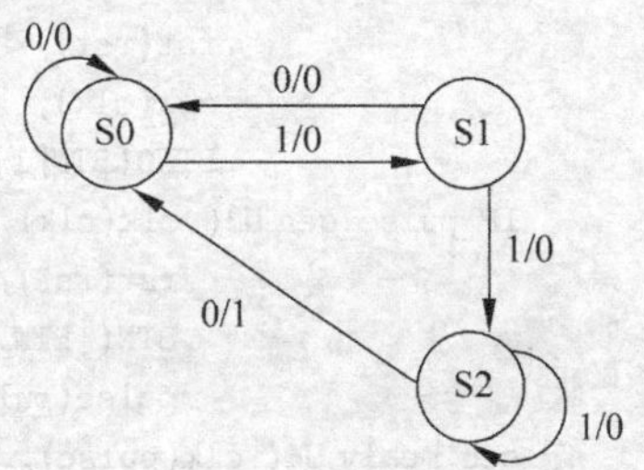

图 6-7　“110”序列检测器的 Mealy 状态机

序列检测器设计的实现分 3 步：①按键消抖；②产生脉冲；③序列检测。

因此，本设计使用 3 个模块实现：第一个是按键消抖模块 IP_BTN_deb，得到两个消抖的按键信号；这 2 个消抖的按键信号相或后送入第二个模块 IP_pulse_gen，产生脉冲信号；该脉冲信号作为第三个模块 seq_mealy 的时钟。第三个模块使用 Mealy 状态机实现序列检测。这是本设计的核心模块，当脉冲信号的上升沿到来时，处理一次序列的变化及检测工作。顶层模块划分如图 6-8 所示。

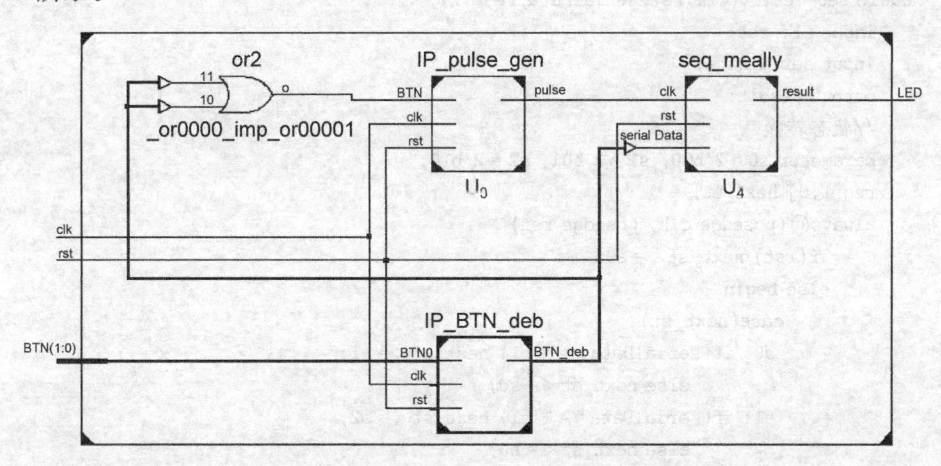

图 6-8　脉冲应用项目顶层模块划分

实现图 6-8 中所示的顶层模块和 seq_mealy 模块，代码如例 6-5 所示，其他模块源代码请参见以前的实验。

【例 6-5】 “110”序列检测器。

```
//实现步骤：①按键消抖；②产生脉冲；③序列检测
//顶层模块
module P21_SeqDet_top(clk,rst,BTN,LED);
    input clk,rst;
    input[1:0] BTN;
    output LED;
    wire pulse;
    wire[1:0] BTN_deb;
    IP_BTN_deb U1(.BTN_deb(BTN_deb[0]),
                  .rst(rst),
                  .clk(clk),
                  .BTN0(BTN[0]));
    IP_BTN_deb U2(.BTN_deb(BTN_deb[1]),
                  .rst(rst),
                  .clk(clk),
                  .BTN0(BTN[1]));
    IP_pulse_gen U3(.clk(clk),
                    .rst(rst),
                    .BTN(|BTN_deb),
                    .pulse(pulse));
    seq_mealy U4(.clk(pulse),              //Mealy有限状态机
                 .rst(rst),
                 .serialData(BTN_deb[1]),
                 .result(LED));
endmodule
//实现"110"检测,使用Mealy有限状态机
module seq_meally(clk,rst,serialData,result);
    input clk,rst;
    input serialData;
    output result;
    //状态转换
    parameter s0 = 2'b00, s1 = 2'b01, s2 = 2'b10;
    reg[1:0] next_st;
    always@(posedge clk, posedge rst)
        if(rst) next_st <= s0;
        else begin
            case(next_st)
             s0: if(serialData == 1'b1) next_st <= s1;
                    else next_st <= s0;
             s1: if(serialData == 1'b1) next_st <= s2;
                    else next_st <= s0;
             s2: if(serialData == 1'b1) next_st <= s2;
                    else next_st <= s0;
                default: next_st <= s0;
            endcase
        end
```

```
    //输出
    reg result;
    always@(posedge clk, posedge rst)
        if(rst) result <= 1'b0;
        else begin
            case(next_st)
                s2: if(serialData == 1'b1) result <= 1'b0;
                    else result <= 1'b1;
                default: result <= 1'b0;
            endcase
        end
endmodule
```

分别结合例3-4和例3-5对本设计的输入和输出指定引脚，然后进行综合、实现、生成配置文件、编程到Basys2开发板和Basys3开发板。下载到开发板后，按BTN1和BTN0按键，不断重复上述步骤，观察LD0的状态变化，并结合“110”序列检测器的功能要求来理解这些现象。

seq_mealy模块使用的是Mealy状态机，是本项目的核心模块。当然，本模块也可以使用Moore状态机实现，感兴趣的读者可自行完成。

实战项目22　设计密码锁

【项目描述】 利用拨码开关设置密码，使用按键输入开锁密码。当开锁密码与设置密码相同时，显示开锁成功，否则开锁不成功。

要求：由拨码开关SW7～SW0设置4位密码：每2位拨码开关设置1位密码，因此每位密码的取值只能是0、1、2、3；使用4个按键BTN0～BTN3，对应的按键值为0、1、2、3；增加一个4线-2线译码器。4线-2线译码器的真值表见表6-1。

表6-1　4线-2线译码器的真值表

4个按键输入	2位数值输出	4个按键输入	2位数值输出
0001	00	0100	10
0010	01	1000	11

注意：密码要完整地输入4位后才判断是否正确。开锁密码正确，LD0稳定地亮；开锁密码错误，LD0以3Hz的频率闪烁；其他情况下，LD0不亮。

【知识点】

(1) 通过拨码开关设置密码的方法。

(2) 通过按键输入开锁密码的方法。

(3) 开锁密码完成输入后的处理方法。

(4) 密码错误时闪烁报警的实现方法。

实战项目22.mp4
(3.72MB)

6.3 密码锁

本设计可规划 4 个模块。第一个是按键消抖模块 IP_BTN4_deb,得到 4 个消抖的按键信号;消抖的 4 个信号相或后送入第二个模块 IP_pulse_gen,产生脉冲信号;该脉冲信号作为第三个模块 password_confirm 的时钟,第三个模块是将输入的开锁密码与拨码开关设置的密码进行比较;第四个模块 lock_result 根据第三个模块的比较结果,控制 LED 做相应的状态指示。模块划分如图 6-9 所示。

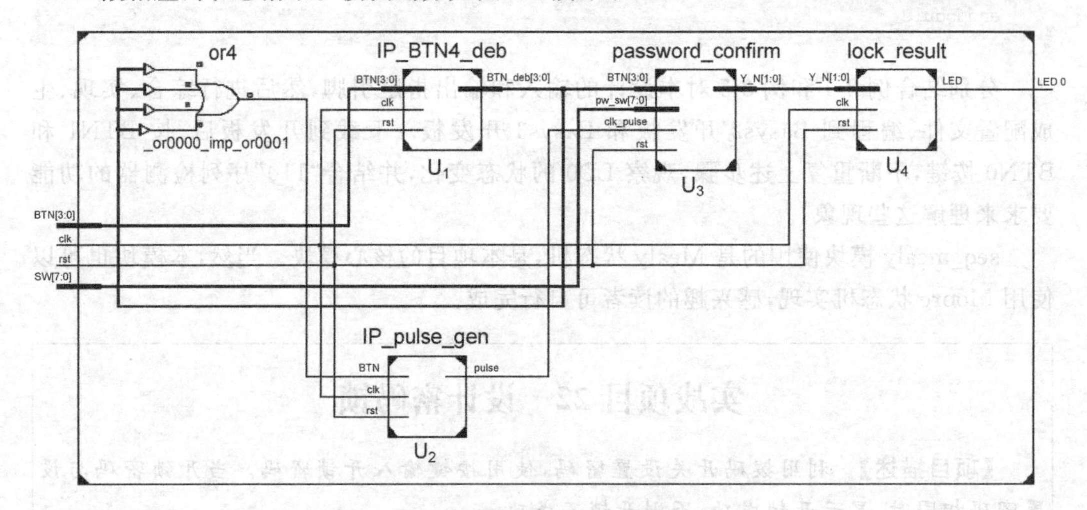

图 6-9 密码锁项目的模块划分

实现图 6-9 中的顶层模块和 lock_password、lock_compare、lock_result 模块,代码如例 6-6 所示,其他模块源代码请参见以前的实验。

【例 6-6】 密码锁。

```
//顶层模块
module P22_Lock_top(clk,rst,SW,BTN,LED0);
    input clk,rst;
    input[7:0] SW;                       //拨码开关设定 4 位密码值
    input[3:0] BTN;
    output LED0;
    wire pulse;
    wire[1:0] Y_N;
    wire[3:0] BTN_deb;
    IP_BTN4_deb U1(.BTN_deb(BTN_deb),
                   .rst(rst),
                   .clk(clk),
                   .BTN(BTN));
    IP_pulse_gen U2(.clk(clk),
```

```
                .rst(rst),
                .BTN(|BTN_deb),
                .pulse(pulse));
    password_confirm U3(.BTN(BTN_deb),
                    .clk_pulse(pulse),
                    .rst(rst),
                    .pw_sw(SW),
                    .Y_N(Y_N));
    lock_result U4(.clk(clk),
                .rst(rst),
                .Y_N(Y_N),
                .LED(LED0));
endmodule
//实现密码检测
//按4次后,若需要重新输入密码,再按一次任意键,回复到初始状态
module password_confirm(BTN,clk_pulse,rst,pw_sw,Y_N);
    input[3:0] BTN;
    input clk_pulse;            //此为按键后产生的脉冲信号
    input rst;
    input[7:0] pw_sw;           //拨码开关设定4位密码值
    output[1:0] Y_N;            //LED的状态: on、off、blink
    //按键输入解锁密码
    //4-2译码器模块,产生解锁密码,由4个按键产生密码(密码值为0~3)
    reg[1:0] pw_in;
    always@(BTN)
        case(BTN)
            4'b0001: pw_in = 2'b00;
            4'b0010: pw_in = 2'b01;
            4'b0100: pw_in = 2'b10;
            4'b1000: pw_in = 2'b11;
            default: pw_in = 2'b00;
        endcase
    //实现密码检测
    parameter S0 = 4'h0, S1 = 4'h1, S2 = 4'h2, S3 = 4'h3,S4 = 4'h4,
            E1 = 4'h5, E2 = 4'h6,E3 = 4'h7,E4 = 4'h8;
    reg[3:0] next_st;
    //产生下一个状态
    always@(posedge clk_pulse, posedge rst)
        if(rst) begin
            next_st <= S0;
        end
        else begin
            case(next_st)
                S0: begin
```

```
                    if(pw_sw[7:6] == pw_in) next_st <= S1;
                    else next_st <= E1;
                end
                S1:begin
                    if(pw_sw[5:4] == pw_in) next_st <= S2;
                    else next_st <= E2;
                end
                S2:begin
                    if(pw_sw[3:2] == pw_in) next_st <= S3;
                    else next_st <= E3;
                end
                S3:begin
                    if(pw_sw[1:0] == pw_in) next_st <= S4;
                    else next_st <= E4;
                end
                S4: next_st <= S0;          //按任意键,回复初始状态
                E1: next_st <= E2;
                E2: next_st <= E3;
                E3: next_st <= E4;
                E4: next_st <= S0;          //按任意键,回复初始状态
                default: next_st <= S0;
            endcase
        end
    //产生输出
    parameter LED_on = 2'b00,LED_off = 2'b11,LED_blink = 2'b10;
    assign Y_N = (next_st == S4)? LED_on: ((next_st == E4)? LED_blink: LED_off);
endmodule
//结果显示模块,亮、灭、闪烁 3 种状态
module lock_result(clk,rst,Y_N,LED);
    input clk;                              //50MHz
    input rst;
    input[1:0] Y_N;
    output reg LED;
    reg[23:0] cnt;
    parameter LED_on = 2'b00,LED_off = 2'b11,LED_blink = 2'b10;
    always@(posedge clk, posedge rst) begin
        if(rst) begin
            cnt <= 0;
            LED <= 0;
        end
        else begin
            cnt <= cnt + 1;
            if(Y_N == LED_on) LED <= 1;         //亮
            else begin
```

```
                if(Y_N==LED_off) LED<=0;                        //灭
                else LED<=cnt[23];                              //2^24分频,1s闪烁3次
            end
        end
    end
endmodule
```

分别结合例3-4和例3-5对本设计的输入和输出指定引脚，然后进行综合、实现、生成配置文件、编程到Basys2开发板和Basys3开发板。下载到开发板后，首先由拨码开关SW7～SW0设置4位密码；然后按BTN3～BTN0按键输入密码4次，观察LD0的状态变化，并结合密码锁的功能要求来理解这些现象。

注意：拨码开关设置4位密码，每2位拨码开关设置一位密码，因此每位密码的取值只能为0、1、2、3；使用4个按键输入密码，4个按键对应的数码分别为0、1、2、3。

实战项目23　设计交通灯控制器

【项目描述】 模拟实际道路的交通灯，东西向和南北向的交通灯(红、绿、黄)按一定的信号配时依次交替亮。

要求：

(1) 最左边3个灯LD7～LD5用于东西向，最右边3个灯LD2～LD0用于南北向。

(2) 6个状态循环：红绿7s→红黄2s→红红1s→绿红7s→黄红2s→红红1s。其中，第一个状态为"红绿"，表示东西向是红灯，南北向是绿灯，其他状态亦同。

(3) 与6个状态配合，在最左边数码管上显示东西向信号的剩余时间，在最右边数码管上显示南北向信号的剩余时间。

【知识点】

(1) 交通灯控制器控制交通灯和时间显示的方法。

(2) 使用状态机实现交通灯状态转换的方法。

实战项目23.mp4
(3.89MB)

6.4　交通灯控制器

设计时，首先要考虑以下几个方面：一个完整的控制周期是多长时间？一个控制周期内有几个状态？每个状态的结果是怎么样的？根据本项目的设计要求，一个完整的控制周期是20s，包括6个状态，每个状态对应红绿灯信号及数码管上显示的时间。

本设计由2个模块实现：第一个模块traffic_light完成交通灯各个状态的切换功能，同时求出信号配时的剩余时间，使用1Hz频率作为时钟进行控制；第二个模块IP_seg7_2是显示模块，功能是将交通配时信号剩下的时间值显示在数码管中。模块划分如图6-10所示。

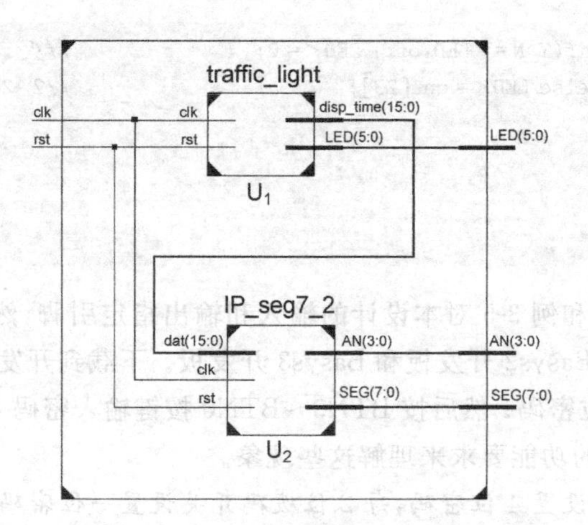

图 6-10 交通灯控制器项目的模块划分

实现图 6-10 中的顶层模块和 traffic_light_divf、traffic_light 模块,代码如例 6-7 所示,其他模块的源代码请参见以前的实验。

【例 6-7】 交通灯控制器。

```
module P23_Traffic_top (clk,rst,LED,SEG,AN);
    input clk,rst;
    output[5:0] LED;
    output[7:0] SEG;                                    //SEG
    output[3:0] AN;                                     //AN3 to AN0
    wire[15:0] disp_time;
    traffic_light U1(.clk(clk),
                    .rst(rst),
                    .disp_time(disp_time),
                    .LED(LED));
    IP_seg7_2 U2(.clk(clk),
                .rst(rst),
                .dat(disp_time),
                .SEG(SEG),
                .AN(AN));
endmodule
//状态跳变模块:控制信号灯、获取显示时间值
module traffic_light(clk, rst, disp_time, LED);
    input clk,rst;
    output [15:0] disp_time;
    output reg[5:0] LED;
    //分频产生 1Hz 频率的模块调用
    wire sec;
    IP_1Hz U11(.clk_50MHz(clk),
               .rst(rst),
               .clk_1Hz(sec));
    parameter SEC_7 = 7,SEC_2 = 2,SEC_1 = 1;
```

```
parameter T1 = SEC_7,
          T2 = SEC_7 + SEC_2,
          T3 = SEC_7 + SEC_2 + SEC_1,
          T4 = 2 * SEC_7 + SEC_2 + SEC_1,
          T5 = 2 * SEC_7 + 2 * SEC_2 + SEC_1,
          T6 = 2 * SEC_7 + 2 * SEC_2 + 2 * SEC_1;
parameter s0 = 3'b000,s1 = 3'b001,s2 = 3'b010,s3 = 3'b011,s4 = 3'b100,s5 = 3'b101;
reg[2:0] state;
reg[4:0] cnt_sec;
reg[3:0] disp_SN,disp_EW;
//display data
assign disp_time = {disp_SN,4'hF,4'hF,disp_EW};
//timer
always@(posedge sec, posedge rst) begin
    if(rst) cnt_sec <= 0;
    else begin
        if(cnt_sec == T6 - 1)
            cnt_sec <= 0;
        else cnt_sec <= cnt_sec + 1;
    end
end
//traffic control state jump
always@(negedge sec, posedge rst) begin
    if(rst) state <= s0;
    else begin
        case(state)
            s0:if(cnt_sec < T1) state <= s0;
                else state <= s1;
            s1:if((cnt_sec < T2)&(cnt_sec >= T1))
                    state <= s1;
                else state <= s2;
            s2:if((cnt_sec < T3)&(cnt_sec >= T2))
                    state <= s2;
                else state <= s3;
            s3:if((cnt_sec < T4)&(cnt_sec >= T3))
                    state <= s3;
                else state <= s4;
            s4:if((cnt_sec < T5)&(cnt_sec >= T4))
                    state <= s4;
                else state <= s5;
            s5:if((cnt_sec < T6)&(cnt_sec >= T5))
                    state <= s5;
                else state <= s0;
            default: state <= s0;
        endcase
    end
end
//get the time for displqy
```

```
    always@(*)
    begin
        case(state)
        s0: begin
            disp_SN<= T3 - 1 - cnt_sec;
            disp_EW<= T1 - 1 - cnt_sec;
        end
        s1: begin
            disp_SN<= T3 - 1 - cnt_sec;
            disp_EW<= T2 - 1 - cnt_sec;
        end
        s2: begin
            disp_SN<= T3 - 1 - cnt_sec;
            disp_EW<= T3 - 1 - cnt_sec;
        end
        s3: begin
            disp_EW<= T6 - 1 - cnt_sec;
            disp_SN<= T4 - 1 - cnt_sec;
        end
        s4: begin
            disp_EW<= T6 - 1 - cnt_sec;
            disp_SN<= T5 - 1 - cnt_sec;
        end
        s5: begin
            disp_EW<= T6 - 1 - cnt_sec;
            disp_SN<= T6 - 1 - cnt_sec;
        end
        default: begin
            disp_SN<= 4'hF;
            disp_EW<= 4'hF;
        end
        endcase
    end
    //control traffic light
    always@(*)
    begin
        case(state)
        s0: LED<= 6'b100001;
        s1: LED<= 6'b100010;
        s2: LED<= 6'b100100;
        s3: LED<= 6'b001100;
        s4: LED<= 6'b010100;
        s5: LED<= 6'b100100;
        default: LED<= 6'b000000;
        endcase
    end
endmodule
```

分别结合例3-4和例3-5对本设计的输入和输出指定引脚，然后进行综合、实现、生成配置文件、编程到Basys2开发板和Basys3开发板。下载到开发板后，观察最左边3个灯LD7～LD5和最右边3个灯LD2～LD0的状态，同时观察左、右2个数码管上的时间，并结合交通灯的功能要求来理解这些现象。

实战项目24 设计数字钟

【项目描述】 设计一个具有计时功能和校时功能的数字钟，完成小时、分钟和秒的计时，并且可以对小时和分钟校准。

要求：

(1) 最左边的2个数码管上显示小时数，最右边的2个数码管显示分钟数，秒的计时信息通过8个LED灯的亮灭表示。

(2) 使用BTN1和BTN0两个按键完成小时和分钟的校准。其中，BTN1用于切换5种模式：正常计时、小时十位校准、小时个位校准、分钟十位校准、分钟个位校准。在校准时，相应的位要闪烁。BTN0用于在校准时，调整的计数值。

多功能数字钟的实现如图6-11所示。

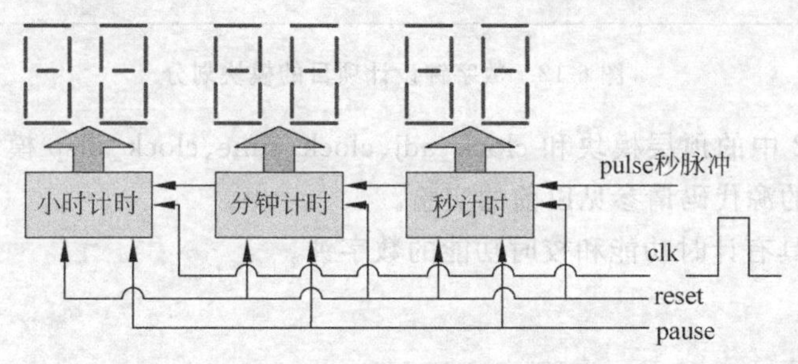

图6-11 多功能数字钟

【知识点】

(1) 计时、校时模块的实现方法。

(2) 校时模块和计时模块两者时间同步的方法。

(3) 校时过程中，被校准的位闪烁显示的方法。

(4) 计时时间、校时时间送液晶显示时的信息处理方法。

实战项目24.mp4
(8.77MB)

6.5 数字钟设计

本设计实现一个具有校时功能的数字钟，用3个模块实现：第一个模块clock_time使用1Hz作为时钟进行时间计数，如果校时，还需要将校时的信息送入时间计数器；第二个模块clock_adj完成小时和分钟的校时功能；第三个是显示模块clock_disp，功能是将小时、分钟和秒的时间值显示在数码管中,如果是校时模式,还需要将校时对应的数码管位闪烁。模块划分如图 6-12 所示。

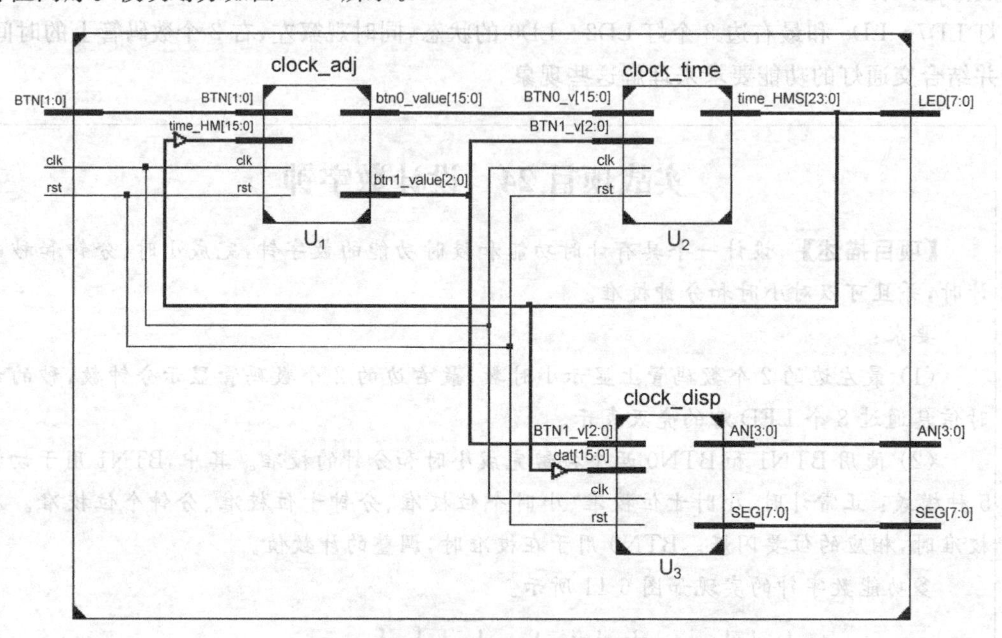

图 6-12 数字钟设计项目的模块划分

实现图 6-12 中的顶层模块和 clock_adj、clock_time、clock_disp 模块,代码如例 6-8 所示,其他模块的源代码请参见以前的实验。

【例 6-8】 具有计时功能和校时功能的数字钟。

```
//顶层模块
module P24_Clock_top(clk,rst,BTN,SEG,AN,LED);
    input clk;
    input rst;
    input[1:0] BTN;
    output[7:0] SEG;
    output[3:0] AN;
    output[7:0] LED;
    wire[15:0] adj_time;
    wire[2:0] zz1;
    wire[15:0] disp;
    wire[23:0] HMS;
    //时、分、秒信息分配
    assign {disp,LED} = HMS;
    clock_adj U1(.clk(clk),
                 .rst(rst),
                 .BTN(BTN),
                 .time_HM(disp),
                 .btn1_value(zz1),
                 .btn0_value(adj_time));
    clock_time U2(.clk(clk),
```

```
                .rst(rst),
                .BTN1_v(zz1),
                .BTN0_v(adj_time),
                .time_HMS(HMS));
    clock_disp U3(.clk(clk),
                .rst(rst),
                .BTN1_v(zz1),
                .dat(disp),
                .SEG(SEG),
                .AN(AN));
endmodule
//按键校时模块
//btn1 用于模式设置:
//共 5 种模式,包括正常计时、校准分个位、校准分十位、校准时个位、校准时十位
//btn0 用于设置小时或分钟的当前计数值
//校时要注意时间值不能超过 24 时
module clock_adj(clk,rst,BTN,time_HM,btn1_value,btn0_value);
    input clk;
    input rst;
    input[1:0] BTN;
    input[15:0] time_HM;
    output reg[15:0]btn0_value;          //校准的时间值
    output reg[2:0] btn1_value;          //键值取 0、1、2、3、4
    //按键消抖
    wire[1:0] btn_deb;
    IP_BTN_deb U11(.BTN_deb(btn_deb[0]),
                .rst(rst),
                .clk(clk),
                .BTN0(BTN[0]));
    IP_BTN_deb U12(.BTN_deb(btn_deb[1]),
                .rst(rst),
                .clk(clk),
                .BTN0(BTN[1]));
    //获取当前时间值,校准
    reg[1:0] btn_r;
    always@(posedge clk)
            btn_r<= btn_deb;             //寄存 btn 前值
    always@(posedge clk,posedge rst) begin
        if(rst) begin
            btn0_value<= 0;
        end
        else begin
            if(^btn_deb)
                    btn0_value<= time_HM;    //获得当前小时分钟值,校时在此基础上进行
            if((btn_deb[0] == 1)&(btn_r[0] == 0)) begin      //判断键 0 是否按下(上升沿)
                if(btn1_value == 4) begin
                    if(btn0_value[15:12] == 2) btn0_value[15:12]<= 0;      //值 0~2
                    else btn0_value[15:12]<= btn0_value[15:12] + 1;
```

```
                end
                else if(btn1_value == 3) begin
                    if(btn0_value[11:8] == 9) btn0_value[11:8]<= 0;    //值 0~9
                    else btn0_value[11:8]<= btn0_value[11:8] + 1;
                end
                else if(btn1_value == 2) begin
                    if(btn0_value[7:4] == 5) btn0_value[7:4]<= 0;       //值 0~5
                    else btn0_value[7:4]<= btn0_value[7:4] + 1;
                end
                else if(btn1_value == 1) begin
                    if(btn0_value[3:0] == 9) btn0_value[3:0]<= 0;       //值 0~9
                    else btn0_value[3:0]<= btn0_value[3:0] + 1;
                end
                else ;
            end
        end
    end
    //模式选择：正常、校准分个位、校准分十位、校准时个位、校准时十位
    always@(posedge clk,posedge rst)
        if(rst) btn1_value <= 0;
        else begin
            if((btn_deb[1] == 1)&(btn_r[1] == 0)) begin      //判断键 1 是否按下(上升沿)
                if(btn1_value == 3'b100) btn1_value <= 3'b000;       //按键值 0、1、2、3、4
                else btn1_value <= btn1_value + 1;
            end
        end
endmodule
//计时模块,得到时间值：时、分、秒
//注意：校准时间时,正常秒计时并没有停止
module clock_time(clk,rst,BTN1_v,BTN0_v,time_HMS);
    input clk;
    input rst;
    input[2:0] BTN1_v;
    input[15:0] BTN0_v;
    output[23:0] time_HMS;
    //分频产生 1Hz 频率的模块调用
    wire clk_1Hz;
    IP_1Hz U21(.clk_50MHz(clk),
               .rst(rst),
               .clk_1Hz(clk_1Hz));
    //计时,得到时间值：时、分、秒
    reg[3:0] H_H,H_L,M_H,M_L,S_H,S_L;
    reg clk_SH,clk_ML,clk_MH,clk_HL,clk_HH;
    assign time_HMS = {H_H,H_L,M_H,M_L,S_H,S_L};                        //时间：时、分、秒
    always@(posedge clk_1Hz, posedge rst) begin                          //秒：个位
        if(rst) begin
            S_L <= 0;
            clk_SH <= 0;
```

```
        end
        else begin
            if(S_L==9) begin
                S_L<=0;
                clk_SH<=1;
            end
            else begin
                S_L<=S_L+1;
                clk_SH<=0;
            end
        end
    end
    always@(posedge clk_SH, posedge rst) begin                    //秒：十位
        if(rst) begin
            S_H<=0;
            clk_ML<=0;
        end
        else begin
            if(S_H==5) begin
                S_H<=0;
                clk_ML<=1;
            end
            else begin
                S_H<=S_H+1;
                clk_ML<=0;
            end
        end
    end
    always@(posedge clk_ML, negedge clk, posedge rst) begin       //分钟：个位
        if(rst) begin
            M_L<=0;
            clk_MH<=0;
        end
        else begin
            if(!clk) begin
                if(BTN1_v==3'b001)                                //校时,并立即显示
                        M_L<=BTN0_v[3:0];
            end
            else begin                                            //正常计数
                if(M_L==9) begin
                    M_L<=0;
                    clk_MH<=1;
                end
                else begin
                    M_L<=M_L+1;
                    clk_MH<=0;
                end
            end
```

```
            end
        end
        always@(posedge clk_MH, negedge clk, posedge rst) begin         //分钟: 十位
            if(rst) begin
                M_H<=0;
                clk_HL<=0;
            end
            else begin
                if(!clk) begin
                    if(BTN1_v==3'b010)                                     //校时,并立即显示
                      M_H<=BTN0_v[7:4];
                end
                else begin                                                 //正常计数
                    if(M_H==5) begin M_H<=0;clk_HL<=1; end
                    else begin M_H<=M_H+1;clk_HL<=0; end
                end
            end
        end
    always@(posedge clk_HL, negedge clk, posedge rst) begin             //小时: 个位
            if(rst) begin
                H_L<=0;
                clk_HH<=0;
            end
            else begin
                if(!clk) begin
                    if(BTN1_v==3'b011)                                     //校时,并立即显示
                          H_L<=BTN0_v[11:8];
                end
                else begin                                                 //正常计数
                    if(H_H==2) begin                                       //小时十位为2时
                        if(H_L==3) begin
                            H_L<=0;
                            clk_HH<=1;
                        end
                        else begin
                            H_L<=H_L+1;
                            clk_HH<=0;
                        end
                    end
                    else begin                                             //小时十位不为2时
                        if(H_L==9) begin
                            H_L<=0;
                            clk_HH<=1;
                        end
                        else begin
                            H_L<=H_L+1;
                            clk_HH<=0;
                        end
```

```
            end
        end
    end
end
always@(posedge clk_HH, negedge clk, posedge rst) begin  //小时：十位
    if(rst) H_H<=0;
        else begin
            if(!clk) begin
                if(BTN1_v==3'b100)                    //校时,并立即显示
                  H_H<=BTN0_v[15:12];
            end
            else begin                                //正常计数
                if(H_H==2) H_H<=0;
                else H_H<=H_H+1;
            end
        end
    end
endmodule
//显示模块,校时的时候,相应的数码管需要闪烁
module clock_disp(clk,rst,BTN1_v,dat,SEG,AN);
    input clk;
    input rst;
    input[2:0] BTN1_v;
    input[15:0]dat;
    output reg[7:0] SEG;
    output reg[3:0] AN;
    //分频得到 190Hz
    wire clk_190Hz;
    reg[17:0] clkdiv;
    always @(posedge clk or posedge rst)
        if(rst) clkdiv<=0;
        else clkdiv<=clkdiv+1;
    assign clk_190Hz=clkdiv[17];                      //2^18 分频,约 190Hz
    //显示处理
    reg[3:0] disp;
    reg[1:0] seg7_ctl;
    reg[5:0] BTN_cnt;                                 //用于按键计数,用于控制灯的闪烁
    always@(posedge clk_190Hz,posedge rst) begin
        if(rst) begin
            seg7_ctl<=0;
            BTN_cnt<=0;
        end
        else begin
            seg7_ctl<=seg7_ctl+1;
            BTN_cnt<=BTN_cnt+1;
            case(seg7_ctl)
                2'b00: if(BTN1_v==3'b001) begin       //校时闪烁,通过调慢频率实现
                          if(BTN_cnt[5]) begin
```

```
                    AN <= 4'b1110;
                    disp <= dat[3:0];
                end
              end
              else begin
                AN <= 4'b1110;
                disp <= dat[3:0];
              end
        2'b01: if(BTN1_v == 3'b010) begin         //校时闪烁,通过调慢频率实现
                if(BTN_cnt[5]) begin
                    AN <= 4'b1101;
                    disp <= dat[7:4];
                end
              end
              else begin
                AN <= 4'b1101;
                disp <= dat[7:4];
              end
        2'b10: if(BTN1_v == 3'b011) begin         //校时闪烁,通过调慢频率实现
                if(BTN_cnt[5]) begin
                    AN <= 4'b1011;
                    disp <= dat[11:8];
                end
              end
              else begin
                AN <= 4'b1011;
                disp <= dat[11:8];
              end
        2'b11: if(BTN1_v == 3'b100) begin         //校时闪烁,通过调慢频率实现
                if(BTN_cnt[5]) begin
                    AN <= 4'b0111;
                    disp <= dat[15:12];
                end
              end
              else begin
                AN <= 4'b0111;
                disp <= dat[15:12];
              end
      endcase
    end
  end
  always@(disp)
  case(disp)
    0: SEG <= 8'b11000000;                        //0
    1: SEG <= 8'b11111001;                        //1
    2: SEG <= 8'b10100100;                        //2
    3: SEG <= 8'b10110000;                        //3
    4: SEG <= 8'b10011001;                        //4
```

```
            5: SEG <= 8'b10010010;                    //5
            6: SEG <= 8'b10000010;                    //6
            7: SEG <= 8'b11111000;                    //7
            8: SEG <= 8'b10000000;                    //8
            9: SEG <= 8'b10010000;                    //9
            10: SEG <= 8'b10001000;                   //A
            11: SEG <= 8'b10000011;                   //B
            12: SEG <= 8'b11000110;                   //C
            13: SEG <= 8'b10100001;                   //D
            14: SEG <= 8'b10000110;                   //E
            15: SEG <= 8'b10001110;                   //F
            default: SEG <= 8'b11000000;              //默认为0
        endcase
endmodule
```

分别结合例3-4和例3-5对本设计的输入和输出指定引脚，然后进行综合、实现、生成配置文件、编程到Basys2开发板和Basys3开发板。观察4个数码管上的计时信息，同时按BTN1和BTN0 2个按键，观察4个数码管上的变化，结合可校时数字钟的功能要求来理解这些现象。

本设计实现的实验现象是：最左边的2个数码管上显示小时数，最右边的2个数码管显示分钟数，秒的计时信息通过8个LED灯的亮灭表示。当按下BTN1时，对分的十位进行校准，该位应闪烁；再按一下BTN1，是对分的个位进行校准，分的个位应该闪烁；再按一下BTN1，是对小时的个位进行校准，小时的个位应该闪烁；再按一下BTN1，是对小时的个位进行校准，小时的个位应该闪烁；再按一下BTN1，恢复计时状态。在校准状态，按下BTN0时，相应的时间位加1。请读者观察实验是否达到了上述效果。

实战项目25 设计频率计

【项目描述】 设计频率计，用于测量频率，测频范围1～9999Hz。

要求：

(1) 每4s测量1次。其中，1s用于测量，3s用于显示。测量时，读数不变化；测量结束后，结果显示3s，之后重新测量。

(2) 每次测量无须复位，采用4个数码管显示。

(3) 当测量频率大于9999Hz时，显示EEEE，表示越限。

(4) 将50MHz的系统时钟信号分频，得到1个低频信号。该信号可以通过按键BTN0设定16种不同的频率值，并用所设计的频率计测量所产生的低频信号的频率。

【知识点】

(1) 频率测量的原理和方法。

(2) 测量频率时，频率的获取与显示方法。

(3) 使用按键控制输出不同频率的方法。

实战项目25.mp4
(3.32MB)

6.6 频率计设计

在 1s 内对被测信号的上升沿计数,得到被测信号的频率。因此,将周期为 2s 的信号作为使能信号,高电平使能,对被测信号计数;低电平不使能,复位计数器,为重新计数做准备。

可以设置每次测得的频率要显示多长时间,还可以设置每隔多久重新测频。例如,本例设置 1s 测频,随后的 3s 用于显示该值;然后再测频,即每隔 4s 进行一次测频。

本设计规划 4 个模块:第一个模块 freq_SignalGen 产生不同频率的方波信号;该方波信号作为第二个模块 freq_measure 的待测频率信号,进行频率的测量;第三个模块 freq_process 完成将频率测量结果转换成数码管显示的数据;第四个模块 IP_seg7_2 完成频率数据的显示。模块划分如图 6-13 所示。

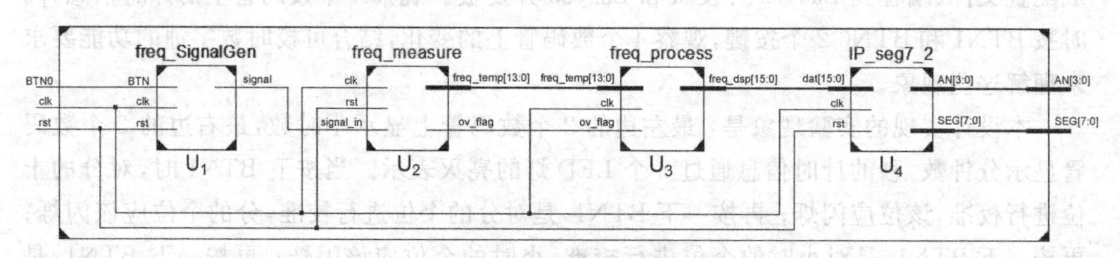

图 6-13 频率计设计项目的模块划分

实现图 6-13 中的顶层模块和 freq_SignalGen、freq_measure、freq_process 模块,代码如例 6-9 所示,其他模块的源代码请参见以前的实验。

【例 6-9】 频率计。

```
//顶层模块
module P25_Freqmeter_top (clk,rst,BTN0,SEG,AN);
    input clk;                        //clk:50MHz
    input rst;
    input BTN0;                       //使用该按键次数不同,产生一系列频率不同的信号
    output[7:0] SEG;
    output[3:0] AN;
    wire[15:0] freq_dsp;              //0 - 9999
    wire[13:0] freq_temp;             //0 - 9999
    wire signal,ov_flag;
    freq_SignalGen U1(.clk(clk),
                      .rst(rst),
                      .BTN(BTN0),
                      .signal(signal));
    freq_measure U2(.clk(clk),
                    .rst(rst),
                    .sigal_in(signal),
```

```
                    .ov_flag(ov_flag),
                    .freq_temp(freq_temp));
    freq_process U3(.clk(clk),
                    .ov_flag(ov_flag),
                    .freq_temp(freq_temp),
                    .freq_dsp(freq_dsp));
    IP_seg7_2 U4(.clk(clk),
                 .rst(rst),
                 .dat(freq_dsp),
                 .SEG(SEG),
                 .AN(AN));
endmodule
//信号产生模块,通过按键设定不同频率的信号
module freq_SignalGen(clk,rst,BTN,signal);
    input clk,rst,BTN;
    output signal;
    //按键消抖
    wire btn_deb;
    IP_BTN_deb U11(.BTN_deb(btn_deb),
                   .rst(rst),
                   .clk(clk),
                   .BTN0(BTN));
    //获取当前按键次数：按一次,加 1 计数
    //根据按键产生 16 个不同频率的信号
    reg[3:0] btn_value;                          //键值取 0～15
    always@(posedge btn_deb, posedge rst)
    begin
        if(rst) btn_value <= 0;
        else btn_value <= btn_value + 1;
    end
    //设定频率值：1Hz～12kHz
    reg[25:0] clkdiv;
    assign signal = clkdiv[btn_value + 11];
    always@(posedge clk, posedge rst)
        if(rst) clkdiv <= 0;
        else clkdiv <= clkdiv + 1;
endmodule
//测频模块
module freq_measure(clk,rst,sigal_in,ov_flag,freq_temp);
    input clk,rst;
    input sigal_in;
    output reg ov_flag;
    output reg[13:0] freq_temp;                  //0 - 9999
    //分频模块得到的 clkh_1s 是周期为 2s,占空比为 50% 的信号
    reg clkh_1s;
    reg[25:0] cnt;
    always@(posedge clk or posedge rst) begin
        if(rst) begin
```

```
            clkh_1s<=0;
            cnt<=0;
        end
        else begin
            if(cnt==50000000) begin
                cnt<=0;
                clkh_1s<=~clkh_1s;
            end
            else cnt<=cnt+1;
        end
    end
    //测频
    reg[13:0] freq_value;
                    //要求涵盖仪器所能测量频率的最大值。根据最大值,可能需要调整该位数
    reg delay;                                                      //取值为 0、1
    always@(posedge clkh_1s or posedge rst) begin
        if(rst) delay<=0;
        else delay<=~delay;                                         //delay 周期为 2s
    end
    always@(posedge sigal_in or posedge rst) begin
     if(rst) begin
            freq_value<=0;
            ov_flag<=0;
     end
     else begin
        if(delay==0)freq_value<=0;
            else if(delay==1) begin                                 //2s 中的 1s 完成测频
                if(clkh_1s) freq_value<=freq_value+1;               //1s 完成测频

                    else freq_temp<=freq_value;                     //disply
                end
            if(freq_temp>9999) ov_flag<=1;
            else ov_flag<=0;
        end
    end
endmodule
//获取并显示频率值
module freq_process(clk,ov_flag,freq_temp,freq_dsp);
    input clk,ov_flag;
    input[13:0] freq_temp;
    output[15:0] freq_dsp;
    reg[3:0] geAN,shiAN,baiAN,qianAN;
    wire[3:0] SM0,SM1,SM2,SM3;
    integer i,j,m;
    reg[13:0] freq_disp;
    always@(posedge clk) begin
        if(ov_flag) begin
            geAN=4'hE;
            shiAN=4'hE;
            baiAN=4'hE;
            qianAN=4'hE;
        end
```

```
        else begin
            freq_disp = freq_temp;
            for(i = 0;i < 10;i = i + 1)
                if(((i * 1000)< = freq_disp)&(((i + 1) * 1000)> freq_disp))
                  qianAN = i;
            freq_disp = freq_disp - qianAN * 1000;
            for(j = 0;j < 10;j = j + 1)
                if(((j * 100)< = freq_disp)&(((j + 1) * 100)> freq_disp))
                  baiAN = j;
            freq_disp = freq_disp - baiAN * 100;
            for(m = 0;m < 10;m = m + 1)
                if(((m * 10)< = freq_disp)&(((m + 1) * 10)> freq_disp))
                  shiAN = m;
            geAN = freq_disp - shiAN * 10;
        end
    end
    //display
    assign SM3 = (qianAN == 0)? 4'hF:qianAN;
    assign SM2 = ((qianAN == 0)&(baiAN == 0))? 4'hF:baiAN;
    assign SM1 = ((qianAN == 0)&(baiAN == 0)&(shiAN == 0))? 4'hF:shiAN;
    assign SM0 = geAN;
    assign freq_dsp = {SM3,SM2,SM1,SM0};
endmodule
```

分别结合例3-4和例3-5对本设计的输入和输出指定引脚，然后进行综合、实现、生成配置文件、编程到Basys2开发板和Basys3开发板。下载到开发板后，观察4个数码管上的信息，同时按键BTN0，观察4个数码管上信息的变化，并结合频率计的功能要求来理解这些现象。

实战项目26 设计信号发生器

【项目描述】 输出一个正弦波信号。

要求：

(1) 自制ROM，其中的数据为正弦波。

(2) 使用BTN0按键产生4个不同频率的方波，初始时为 f，每按一次按键，频率缩小一半，分别为 $f/2$、$f/4$、$f/8$。

(3) 使用4种频率控制ROM数据输出的速度，产生不同频率的正弦波信号。

【知识点】

(1) 使用该ROM产生正弦波的方法。

(2) ISE自带IP核的使用方法。

(3) ISE内嵌逻辑分析仪ChipScope的使用方法。

(4) 使用逻辑分析仪分析开发板中FPGA产生信号的方法。

6.7 信号发生器设计

6.7.1 正弦波信号发生器设计

Spartan3E-100 CP132 芯片包含 240 个 CLB,每个 CLB 包含 4 个 Slice,每个 Slice 包含 2 个 LUT,每个查找表均为 4 输入(即 16bit),有一半的 LUT 可用作分布式 RAM,所以分布式 RAM/ROM 的最大容量为 240×4×2×2B/2=1920B。

块 RAM 的容量为 73728bit=9216B。

设计信号发生器时,非常重要的是将波形数据存储在存储器中。根据上面关于芯片内部 RAM 的说明,使用自制 ROM、分布式 RAM 或块 RAM 时,可结合存储数据对容量的要求做出选择。本节仅使用自制 ROM 来存储波形数据。使用分布式 RAM 或块 RAM 来存储波形数据,留给读者完成。

本设计可规划 2 个模块:第一个模块 sin_freq 产生不同频率的方波信号;这些方波信号作为第二个模块 sin_rom 的时钟信号,将存储在 ROM 中的正弦波信号输出。于是,通过作为 ROM 时钟的不同频率的方波信号,得到不同频率的正弦波信号。模块划分如图 6-14 所示。

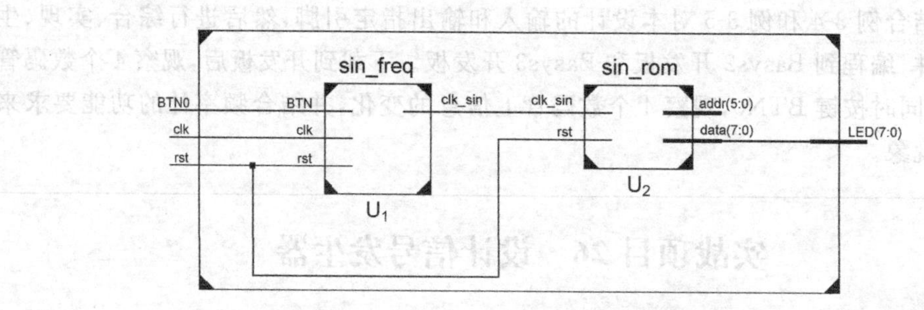

图 6-14 信号发生器设计项目的模块划分

实现图 6-14 中的顶层模块和 sin_freq、sin_rom 模块,代码如例 6-10 所示,其他模块的源代码请参见以前的实验。

【例 6-10】 正弦波产生代码。

```
//顶层模块
module P26_Sin_top(clk,rst,BTN0,LED);
    input clk,rst,BTN0;
    output[7:0] LED;
    wire sin;
    wire[5:0] addr;
    sin_freq U1(.clk(clk),
                .rst(rst),
                .BTN(BTN0),
```

```
                .clk_sin(sin));
    sin_rom U2(.clk_sin(sin),
                .rst(rst),
                .addr(addr),
                .data(LED));
endmodule
//产生 ROM 的地址和数据
module sin_rom(clk_sin,rst,addr,data);
    parameter N = 6;
    parameter M = 8;
    input clk_sin,rst;
    output[N - 1:0] addr;
    output[M - 1:0] data;
    reg[N - 1:0] addr_r;
    reg[M - 1:0] memory[0:2 * * N - 1];
    integer i;
    //含 64 个数据的正弦波
    parameter rom_init = {8'd255,8'd254,8'd252,8'd249,8'd245,8'd239,8'd233,8'd225,
                          8'd217,8'd207,8'd197,8'd186,8'd174,8'd162,8'd150,8'd137,
                          8'd124,8'd112,8'd99,8'd87,8'd75,8'd64,8'd53,8'd43,
                          8'd34,8'd26,8'd19,8'd13,8'd8,8'd4,8'd1,8'd0,
                          8'd0,8'd1,8'd4,8'd8,8'd13,8'd19,8'd26,8'd34,
                          8'd43,8'd53,8'd64,8'd75,8'd87,8'd99,8'd112,8'd124,
                          8'd137,8'd150,8'd162,8'd174,8'd186,8'd197,8'd207,8'd217,
                          8'd225,8'd233,8'd239,8'd245,8'd249,8'd252,8'd254,8'd255};
    //初始化存储器,并根据正弦波频率产生数据
    assign data = memory[addr_r];
    assign addr = addr_r;
    always@(posedge rst,posedge clk_sin)
    begin
        if(rst) begin
            addr_r <= 0;
            for(i = 0;i <(2 * * N);i = i + 1)          //初始化存储器
                memory[i] <= rom_init[(M * (2 * * N) - 1 - M * i) - :M];  //从最高位开始选
                                                                          //取 M 位

        end
        else addr_r <= addr_r + 1;
    end
endmodule
//键控正弦波的频率
module sin_freq(clk,rst,BTN,clk_sin);
    input clk,rst,BTN;
    output clk_sin;
    //按键消抖
    wire btn_deb;
    IP_BTN_deb U11(.BTN_deb(btn_deb),
                    .rst(rst),
                    .clk(clk),
                    .BTN0(BTN));
```

```
    reg[1:0] btn_v;                          //键值取 0~3
    reg[3:0] cnt;                            //用于产生正弦波频率
    //获取当前按键次数: 按一次,加 1 计数
    always@(posedge btn_deb, posedge rst)
        if(rst) btn_v <= 0;
        else btn_v <= btn_v + 1;
    //产生正弦波频率
    assign clk_sin = cnt[btn_v];
    always@(posedge clk, posedge rst)
        if(rst) cnt <= 0;
        else cnt <= cnt + 1;
endmodule
```

根据上述代码分析得知,正弦波数据为 64 个,初始作为 ROM 的时钟信号的频率为 50MHz 的 2 分频 25MHz,因此本例产生的正弦波的最大频率为 25MHz/64=390kHz。

【例 6-11】 正弦波引脚约束。

```
#pin assignment for clock
NET "clk" LOC = B8;                          //MCLK
#pin assignment for LEDs
NET "LED[0]" LOC = M5;                       //LD0
NET "LED[1]" LOC = M11;                      //LD1
NET "LED[2]" LOC = P7;                       //LD2
NET "LED[3]" LOC = P6;                       //LD3
NET "LED[4]" LOC = N5;                       //LD4
NET "LED[5]" LOC = N4;                       //LD5
NET "LED[6]" LOC = P4;                       //LD6
NET "LED[7]" LOC = G1;                       //LD7
#pin assignment for pushbotton switches
NET "BTN0" LOC = G12;                        //BTN0
NET "rst" LOC = A7;                          //BTN3
```

6.7.2 内嵌逻辑分析仪 ChipScope 的使用

ChipScopePro 是 Xilinx ISE 提供的在线逻辑分析仪。ChipScope Pro 核生成器的作用是根据设定条件生成在线逻辑分析仪的 IP 核,然后设计人员在原 HDL 代码中实例化生成的核,再布局布线、下载配置文件,就可以利用 ChipScope Pro 分析仪设定触发条件、观察信号波形。

ChipScopePro 提供了 7 类不同的核资源。其中,ICON 核、ILA 核、VIO 核以及 ATC2 核应用广泛。

ICON 核用于控制。只有 ICON 核具备和 JTAG 边界扫描端口通信的能力,因此 ICON 核是必不可少的关键核。

ILA 核提供触发和跟踪功能,根据用户设置的触发条件捕获数据,然后在 ICON 的控制下,通过边界扫描接口将数据上传到 PC,最后在 analyzer 中显示信号波形。由于

ILA 核和被监控设计是同步的，设计中的所有时钟约束会被添加到相应的 ILA 核中。在 ChipScopePro 提供的 7 类核资源中，ILA 核的使用频率最高。

ChipScopePro 的原理是：在综合完的网表里插入用于采集数据的 core(包括 ILA 和 ICON)。插入的方式，可以用 core inserter，也可以用 core generator，只不过后者需要在源代码中实例化。用 core inserter 更快捷，基本上就是选择要观察的信号以及触发源、时钟等，运行之后，自动生成一个新的网表文件；再用这个网表在 ISE 里布局布线，生成下载文件，通过 JTAG 方式下载到芯片里运行。在芯片运行的过程中，如果选择的触发源发生跳变，或满足触发条件，芯片里的 core 会将要观察的信号采集并存储在芯片内的 RAM(也可以是 FF)中，然后通过 JTAG 口将采集到的信号上传到 PC，最后在 PC 的 ChipScope analyzer 界面中以波形方式显示出来。

总结来说，ChipScope 可以理解为 FPGA 中的一个 IP 核，但是是一种在线调试用的核，所以必须以硬件的连接为基础。ChipScope 利用植入 FPGA 的 ILA 和 ICON 这两个 core，并使用 JTAG 数据线传回数据的方式来观察、调试、设计。

下面说明为本节设计的正弦波信号发生器添加 ChipScope 文件的详细步骤。

第一步：在工程区域右击，在弹出的快捷菜单中，选择 New Source 命令，在弹出的对话框中选择 ChipScope Definition and Connection File 类型的文件，并命名为 sin_chipscore，如图 6-15 所示。

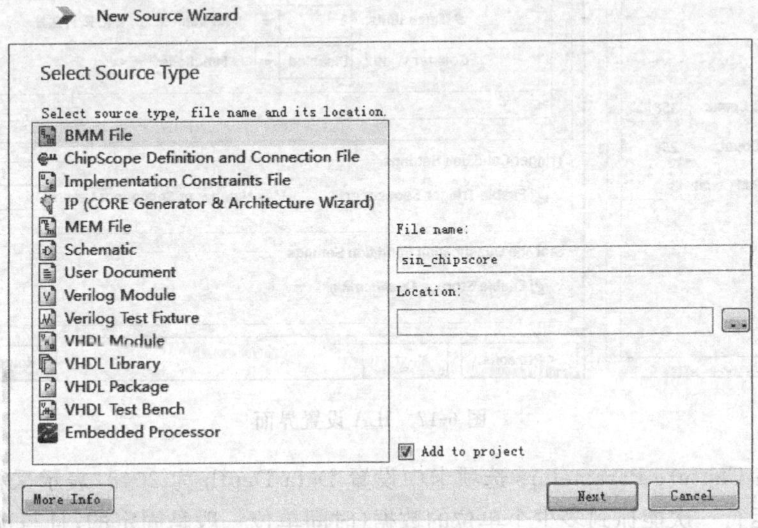

图 6-15　新建 ChipScope 文件

第二步：在图 6-15 中，单击 Next 按钮，打开 sin_chipscore. cdc 文件，进入 Core Inserter 界面。选择 New ILA Unit，插入 ILA 核，如图 6-16 所示。

第三步：在图 6-16 中，在 DEVICE 下选择 U0:ILA，如图 6-17 所示。

在图 6-17 中按下述几项逐一设置。

(1) 在 Trigger Parameters 选项卡中设置 Trigger Width 为 8，表示可测试信号的位数。

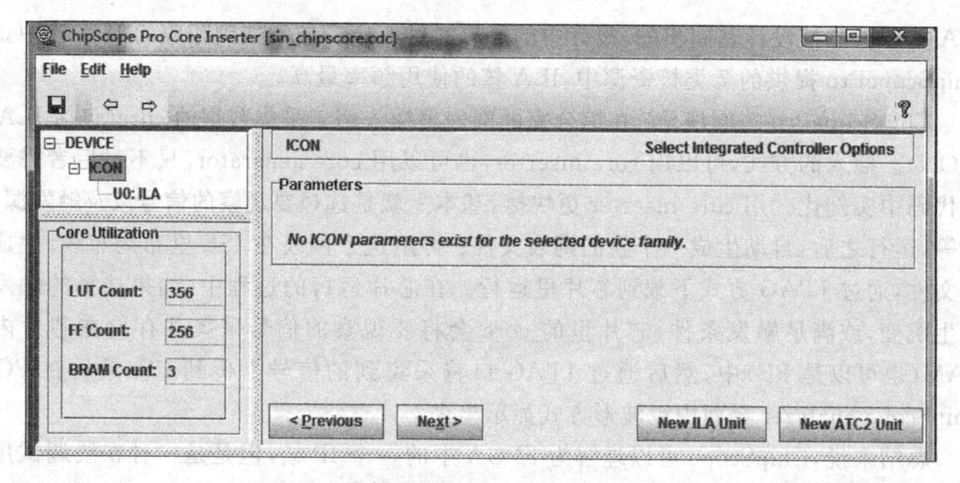

图 6-16 插入 ILA 核

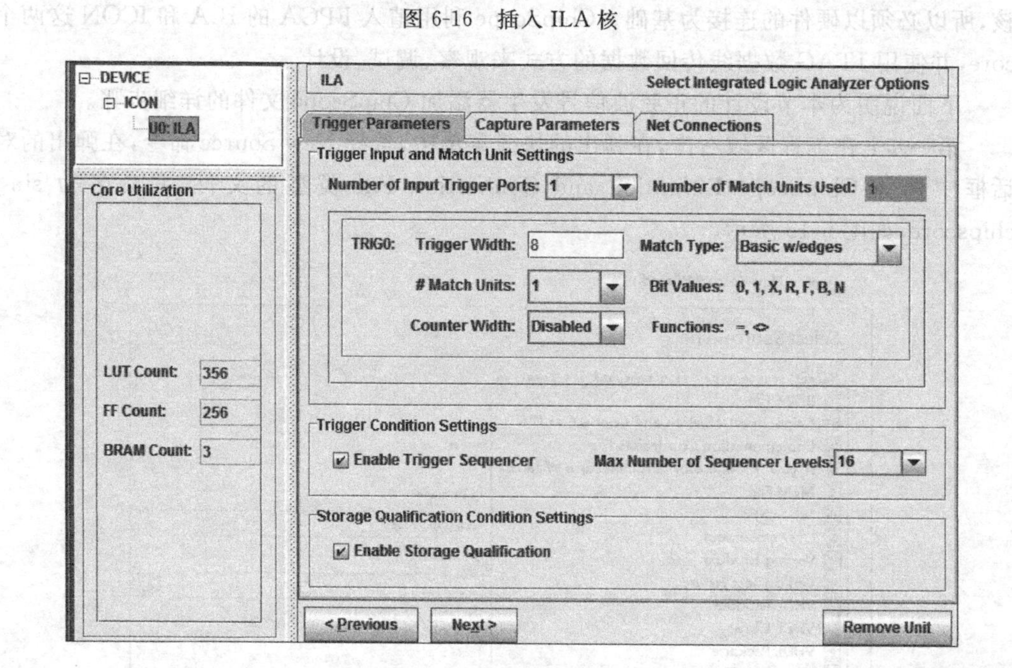

图 6-17 ILA 设置界面

(2) 在 Capture Parameters 选项卡中设置 Data Depth 为 2048,表示采样的深度,可以理解为运行一次能抓到多少个单位的数据(时间单位一般是固定的,且与选择的时钟有关);同时选择时钟的上升沿或者下降沿(分别对应 Rising 和 Falling),这一项选默认值。

(3) 在 Net Connections 选项卡中进行时钟和信号的连接设置。单击 Modify Connections,进入设置界面。

① Clock Signals 表示需要采样的时钟信号。一般选择最高频率的那个时钟,而且尽量避免出现跨时钟域采样信号的情况。

② Trigger/Data Signals 表示需要采样的数据,在左侧选中后单击右侧的 Make Connections 即可。把所有关心的信号连接完后,单击 OK 按钮,返回到设置界面,如图 6-18 所示。

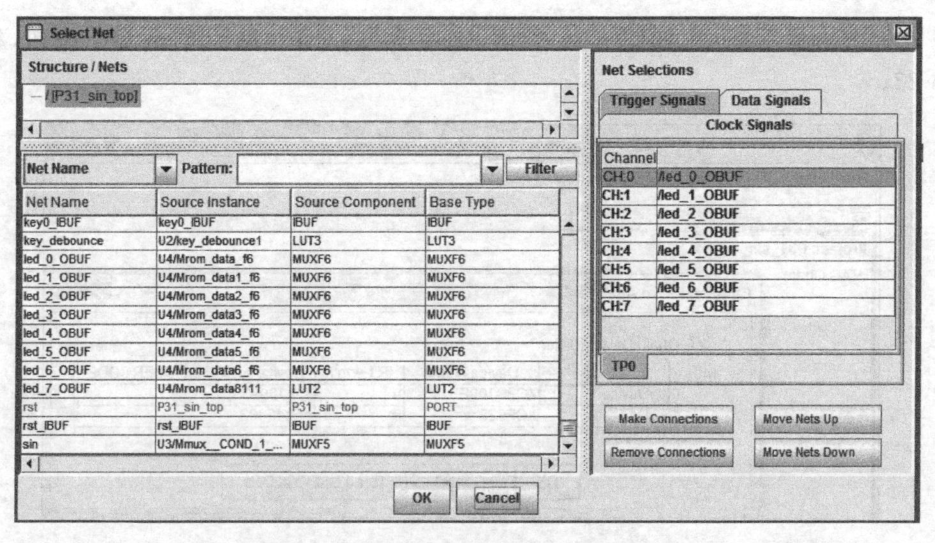

图 6-18　信号连接设置

(4) 此时,信号选择完毕,单击 Return to Project Navigator 并在弹出的询问是否保存的提示框中选择"是",返回 ISE 环境。

第四步:在返回的 ISE 环境中单击 Configure Target Device,重新布局布线,并生成下载文件。其下载方式和普通的下载方式一样,此处不再赘述。

第五步:在 ChipScope 中抓信号波形进行分析。

(1) 在 ISE 环境下双击 Analyze Design Using ChipScope,进入 ChipScope 环境,如图 6-19 所示。

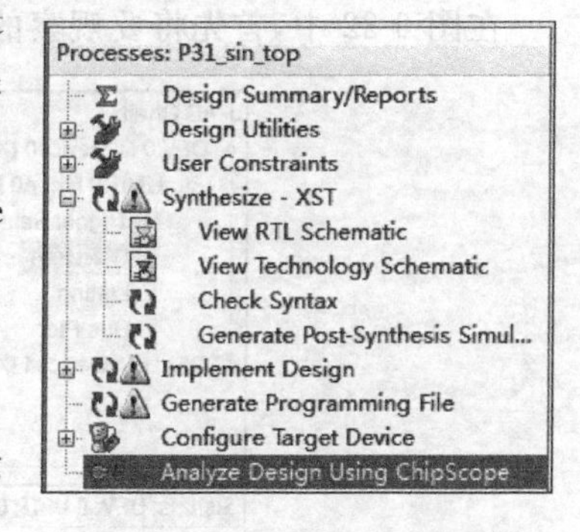

图 6-19　进入 ChipScope 环境

(2) 单击 Open Cable/Search JTAG Chain,如图 6-20 所示。

图 6-20　打开 ChipScope 界面

在弹出的提示框中,如图 6-21 所示,选中 MyDevice0,然后单击 OK 按钮,得到图 6-22。

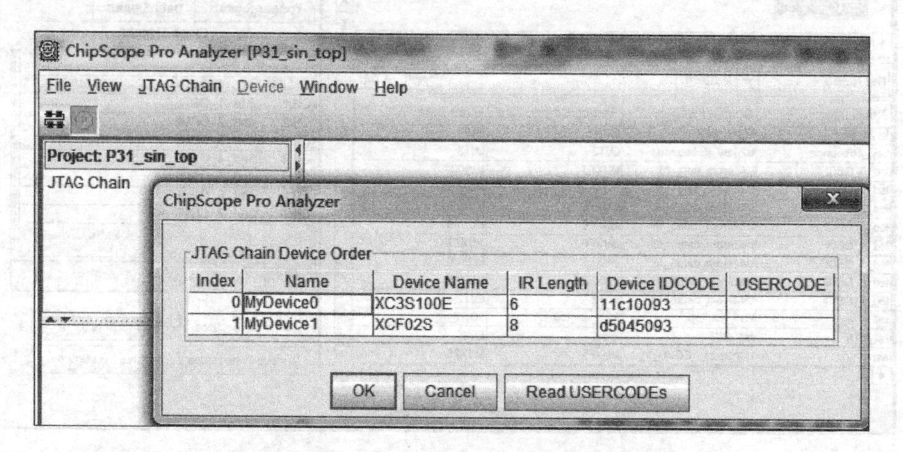

图 6-21 选择 JTAG 器件

在图 6-22 中,首先将要观察的 8 个信号设置成总线信号。

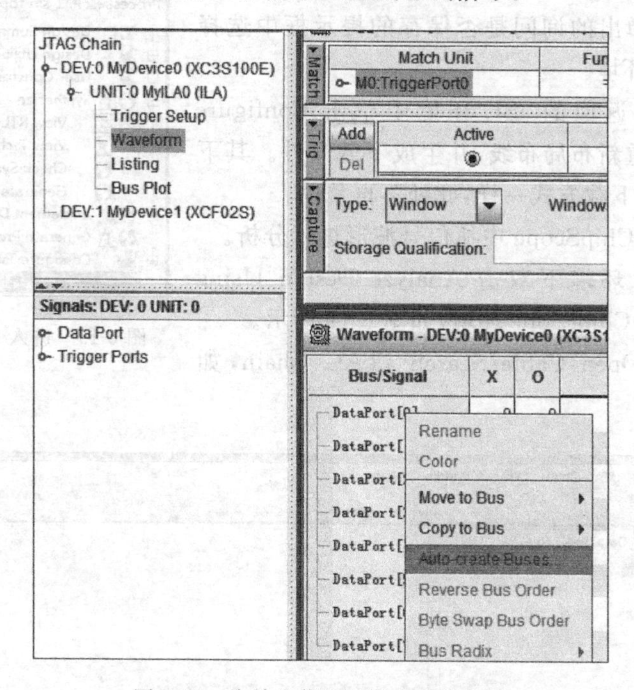

图 6-22 将单个信号设置成总线信号

然后,选择 Bus Plot,再单击“运行”按钮,就可以看到正弦波了,如图 6-23 和图 6-24 所示。图 6-23 和图 6-24 所示是按键控制产生的波形,这两个图形的频率相差 2 倍。

ChipScope 功能非常强大,上面仅介绍了使用 ChipScope 观察内部信号的一般方法。使用 ChipScope 进行调试分析的更多功能,感兴趣的读者可自行查阅相关书籍。

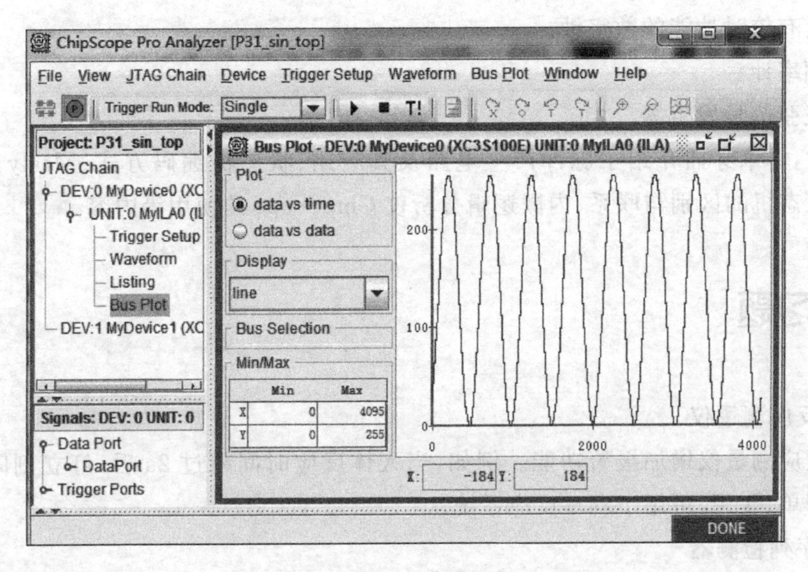

图 6-23　正弦波(1)

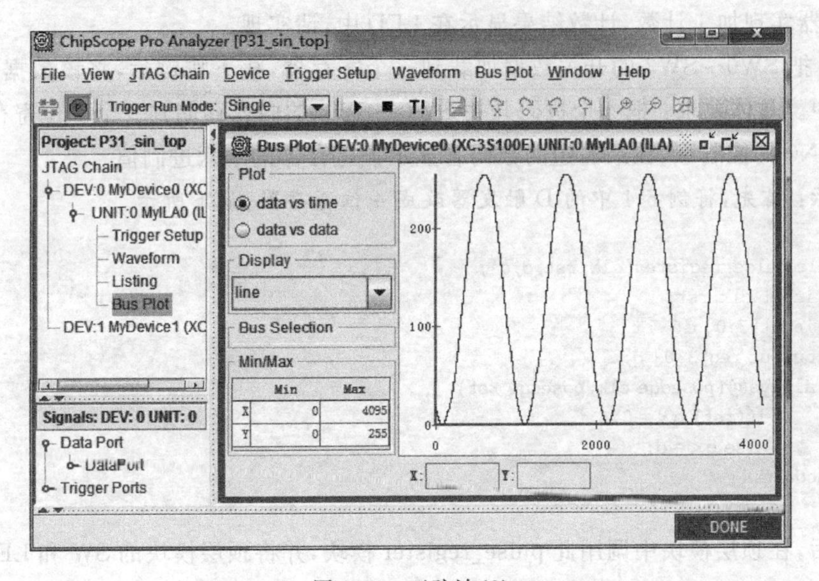

图 6-24　正弦波(2)

6.8　小结

本章介绍了一些比较复杂的数字系统设计项目,包括:

✓ 反应测量仪。

✓ 密码锁。

✓ 交通控制器。

✓ 具有校时功能的数字钟。

✓ 频率计。

✓ 正弦信号发生器。

同时,本章穿插介绍了脉冲产生电路及其应用、状态机编码方式、Mealy 状态机和 Moore 状态机的区别与联系、内嵌逻辑分析仪 ChipScope 的使用等内容。

6.9 习题

1. 反应测量仪

为反应测量仪增加报警功能。例如,当人体反应时间超过 2s 后,灯立刻闪烁报警。该功能简单、实用,可用于刹车反应系统。

2. 序列检测器

(1) 使用按键产生脉冲信号,该信号用做十六进制计数器的时钟信号。当按下按键时,计数器实现加 1 计数,计数结果显示在 LED 中,请实现。

(2) 把 SW0~SW3 的开关数据加载到一个寄存器,按下按键后,将该数据值显示在数码管中。具体要求:把 4 个拨码开关 SW0~SW3 的内容存储到一个 4 位寄存器中,在按键 BTN0 的控制下,在最右边的数码管显示该寄存器的十六进制值。

提示:首先,将例 6-4 中的 D 触发器改成 4 位寄存器,如下所示。

```
module pulse_register(clk,rst,d,q);
    input clk,rst;
    input[3:0] d;
    output reg[3:0] q;
    always@(posedge clk,posedge rst)
        if(rst) q<=0;
        else q<=d;
endmodule
```

然后,在顶层模块中调用此 pulse_register 模块,并将顶层模块的 SW 和 LED 均改成 4 位,实现本设计。请读者完成代码并在开发板上验证。当下载到开发板验证时,重复以下操作:拨动 SW0~SW3,观察 LD0~LD3 的变化;然后按下 BTN0,观察 LD0~LD3 的变化。

(3) 使用 Moore 状态机实现例 6-5 中的“110”序列检测器。要求首先绘制状态图,然后使用 Verilog 代码实现,并得到与例 6-5 一样的输出和效果。

提示:状态图由读者自行完成,参考代码如下所示。

```
//实现"110"检测,使用 Moore 有限状态机
module seq_moore(clk,rst,serialData,result);
```

```
    input clk,rst;
    input serialData;
    output result;
    //状态转换
    parameter s0 = 2'b00, s1 = 2'b01, s2 = 2'b10,s3 = 2'b11;
    reg[1:0] next_st;
    always@(posedge clk, posedge rst)
        if(rst) next_st <= s0;
        else begin
            case(next_st)
             s0: if(serialData == 1'b1) next_st <= s1;
                  else next_st <= s0;
             s1: if(serialData == 1'b1) next_st <= s2;
                  else next_st <= s0;
             s2: if(serialData == 1'b1) next_st <= s2;
                  else next_st <= s3;
             s3: if(serialData == 1'b1) next_st <= s1;
                  else next_st <= s0;
                default: next_st <= s0;
            endcase
        end
    //输出
    assign result = (next_st == s3)? 1:0;
endmodule
```

(4) 分别使用Mealy状态机和Moore状态机实现“1101”序列检测器。

3. 密码锁

(1) 像公共场所的密码锁一样，改由按键设置密码后上锁，重新输入相同的密码开锁。

(2) 增加数码管显示4位密码，初始显示“----”。每输入1位密码，则从左至右减少一个“-”，用以说明此位已输入。

(3) 在(2)的基础上，通过一个按键控制显示密码还是隐藏密码。当需要显示输入的密码时，将输入的密码显示在数码管上。

4. 交通灯控制器

请根据实际的交通灯信号配时，提出一种信号配时方案。结合本节给出的设计思路，实现该方案，并在开发板上验证。

5. 数字钟

完善数字钟功能，增加闹钟功能和整点报时功能。闹钟功能可以使用LED闪烁表示时间到；整点报时功能使用LED闪烁次数来表示几点，或者增加扬声器电路，几点则响几声。

6. 频率计

(1) 请尝试实现不同频率的测量，测量范围为1Hz～1MHz。

(2) 本节"频率计"项目实现的测频精度为1Hz的偏差。对于低频信号来说,误差较大。请读者尝试混合使用两种方法实现精确测频,高频部分(可设为>1kHz)使用本节给出的方法,低频部分(可设为小于等于1kHz)使用周期测频法(即测量一个周期的时间)。

(3) 自行车里程、时速表设计。

功能:将50MHz的系统时钟信号分频得到频率为1~10Hz的脉冲信号,用此信号模拟自行车车轮转速。假设自行车车轮的周长为1m,要求计算并显示时速和里程信息,4s刷新一次,并有清零功能。

要求:每次测量无须复位,每4s测量1次。其中,1s用于测量,3s用于显示。测量时,读数不变化;测量结束后,结果显示3s;之后,重新测量。当里程和时速值大于9999时,显示EEEE,表示越限。使用两个按键BTN0和BTN1控制,BTN0用于以1Hz的步进循环调整脉冲信号的频率(0~10Hz),BTN1用于切换时速(0~36km/h)和里程(1~9999m)的显示。

(4) 出租车模拟计价器。

在上述自行车里程、时速表设计的基础上,尝试设计出租车模拟计价器。要求显示公里数和价格。

提示:实际计费会考虑里程、时间段、等待等情况,非常复杂。读者在实现本设计时,可简化处理,假定计费只与里程相关,并假设:行程不满3km,计费6元;超3km后,2元/km。

7. 信号发生器

使用6.6节设计的频率计测量本节产生的正弦波信号,验证信号发生器和频率计的正确性。

提示:信号发生器产生的正弦波信号是一个8位数字量,可考虑首先对它进行处理,变成同频率的方波信号,然后使用频率计测量。

CHAPTER 7

第7章

简易CPU设计

本章重点介绍一款简易 CPU 的设计，并介绍复杂数字系统的设计方法。

处理器是计算机的重要部分，也是嵌入式系统中必不可少的部分。在现代电子设计中，采用 FPGA 实现数字系统具有很高的性价比，设计参数和设计指标的调整也比较灵活，因此在电子设计中逐渐被大家采用。同时，嵌入式系统发展迅猛，日新月异，得益于处理器技术的应用。因此，本章尝试采用 FPGA 来实现并验证一款简易处理器，以此说明处理器的设计方法。

通过本章的学习，达到以下目标：①通过实践，进一步加深对数字系统设计的理解，掌握复杂数字系统的设计方法；②通过设计 CPU，进一步了解和掌握 CPU 的工作原理以及复杂系统的设计理念。

实战项目 27 设计简易处理器

【项目描述】 设计一个简易处理器，该处理器可通过运行存储在 ROM 中的程序完成一定的功能，并将计算结果存储于数据存储器 RAM 中。

要求：

(1) 完成处理器指令集的设计。

(2) 完成处理器的设计，要求能够识别处理指令集中的任何指令。

(3) 设计一段程序，要求该段程序用到指令集中的所有指令，并通过处理器运行这段程序得到结果。

(4) 在 ISim 中仿真，除了查看波形外，还需要使用实用的仿真工具：设置断点，单步执行程序，查看处理器内部寄存器、ROM、RAM 内容。

(5) 在开发板上验证，由按键 BTN0 控制单步执行程序指令，由按键 BTN1 切换在数码管显示当前 PC 值、当前指令、寄存器文件中各寄存器的内容。

【知识点】

(1) 处理器的设计方法。

(2) 使用 ISim 仿真复杂系统的方法和技巧。

(3) 使用 FPGA 开发板验证复杂系统的方法和技巧。

(4) 通过按键控制 CPU 单步执行的方法。

(5) 通过按键控制 CPU 内部寄存器信息的显示的方法。

7.1 简易处理器的系统架构设计

本节主要介绍8位简易处理器硬件系统构建、系统支持的指令系统设计,以及指令系统对应的硬件部件设计。

7.1.1 简易处理器的组成结构

简易处理器的结构框图如图7-1所示。从图中可以看出,简易处理器主要由控制器和数据路径两大部分构成。另外,为了配合简易处理器完成系统任务,还需要程序存储器和数据存储器。前者用于存放程序指令的机器码,后者用于存放计算结果。

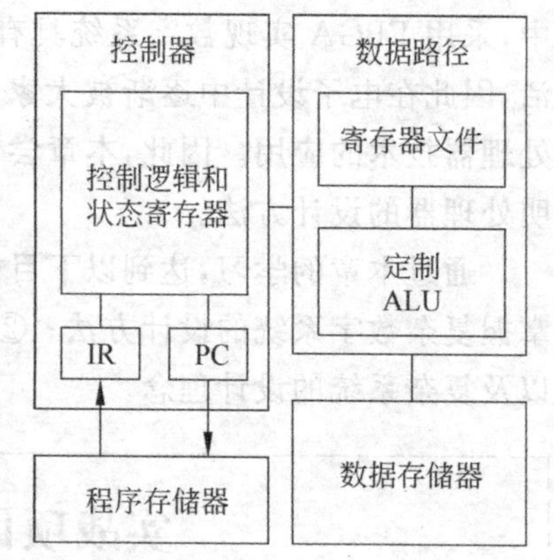

图7-1 简易处理器结构框图

简易处理器是一个可编程处理器。在简易处理器的设计过程中,设计者可针对现实中的应用对通用处理器的数据路径进行优化,可能是增加专门的功能单元执行常用运算以及删除不常用的其他功能单元。如图7-1所示,数据路径可针对特定的应用进行定制,寄存器可以增加,并且寄存器允许在一个指令内把一个寄存器内容与某一个存储器位置相加,以减少寄存器数量,简化控制器。

系统采用自顶向下的方法进行设计。顶层设计由简易处理器和存储器通过双向总线相连而构成。其中,程序存储器与简易处理器的控制器通过总线交互信息,数据路径通过总线与数据存储器交互信息。

与通用CPU的工作方式相同,执行一条指令,分多个步骤执行。首先,程序寄存器PC初始值为0,当一条指令执行完后,程序寄存器指向下一条指令的地址。如果是执行顺序指令,PC+1指向下一条指令地址;如果是分支跳转指令,直接跳到该分支地址。

7.1.2 简易处理器的功能

设计要求:本简易处理器可通过运行存储在ROM中的程序来完成一定的功能,并将计算结果存储于数据存储器RAM中。

例如,$2\times(0+1+2+\cdots+10)=?$完成该功能的算法用C语言表示,如例7-1所示。

【例7-1】 C语言描述的功能。

```
int total = 0;
for (int i = 10; i!= 0; i-- )
```

```
total += 2 * i;
next instructions...
```

简易处理器的特点就是面向某一特定的应用领域，同时像通用处理器一样，是可编程的，因此简易处理器的体系结构与通用处理器类似，但其各组成部分比通用处理器做了一些简化。例如，本节设计的简易处理器就是要完成自然数的求和功能，其功能部件只要能满足这一类应用即可，所以实现起来比通用处理器考虑的内容少，设计内容也少。

7.1.3　指令系统的设计

为了设计简易处理器，对可应用于该简易处理器的指令集做出约定是非常必要的。针对累加功能，约定如图 7-2 所示的简单指令集。

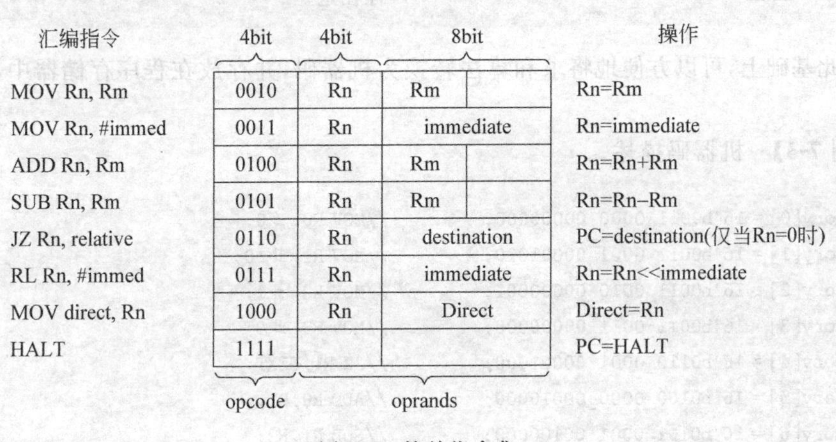

图 7-2　简单指令集

该指令集包括以下几类。

(1) 寄存器传输指令：将某寄存器的值传给另外一个寄存器。

(2) 装载指令：立即赋值。

(3) 算术运算指令：完成加减运算。

(4) 逻辑移位指令：完成左移操作。

(5) 存储指令：将数据存储到数据存储器中。

(6) 分支指令：使处理器转到其他地址。

从图 7-2 可以看出，所有指令都包含 4 位操作码和 12 位操作数。所有指令完成的功能如图 7-2 右边所示。

从指令集可以看出该简易处理器的一些结构特点。比如，在寄存器文件中共有16 个寄存器，立即数为 8 位二进制数，ROM 程序存储空间为 256 个地址，使用的 RAM 存储器有 16 个地址，等等。当然，可以根据简易处理器的功能要求修改指令集。在对图 7-2 所示的指令集做出约定后，就可以用汇编语言来描述例 7-1 的算法，汇编语言代码如例 7-2 所示。

【例7-2】 汇编语言描述。

```
0       MOV R0,#0;                  //total = 0
1       MOV R1,#10;                 //i = 10
2       MOV R2,#1;                  //常数 1
3       MOV R3,#0;                  //常数 0
Loop:   JZ R1,NEXT;                 //如果 i = 0,则完成
5       ADD R0,R1;                  //total += i
6       SUB R1,R2;                  //i--
7       JZ R3,Loop                  //不为 0,则跳转
NEXT:   MOV R4,R0                   //将 R0 中的值传到 R4 中
9       RL R4,#1                    //将 R4 中的值加倍
10      MOV 10H,R4                  //将结果存放在 RAM 的地址 10H 处
HERE:   HALT                        //停在这里
```

在此基础上,可以方便地将求和算法转换为机器码,并存放在程序存储器中,如例7-3所示。

【例7-3】 机器码描述。

```
memory[0] = 16'b0011_0000_00000000;         //MOV R0,#0;
memory[1] = 16'b0011_0001_00001010;         //MOV R1,#10;
memory[2] = 16'b0011_0010_00000001;         //MOV R2,#1;
memory[3] = 16'b0011_0011_00000000;         //MOV R3,#0;
memory[4] = 16'b0110_0001_00001000;         //JZ R1,NEXT;
memory[5] = 16'b0100_0000_00010000;         //ADD R0,R1;
memory[6] = 16'b0101_0001_00100000;         //SUB R1,R2;
memory[7] = 16'b0110_0011_00000100;         //JZ R3,Loop
memory[8] = 16'b0010_0100_00000000;         //MOV R4,R0
memory[9] = 16'b0111_0100_00000001;         //RL R4,#1
memory[10] = 16'b1000_0100_00001010;        //MOV 10H,R4
memory[11] = 16'b1111_0000_00001011;        //halt
for(i = 12;i<(2 * * N);i = i + 1)           //存储器其余地址存放 0
memory[i] = 0;
```

显然,程序存储器的字长取为16bit较为合适。目前市面上常见存储器的字长为8位、16位、32位或64位。当然,可以很方便地根据需要,将每条指令的机器码扩展为其他常用字长。

另外,需要说明的是,由于本设计涉及的程序代码较少,因此程序存储器和数据存储器均设计得很小;但是在设计这两种存储器时,本节采用了参数化的设计理念,因此很容易拓展到大容量存储器。这部分原理清晰,实现容易,在实际应用中,感兴趣的读者可自行拓展。

7.2 简易处理器的设计实现

7.2.1 顶层系统设计

实现该设计，首先要考虑实现后的FPGA验证问题，因此，顶层模块可规划成两个模块：CPU模块和控制FPGA调试CPU的模块，如图7-3所示。

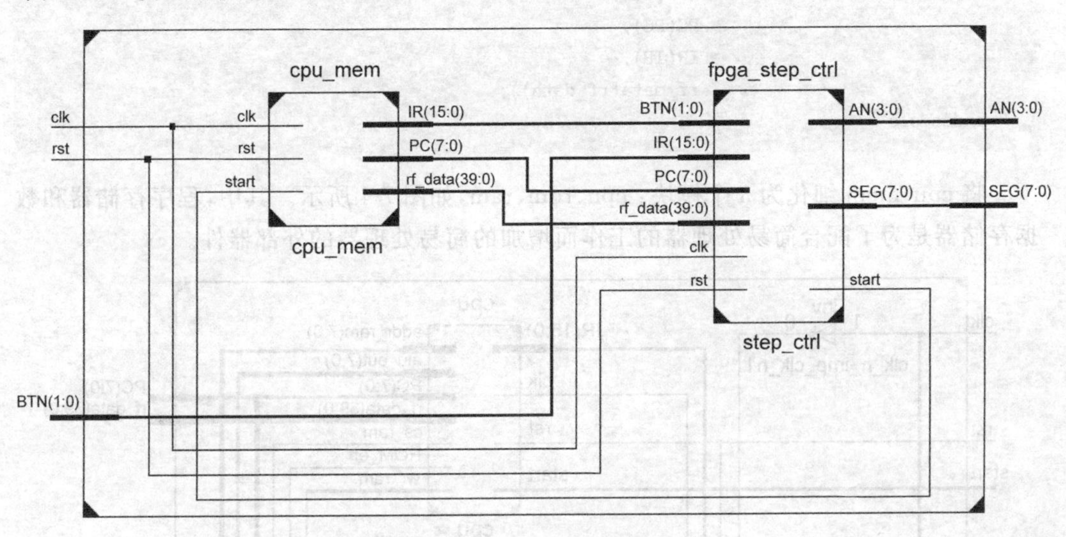

图7-3　CPU设计顶层规划

在图7-3中，fpga测试模块fpga_step_ctrl将从cpu_mem中读取运行的指令IR、程序计数器PC、寄存器堆rf_data的内容，同时向cpu_mem发单步执行控制命令start。与图7-3相对应的代码如例7-4所示。

【例7-4】 CPU顶层测试模块。

```
module P27_cpu_mem_test(clk,rst,key,duan,wei);
input clk,rst;
input[1:0] key;
output[7:0] duan;
output[3:0] wei;
wire[39:0] rf_data;
wire start;
wire[7:0] PC;
wire[15:0] IR;
//含 ROM 和 RAM 的 CPU
cpu_mem cpu_mem(.clk(clk),
                .rst(rst),
                .start(start),
```

```
                .rf_data(rf_data),
                .PC(PC),
                .IR(IR));
//键控单步执行和控制显示内容的模块
fpga_step_ctrl step_ctrl(.clk(clk),
                         .rst(rst),
                         .key(key),
                         .start(start),
                         .duan(duan),
                         .wei(wei),
                         .PC(PC),
                         .IR(IR),
                         .rf_data(rf_data));
endmodule
```

将 cpu_mem 细化为 3 个模块：cpu、rom、ram，如图 7-4 所示。其中，程序存储器和数据存储器是为了配合简易处理器的工作而增加的简易处理器的外部器件。

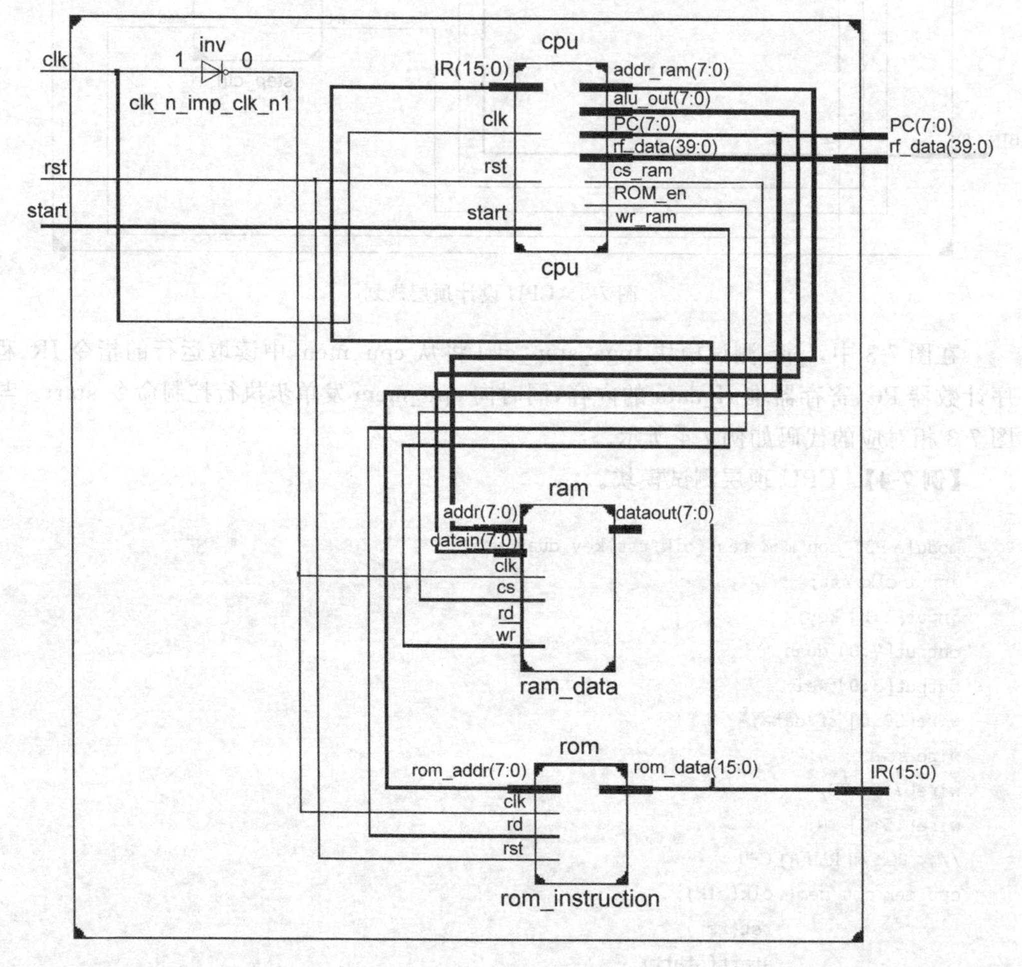

图 7-4　含 ROM 和 RAM 的 CPU 设计顶层规划

与图 7-4 相对应的代码如例 7-5 所示。

【例 7-5】 含 ROM 和 RAM 的 CPU 设计。

```
module cpu_mem(clk,rst,start,rf_data,PC,IR);
input clk,rst;
input start;
output [39:0] rf_data;                    //寄存器堆
output[7:0] PC;                           //PC
output[15:0] IR;                          //指令寄存器

wire ROM_en;
wire[15:0] IR;
wire wr_ram,cs_ram;                       //RAM 接口信号
wire[7:0] addr_ram;
wire[7:0] alu_out;
wire clk_n;
    assign clk_n = ~clk;
  cpu cpu(.clk(clk),
          .rst(rst),
          .start(start),
          .ROM_en(ROM_en),
          .IR(IR),
          .PC(PC),
          .rf_data(rf_data),
          .wr_ram(wr_ram),
          .cs_ram(cs_ram),
          .addr_ram(addr_ram),
          .alu_out(alu_out));
  rom rom_instruction(.clk(clk_n),
                      .rst(rst),
                      .rd(ROM_en),
                      .rom_data(IR),
                      .rom_addr(PC));
  ram ram_data(.clk(clk_n),
               .wr(wr_ram),
               .cs(cs_ram),
               .addr(addr_ram),
               .datain(alu_out));
endmodule
```

将 CPU 进一步规划成 datapath 和 controller，如图 7-5 所示。

与图 7-5 相对应的代码如例 7-6 所示。

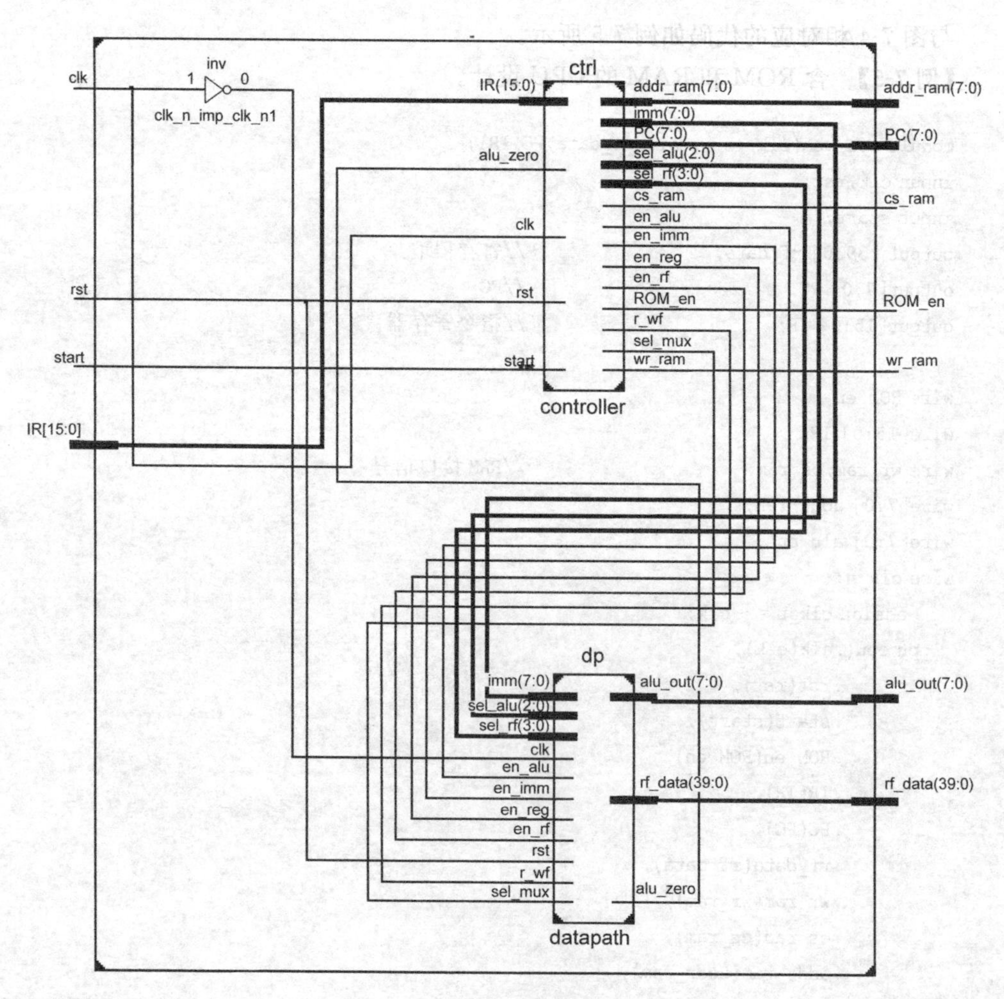

图 7-5 CPU 内部模块划分

【例 7-6】 CPU 内部模块划分——包括数据路径和控制器。

```
module cpu(clk,rst,start,ROM_en,IR,PC,rf_data,wr_ram,cs_ram,addr_ram,alu_out);
input clk,rst;
input start;
input[15:0] IR;                        //指令寄存器内容
output[7:0] PC;                        //PC 内容
output ROM_en;
output wr_ram,cs_ram;                  //RAM 接口信号
output[7:0] addr_ram;
output[7:0] alu_out;
output [39:0] rf_data;                 //寄存器堆内容
wire[7:0] imm;
wire[3:0] sel_rf;
wire[2:0] sel_alu;
wire sel_mux;
```

```
wire r_wf,en_rf,en_reg,en_alu,en_imm,alu_zero;
wire clk_n;
  assign clk_n = ~clk;
  dp datapath(.rst(rst),
             .clk(clk_n),
             .r_wf(r_wf),
             .en_rf(en_rf),
             .en_reg(en_reg),
             .en_alu(en_alu),
             .en_imm(en_imm),
             .sel_rf(sel_rf),
             .sel_alu(sel_alu),
             .sel_mux(sel_mux),
             .imm(imm),
             .alu_zero(alu_zero),
             .alu_out(alu_out),
             .rf_data(rf_data));
  ctrl controller(.rst(rst),
                 .start(start),
                 .clk(clk),
                 .alu_zero(alu_zero),
                 .r_wf(r_wf),
                 .en_rf(en_rf),
                 .en_reg(en_reg),
                 .en_alu(en_alu),
                 .en_imm(en_imm),
                 .sel_rf(sel_rf),
                 .sel_alu(sel_alu),
                 .sel_mux(sel_mux),
                 .imm(imm),
                 .PC(PC),
                 .IR(IR),
                 .ROM_en(ROM_en),
                 .wr_ram(wr_ram),
                 .cs_ram(cs_ram),
                 .addr_ram(addr_ram));
endmodule
```

在图 7-5 中,简易处理器分为控制器和数据路径两部分。两个部分的工作时钟设计为两个同频不同相的时钟。

图 7-5 中的控制器是整个简易处理器的核心,它产生控制信号,控制数据路径的行为,而控制器通过状态机来产生控制信号。控制器中的状态机的设计无疑是最重要,也是最容易出错的地方。

数据路径的功能就是在控制器的控制下对数据进行相应的运算处理,包括多路选择、算术运算、逻辑运算等。在图 7-5 中,对数据路径部分进行了细分。数据路径部分细分框图如图 7-6 所示。

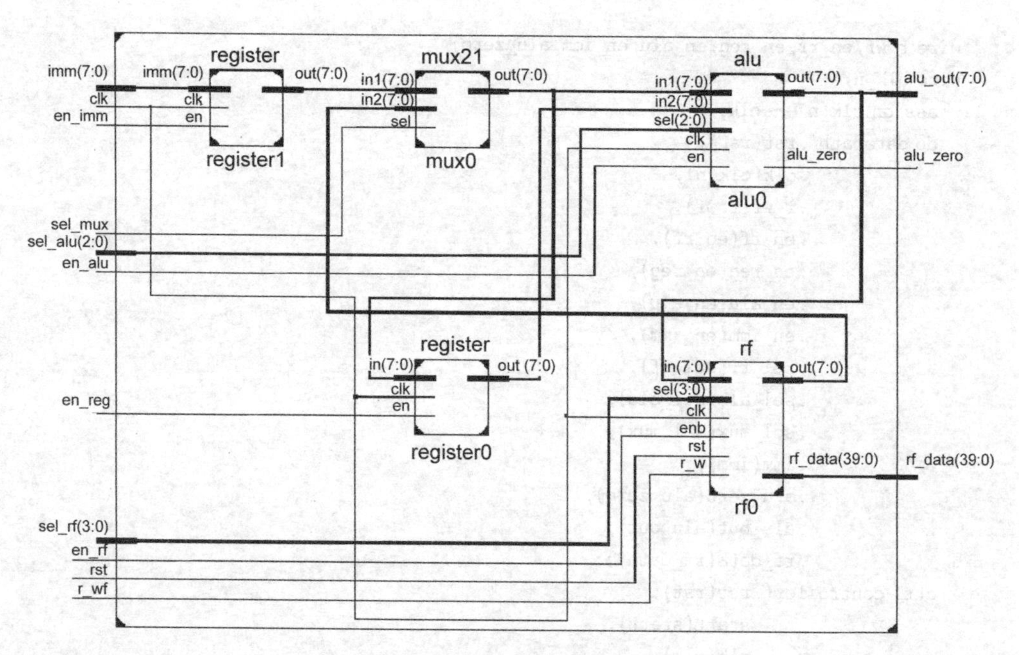

图 7-6 datapath 内部模块划分

与图 7-6 相对应的代码如例 7-7 所示。

【例 7-7】 数据路径顶层文件。

```
module dp(rst,clk,r_wf,en_rf,en_reg,en_alu,en_imm,sel_rf,
          sel_alu,sel_mux,imm,alu_zero,alu_out,rf_data);
input rst,clk,r_wf,en_rf,en_reg,en_alu,en_imm;
input[7:0] imm;
input[2:0] sel_alu;
input[3:0] sel_rf;
input sel_mux;
output alu_zero;
output[39:0] rf_data;
output [7:0] alu_out;
wire[7:0] op1,op2,out_imm,out_rf;
register register0(.clk(clk),
                   .en(en_reg),
                   .in(op1),
                   .out(op2));
register register1(.clk(clk),
                   .en(en_imm),
                   .in(imm),
                   .out(out_imm));
mux21 mux0(.sel(sel_mux),
           .in1(out_imm),
           .in2(out_rf),
           .out(op1));
```

```
alu alu0(.clk(clk),
         .en(en_alu),
         .sel(sel_alu),
         .in1(op1),
         .in2(op2),
         .out(alu_out),
         .alu_zero(alu_zero));
rf rf0(.rst(rst),
       .clk(clk),
       .r_w(r_wf),
       .enb(en_rf),
       .in(alu_out),
       .sel(sel_rf),
       .out(out_rf),
       .rf_data(rf_data));
endmodule
```

由图7-6可以看出，数据路径部分包括2选1数据选择器、寄存器、寄存器文件、ALU等部分。这些部分采用同一个时钟。

上述设计具有很大的灵活性，可以根据不同的实际应用情况来修改参数。例如，对于寄存器文件中的寄存器数目，可以根据实际情况增减；对于ALU中的计算，也可以根据实际情况增减，等等。

7.2.2　基本部件设计

本系统的目标是设计一个简易处理器，同时要设计与之协同工作的程序存储器和数据存储器。因此，CPU设计包括三大部分：数据路径、控制器和存储器。对于数据路径，包括一些基本部件：运算器、寄存器、通用寄存器文件、多路选择器等。对于存储器，包括主要用于存放指令的程序存储器和主要用于存放中间运算结果的数据存储器。

下面分别对系统中的各个基本部件进行设计实现。

(1) 数据路径部分元件

在数据路径中包含寄存器文件、ALU、寄存器、数据选择器等部分。下面先对每个部件给出代码，然后分析说明。

【例7-8】 ALU：算术逻辑单元。

```
module alu(clk,en,sel,in1,in2,out,alu_zero);
input en,clk;
input[2:0] sel;
input[7:0] in1,in2;
output reg[7:0] out;
output reg alu_zero;
always @(posedge clk) begin
    if(en)
```

```
            case(sel)
                3'b000: out = in1;
                3'b001: if(in1 == 0) alu_zero = 1; else alu_zero = 0;
                3'b010: out = in1 + in2;
                3'b011: out = in1 - in2;
                3'b100: out = in1 << in2;
                default: ;
            endcase
    end
    endmodule
```

算术逻辑单元 ALU 通过一条或多条输入总线完成算术运算或逻辑运算。运算器 ALU 的结构如图 7-7 所示,in1 和 in2 为运算器输入端口,out 和 alu_zero 为运算器输出端口,控制信号 sel 决定了运算器的算法功能,en 和 clk 共同决定 out 和 alu_zero 的输出时刻。

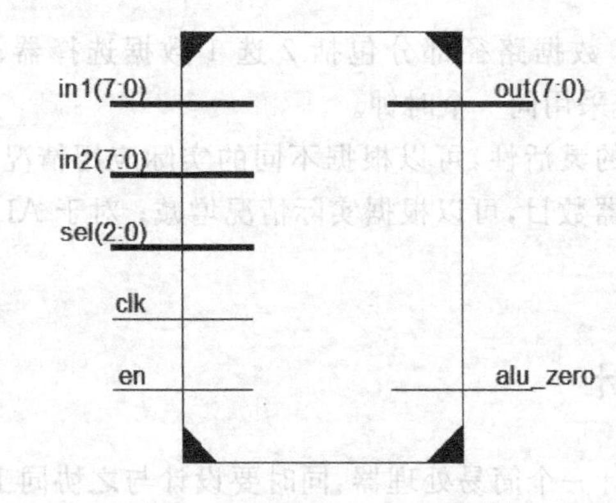

图 7-7 运算器 ALU 结构图

算术逻辑单元的算法功能如表 7-1 所示。ALU 可完成加、减等算术运算,还可完成逻辑运算。

表 7-1 算术逻辑单元的算法功能

sel	操 作	说 明
3'b000	out＝in1	直通
3'b001	if(in1＝＝0) alu_zero＝1; else alu_zero＝0;	判断 in1 是否为 0。若为 0,则输出 alu_zero 为 1,否则 alu_zero 为 0
3'b010	out＝in1＋in2;	加法
3'b011	out＝in1－in2	减法
3'b100	out＝in1＜＜in2	移位

【例 7-9】 异步使能寄存器。

```
module register(clk,en,in,out);
input clk,en;
```

```
input[7:0] in;
output reg[7:0] out;
reg[7:0] val;
always @(posedge clk)
  val <= in;
always @(en,val)
    if(en == 1'b1) out <= val;
     else ;
endmodule
```

寄存器是组成时序电路的最基本元件。在 CPU 中，寄存器常被用来暂存各种信息，如数据信息、地址信息、控制信息等，以及与外部设备交换信息。本节中的寄存器用做暂存立即数以及中间结果。寄存器结构如图 7-8 所示，clk、en、in 为输入端口，out 为输出端口。这些寄存器在时钟上升沿到来时获得输入数据 in，en 控制 out 信号的输出时刻。

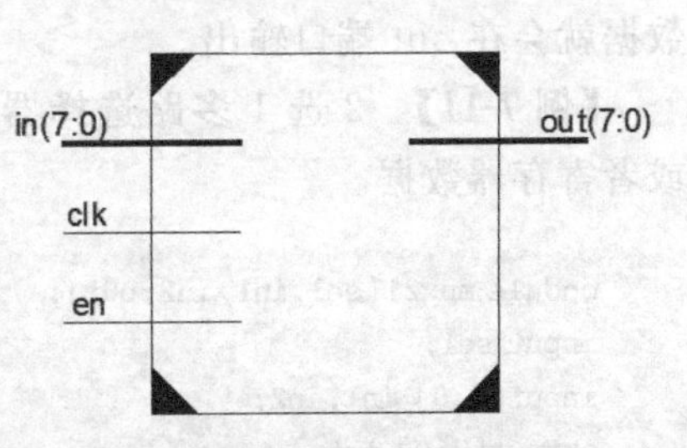

图 7-8　寄存器结构图

该寄存器是 8 位的，输入 in 和输出 out 均为 8 位。在编制程序时，要注意可在寄存器中存放数的范围，以防越界。

【例 7-10】　通用寄存器文件：本设计包含 16 个通用寄存器。

```
//从通用寄存器中读数据到 out,写数据 in 到通用寄存器中
module rf( rst,clk,r_w,enb,in,sel,out,rf_data);
input rst,clk,enb,r_w;
input[7:0] in;
input[3:0] sel;
output reg[7:0] out;
output[39:0] rf_data;                          //只读用到的 5 个寄存器
reg[7:0] reg_tile[0.15];
integer i;
//将寄存器文件数据读出
assign rf_data = {reg_file[4],reg_file[3],reg_file[2],reg_file[1],reg_file[0]};
always @(posedge rst, posedge clk) begin
  if(rst) begin
        for(i = 0;i < 15;i = i + 1)
            reg_file[i]<= 0;
  end
  else if(enb == 1) begin
      if(r_w == 0) reg_file[sel] <=  in;           //写 register
      else out <=  reg_file[sel];                  //读 register
  end
end
endmodule
```

寄存器文件的结构如图7-9所示,out为输出端口,其余为输入端口。在执行指令时,寄存器文件中存放指令处理的立即数,并且可对寄存器文件中的任一个寄存器进行读写。

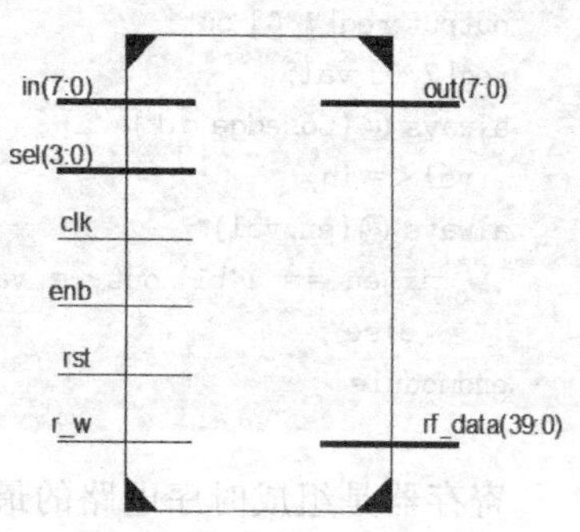

图7-9 寄存器文件的结构

该寄存器文件相当于16×8位的RAM。当向寄存器文件的一个单元写入数据时,首先输入sel作为单元地址,当clk上升沿到来时,若r_w和enb为有效电平,输入数据in就被写入该单元;当从寄存器文件的一个单元读出数据时,首先输入sel作为单元地址,当clk上升沿到来时,若r_w和enb为有效电平,输出数据就会在out端口输出。

【例7-11】 2选1多路选择器,用于选择立即数或者寄存器数据。

```
module mux21(sel,in1,in2,out);
input sel;
input[7:0] in1,in2;
output[7:0] out;
assign out = (sel)?in2:in1;
endmodule
```

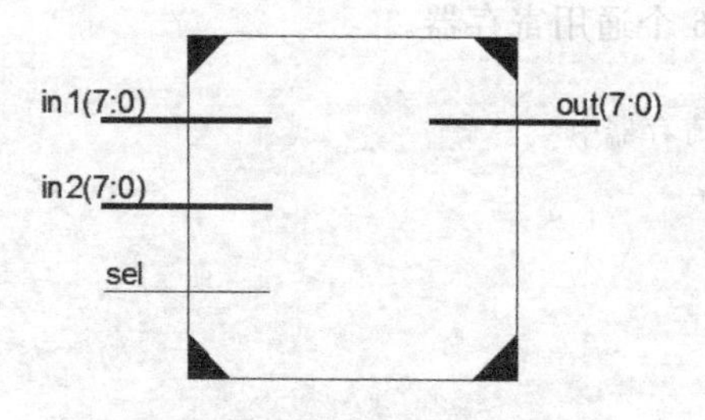

图7-10 2选1多路选择器结构

程序说明如下。

2选1多路选择器的结构如图7-10所示,out为输出端口,其余为输入端口。sel信号控制哪个输入信号输出到out。当sel为0时,out=in1;当sel为1时,out=in2。

(2) 控制器部分

控制器提供必要的控制信号,使得数据流通过数据路径后达到预期的功能。控制器部分使用状态机技术来实现。这个状态机根据当前的状态和输入的信号值,输出更新后的状态和相应的控制信号。

【例7-12】 控制器。

```
module ctrl(rst,start,clk,alu_zero,r_wf,en_rf,en_reg,en_alu,en_imm,sel_rf,
                    sel_alu,sel_mux,imm,PC,IR,ROM_en,wr_ram,cs_ram,addr_ram);
input rst,start,clk;
input alu_zero;
input[15:0] IR;
output reg r_wf,en_rf,en_reg,en_alu,en_imm;
output reg[3:0] sel_rf;
output reg[2:0] sel_alu;
output reg sel_mux;
output reg[7:0] imm;
```

```
output reg[7:0] PC;
output reg ROM_en;
output reg wr_ram,cs_ram;
output reg[7:0] addr_ram;
parameter s0 = 6'b000000,s1 = 6'b000001,s2 = 6'b000010,s3 = 6'b000011,s4 = 6'b000100,
          s5 = 6'b000101,s5_2 = 6'b000110,s5_3 = 6'b000111,
          s6 = 6'b001000,s6_2 = 6'b001001,s6_3 = 6'b001010,
          s6_4 = 6'b001011,s6_5 = 6'b001100,
          s7 = 6'b001101,s7_2 = 6'b001110,s7_3 = 6'b001111,
          s7_4 = 6'b010000,s7_5 = 6'b010001,
          s8 = 6'b010010,s8_2 = 6'b010011,s8_3 = 6'b010100,
          s9 = 6'b010101,s9_2 = 6'b010110,s9_3 = 6'b010111,
          s10 = 6'b100000,s10_2 = 6'b100001,s10_3 = 6'b100010,
          s11 = 6'b100011,s11_2 = 6'b100100,s11_3 = 6'b100101,
          s11_4 = 6'b100110,s11_5 = 6'b100111,
          s12 = 6'b101000,
          done = 6'b101001;
reg[5:0] state;
parameter loadi = 4'b0011, add = 4'b0100, sub = 4'b0101, jz = 4'b0110, store = 4'b1000,
            shiftL = 4'b0111, reg2reg = 4'b0010,halt = 4'b1111;
reg[3:0] OPCODE;
reg[7:0] address;
reg[3:0] register;
always @(posedge rst,posedge clk) begin
    sel_mux <= 1'b1;
     en_rf <= 1'b0;
     en_reg <= 1'b0;
     en_alu <= 1'b0;
     en_imm <= 1'b0;
    ROM_en <= 1'b0;                          //ROM输出控制信号
    wr_ram <= 1'b0;
     cs_ram <= 1'b0;                         //RAM接口信号
    if(rst) begin
          state <= s0;
        PC <= 0;
        end
    else begin
      case(state)
        s0: begin                            //steady state
                PC <=  0;
                state <=  s1;
            end
        s1: begin                            //fetch instruction
                if(start == 1'b1) begin      //start控制单步执行,可由按键控制继续
                  ROM_en <= 1;
                  state <=  s2;
                end
                else state <=  s1;
```

```
      end
    s2: begin                                   //split instruction
          OPCODE <= IR[15:12];                  //操作码
          register <= IR[11:8];                 //第二寄存器或立即数
          address <= IR[7:0];                   //第一寄存器
          state <= s3;
      end
    s3: begin                                   //increase PC
         PC <= PC + 8'b1;
         state <= s4;
      end
    s4: begin                                   //decode instruction
         case(OPCODE)
         loadi:   state <= s5;
         add:     state <= s6;
         sub:     state <= s7;
         jz:      state <= s8;
         store:   state <= s9;
         reg2reg: state <= s10;
         shiftL:  state <= s11;
         halt:    state <= done;
         default: state <= s1;
         endcase
      end
    s5: begin                                   //loadi
         imm <= address;
         en_imm <= 1;
         state <= s5_2;
      end
    s5_2: begin
         sel_mux <= 0;
         en_alu <= 1;
         sel_alu <= 3'b000;
         state <= s5_3;
      end
    s5_3: begin
         en_rf <= 1;
         r_wf <= 0;
         sel_rf <= register;
         state <= s12;
      end
    s6: begin                                   //add
         sel_rf <= IR[7:4];
         en_rf <= 1;
         r_wf <= 1;
         state <= s6_2;
      end
    s6_2: begin
```

```
        en_reg<=1;
        state<= s6_3;
      end
s6_3: begin
        sel_rf<=register;
        en_rf<=1;
        r_wf<=1;
        state<= s6_4;
      end
s6_4: begin
        en_alu<=1;
        sel_alu<=3'b010;
        state<= s6_5;
      end
s6_5: begin
        sel_rf<=register;
        en_rf<=1;
        r_wf<=0;
        state<= s12;
      end
s7: begin                               //sub
        sel_rf<=IR[7:4];
        en_rf<=1;
        r_wf<=1;
        state<= s7_2;
    end
s7_2: begin
        en_reg<=1;
        state<= s7_3;
      end
s7_3: begin
        sel_rf<=register;
        on_rf<=1;
        r_wf<=1;
        state<= s7_4;
      end
s7_4: begin
        en_alu<=1;
        sel_alu<=3'b011;
        state<= s7_5;
      end
s7_5: begin
        sel_rf<=register;
        en_rf<=1;
        r_wf<=0;
        state<= s12;
      end
s8: begin                               //jz
```

```
            en_rf <= 1;
            r_wf <= 1;
            sel_rf <= register;
            state <= s8_2;
          end
      s8_2: begin
                en_alu <= 1;
                sel_alu <= 3'b001;
                state <= s8_3;
          end
      s8_3: begin
                if(alu_zero == 1)
                   PC <= address;
                state <= s12;
            end
      s9: begin                      //store
              sel_rf <= register;
              en_rf <= 1;
              r_wf <= 1;
              state <= s9_2;
         end
      s9_2: begin
                en_alu <= 1;
                sel_alu <= 3'b000;
                state <= s9_3;
            end
      s9_3: begin
                cs_ram <= 1;        //选中 RAM
                wr_ram <= 1;        //写入 RAM
                addr_ram <= address;
                state <= s12;
            end
      s10: begin                     //reg2reg
                sel_rf <= IR[7:4];
                en_rf <= 1;
                r_wf <= 1;
                state <= s10_2;
          end
      s10_2: begin
                en_alu <= 1;
                sel_alu <= 3'b000;
                state <= s10_3;
             end
      s10_3: begin
                sel_rf <= register;
                en_rf <= 1;
                r_wf <= 0;
                state <= s12;
             end
```

```
        s11: begin                          //shift left
                imm <= address;
                en_imm <= 1;
                state <= s11_2;
             end
        s11_2: begin
                sel_mux <= 0;
                en_reg <= 1;
                state <= s11_3;
               end
        s11_3: begin
                 sel_rf <= register;
                 en_rf <= 1;
                 r_wf <= 1;
                 state <= s11_4;
               end
        s11_4: begin
                 en_alu <= 1;
                 sel_alu <= 3'b100;
                 state <= s11_5;
               end
        s11_5: begin
                 sel_rf <= register;
                 en_rf <= 1;
                 r_wf <= 0;
                 state <= s12;
               end
        s12: state <= s1;                   //go back for next instruction
        done: state <= done;                //stay here forever
        default: ;
      endcase
    end
  end
endmodule
```

控制器结构如图7-11所示。图中左边为输入信号，右边为输出信号。控制器的主要功能是对输入的指令IR进行译码，然后产生数据路径各部件按指令要求进行操作所需要的控制信号。

在控制器中，完成一条指令通常需要多个操作步骤，也就是说，需要多个状态。因此，要完成加法、减法、取数、存数等指令，必须完成指令所需的必要步骤，执行指令中的所有状态。s5、s5_2、s5_3这3个状态完成装载立即数指令；s6、s6_2、s6_3、s6_4、s6_5这5个状态完成加法指令；s7、s7_2、s7_3、s7_4、s7_5这5个状态完成减法指令；s8、s8_2、s8_3这3个状态完成跳转指令；s9、s9_2、s9_3、s9_4这4个状态完成存储指令；s10、s10_2、s10_3这3个状态完成寄存器传输指令；s11、s11_2、s11_3、s11_4、s11_5这5个状态完成移位指令；done这个状态完成暂停指令。

对于控制器来讲，最重要的是状态机；而对于状态机来讲，状态图是最直观的表述方

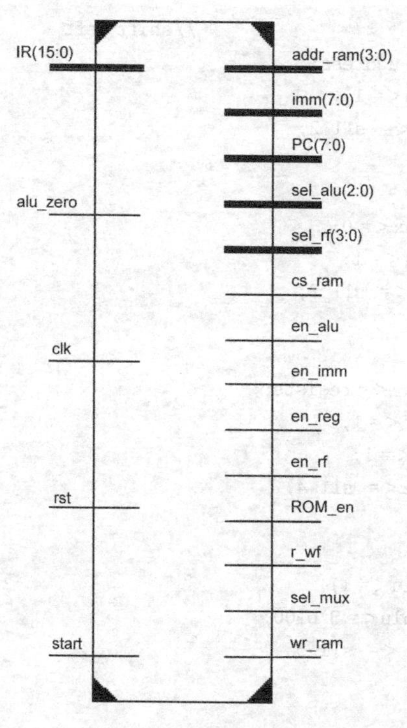

图 7-11　控制器结构

式。在设计状态机之前,需要首先画出状态图,这是写出高质量状态机代码的前提保证。由于状态图较复杂,这里略去,读者可以根据代码反推得出状态图。

(3) 程序存储器和数据存储器

【例 7-13】 程序存储器。

```
//指令为 16 位:高 4 位为指令码,次高 4 位为寄存器,低 8 位为立即数
module rom(clk,rst,rd,rom_data,rom_addr);
    parameter M = 16,N = 8;                              //4 根地址线,16 位数据的存储器
    input clk,rst,rd;                                    //rd 读使能信号
    input[N-1:0] rom_addr;
    output reg[M-1:0] rom_data;
    reg[M-1:0] memory[0:2**N-1];                         //4 根地址线,8 位数据的存储器
    always @(posedge clk,posedge rst)
        if(rst) begin: init                              //该顺序块用于初始化 ROM 值
            integer i;
            memory[0]<= 16'b0011_0000_00000000;          //MOV R0, #0;
            memory[1]<= 16'b0011_0001_00001010;          //MOV R1, #10;
            memory[2]<= 16'b0011_0010_00000001;          //MOV R2, #1;
            memory[3]<= 16'b0011_0011_00000000;          //MOV R3, #0;
            memory[4]<= 16'b0110_0001_00001000;          //JZ R1,NEXT;
            memory[5]<= 16'b0100_0000_00010000;          //ADD R0,R1;
            memory[6]<= 16'b0101_0001_00100000;          //SUB R1,R2;
            memory[7]<= 16'b0110_0011_00000100;          //JZ R3,Loop
```

```
            memory[8]<= 16'b0010_0100_00000000;           //MOV R4,R0
            memory[9]<= 16'b0111_0100_00000001;           //RL R4,#1
            memory[10]<= 16'b1000_0100_00001010;          //MOV 10H,R4
            memory[11]<= 16'b1111_0000_00001011;          //halt
            for(i = 12;i<(2 * * N);i = i + 1)             //存储器其余地址存放 0
                memory[i] <= 0;
        end
        else begin: read                                  //该顺序块用于读取 ROM 值
            if(rd) rom_data <= memory[rom_addr];
        end
endmodule
```

程序存储器中的内容是例 7-3 所示的机器码。程序存储器结构如图 7-12 所示。

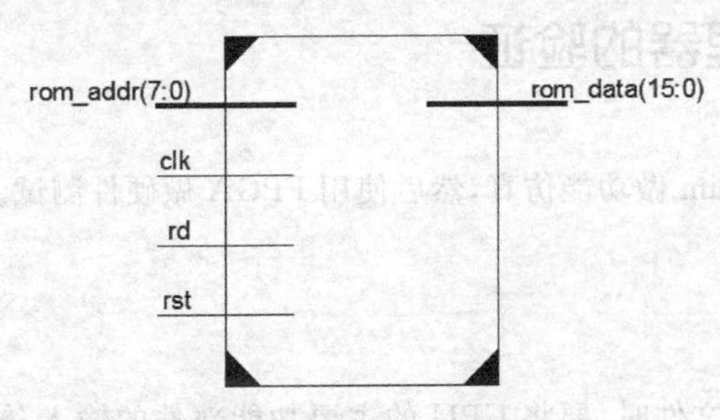

图 7-12　程序存储器结构

【例 7-14】　数据存储器。

```
module ram(clk,rd,wr,cs,addr,datain,dataout);
    parameter M = 8,N = 8;                          //8 根地址线,8 位数据的存储器
    input rd,wr,cs,clk;
    input[N - 1:0] addr;
    input[M - 1:0] datain;
    output reg[M - 1:0] dataout;
    reg[M - 1:0] memory[0:2 * * N - 1];
    always @(posedge clk) begin:p0
        if(cs) begin
            if(rd) dataout <= memory[addr];
            else if(wr) memory[addr]<= datain;
            else dataout <= 'bz;
        end
    end
endmodule
```

数据存储器可读可写,因此数据存储器不用初始化。数据存储器结构如图 7-13 所示。

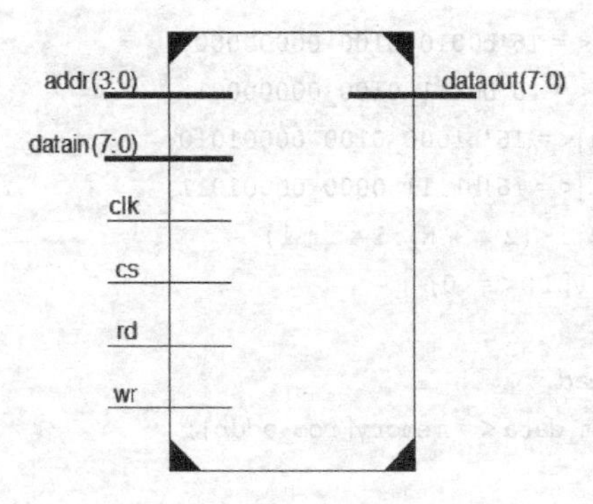

图 7-13 数据存储器结构

7.3 简易处理器的验证

本节首先使用 ISim 做功能仿真,然后使用 FPGA 做硬件测试。

7.3.1 仿真验证

在编辑仿真波形文件时,要将 CPU 的主要功能部件的输入/输出信号、各部件的控制信号、系统时钟信号加入波形激励文件。因为必须根据输入端口的工作特性,在输入端加入适当的激励信号波形,才能使仿真达到应有的测试效果。

仿真时所用的测试代码如例 7-15 所示。

【例 7-15】 例 7-5 的测试代码。

```
'timescale 1ns / 1ps
module cpu_mem_simulation;
    //Inputs
    reg clk;
    reg rst;
    reg start;
    //Outputs
    wire [39:0] rf_data;
    wire [7:0] PC;
    wire [15:0] IR;
    //Instantiate the Unit Under Test (UUT)
    cpu_mem uut (
        .clk(clk),
        .rst(rst),
        .start(start),
        .rf_data(rf_data),
        .PC(PC),
```

```
        .IR(IR)
    );
    initial fork
        //Initialize Inputs
        clk = 0;
        forever #10 clk = ~clk;
        rst = 0;
        #35 rst = 1;
        #65 rst = 0;
        start = 1;
    join
endmodule
```

运行例7-15,仿真波形如图7-14和图7-15所示。图7-14所示是从上电复位开始的一段仿真波形,图7-15所示是程序运行结束前的一段仿真波形。

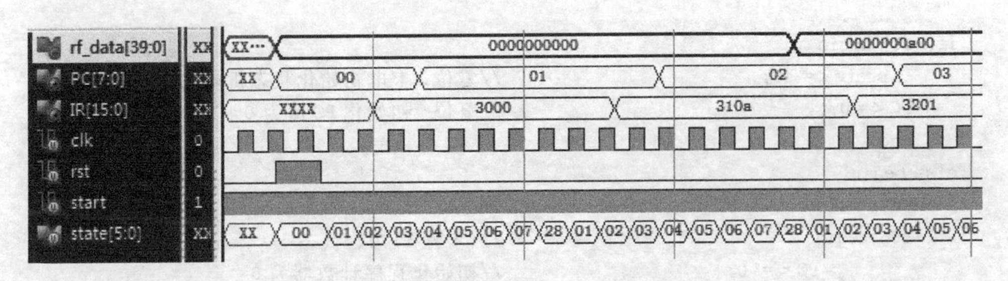

图7-14 仿真输出波形(上电复位后)

实际操作中,可以对仿真波形放大或缩小,查找所需要的信息。在图7-14中,可以看到程序执行时的信息,包括运行的指令、PC值的变化、寄存器堆中内容的变化,以及状态机的状态变化。

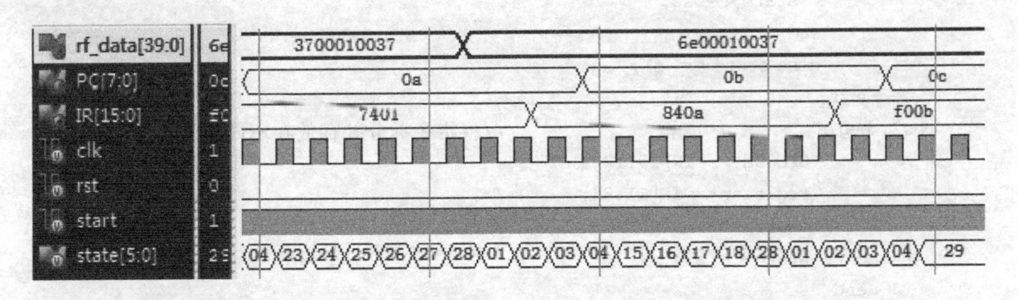

图7-15 仿真输出波形(程序运行结束前)

从图7-15可以看出,该简易处理器完成了累加功能,累加的结果为8'h37,存放于内部寄存器R0,累加后乘2的结果8'h6e存放于R4和RAM的10H地址处。该仿真结果表明,设计是正确的。

本书在第3章介绍了在ISim设置断点、单步执行仿真以及查看memory的方法。在CPU的仿真中,这些都是非常实用的调试手段。例如,在ISim中查看memory,可以看到寄存器文件的内容、ROM的内容以及RAM的内容。图7-16所示为RAM中的内容,此时的RAM已经把最终计算结果01101110(即十六进制数6e)存在了第10个位置。

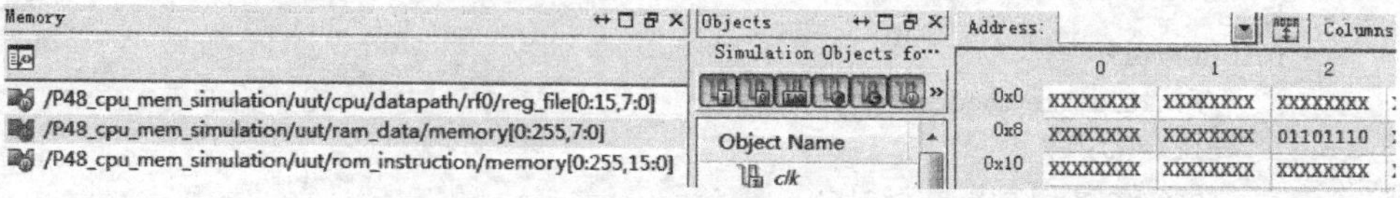

图7-16 在ISim中查看memory的结果

在图7-16左侧,除了RAM,还可以单击reg_file,查看寄存器堆中16个寄存器的内容,也可以单击ROM,查看ROM中存放的程序指令。

下面分析系统复位和第一条指令的执行过程,该过程的仿真波形如图7-14所示。结合图7-14,对复位过程和第一条指令的执行过程详细注释,如例7-16所示。其中,复位有1个步骤,第一条指令执行有5个步骤,包括取指、译码、取数、运算、存储。

【例7-16】 用于说明复位和第一条指令的代码。

```
if(rst) begin
      state<= s0;                            //复位:上电初始化状态机初态
   PC<=0;                                    //复位:初始化PC值为0
   end
else begin
  case(state)
   s0: begin                                 //(步骤1)初始状态
          PC<= 0;                            //初始化程序计数器为0
          state<= s1;
      end
   s1: begin                                 //(步骤2)取指令
          if(start == 1'b1) begin            //start控制单步执行,可由按键控制继续
            ROM_en<=1;
            state<= s2;
          end
          else state<= s1;
      end
   s2: begin                                 //将指令拆分并存放在不同信号中
           OPCODE<= IR[15:12];
           register<=IR[11:8];
           address<= IR[7:0];
           state<= s3;
      end
   s3: begin                                 //(步骤3)使PC增1
           PC<= PC + 8'b1;
           state<= s4;
      end
   s4: begin                                 //(步骤4)指令译码
          case(OPCODE)
          loadi:     state<= s5;             //装载立即数指令
          add:       state<= s6;             //加法指令
```

```
            sub:       state <=  s7;           //减法指令
            jz:        state <=  s8;           //跳转指令
            store:     state <=  s9;           //存储指令
            reg2reg:   state <=  s10;          //寄存器传输指令
            shiftL:    state <=  s11;          //移位指令
            halt:      state <=  done;         //暂停指令
            default:   state <=  s1;
            endcase
        end
    s5: begin                                  //(步骤5第1步)将立即数装入寄存器
            imm <= address;                    //将立即数交给 imm 信号
            en_imm <= 1;                       //将 imm 存入寄存器
            state <=  s5_2;
        end
    s5_2: begin                                //(步骤5第2步)立即数直接通过 ALU
            sel_mux <= 0;                      //将多路选择器选择 imm 输出
            en_alu <= 1;                       //使能 ALU
            sel_alu <= 3'b000;                 //使 imm 直通输出
            state <=  s5_3;
          end
    s5_3: begin                                //(步骤5第3步)立即数装入通用寄存器
            en_rf <= 1;                        //使能寄存器文件
            r_wf <= 0;                         //写有效
            sel_rf <= register;                //指定写入的寄存器号
            state <=  s12;                     //(步骤6)第一条指令执行完毕!进入 s12
          end
    …
```

关于其他指令的执行过程，读者可对照代码并结合仿真波形进行分析，此处不再赘述。

7.3.2　FPGA 验证

进行 FPGA 验证时，要求能够控制 CPU 单步执行，并显示 PC、指令寄存器和寄存器堆的内容。这些内容均通过图 7-3 中所示的测试模块 fpga_step_ctrl 完成。

测试模块 fpga_step_ctrl 可进一步划分成 3 个模块：第一个模块 cpu_BTN_control 产生单步执行控制信号，以及对按键处理，得到按键相关信息；按键相关信息进入第二个模块 cpu_display_data，产生送数码管显示的数据；最后，这些数据被送入第三个模块 IP_seg7，完成数据的显示。模块划分如图 7-17 所示。

实现图 7-17 中所示的顶层模块和 cpu_BTN_control、cpu_display_data 模块，代码如例 7-17 所示。

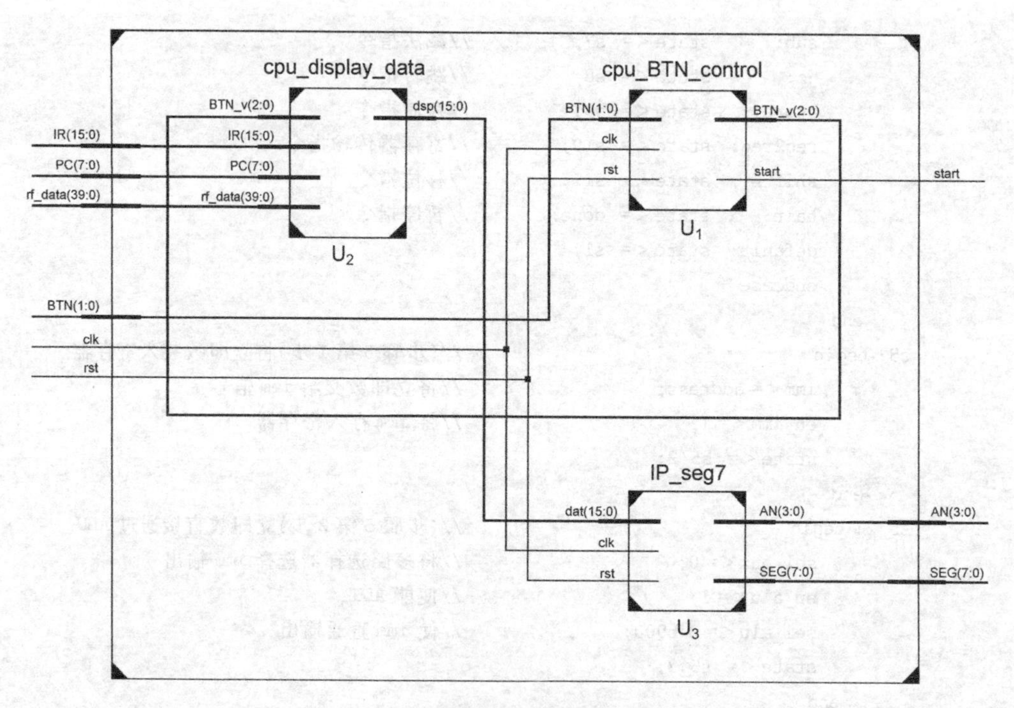

图 7-17 测试模块的子模块划分

【例 7-17】 控制器。

```
//使用 2 个按键：按键 0 控制 CPU 单步执行
//按键 1 用于切换显示以下内容：PC、指令寄存器和寄存器堆
module fpga_step_ctrl(clk,rst,BTN,PC,IR,rf_data,SEG,AN,start);
    input clk,rst;
    input[1:0] BTN;
    input [39:0] rf_data;                        //寄存器堆内容
    input[7:0] PC;                               //PC 内容
    input[15:0] IR;                              //指令寄存器堆内容
    output[7:0] SEG;
    output[3:0] AN;
    output start;                                //控制单步执行变量
    wire[2:0] BTN_v;
    wire[15:0] data;
    //使用 2 个按键控制程序的执行和显示
    //1 个按键控制单步执行,1 个按键控制显示指令和寄存器堆
    cpu_BTN_control U1(.clk(clk),
                       .rst(rst),
                       .BTN(BTN),
                       .start(start),
                       .BTN_v(BTN_v));
    //生成显示信息模块：根据键值控制显示内容
    cpu_display_data U2(.BTN_v(BTN_v),
                        .PC(PC),
```

```
                        .IR(IR),
                        .rf_data(rf_data),
                        .dsp(data));
    //显示模块：在数码管中显示指令和寄存器堆中的内容
    IP_seg7 U3(.clk(clk),
               .rst(rst),
               .dat(data),
               .SEG(SEG),
               .AN(AN));
endmodule
//使用 2 个按键控制程序的执行和显示
//其中,1 个按键控制单步执行,1 个按键控制显示指令和寄存器堆
module cpu_BTN_control(clk,rst,BTN,start,BTN_v);
    input clk,rst;
    input[1:0] BTN;
    output reg start;
    output [2:0] BTN_v;
    //按键消抖
    wire[1:0] btn_deb;
    IP_BTN_deb U11(.BTN_deb(btn_deb[0]),
                   .rst(rst),
                   .clk(clk),
                   .BTN0(BTN[0]));
    IP_BTN_deb U12(.BTN_deb(btn_deb[1]),
                   .rst(rst),
                   .clk(clk),
                   .BTN0(BTN[1]));
    //获取当前按键次数：按一次,加 1 计数
    reg delay;
    always@(posedge clk, posedge rst)
        if(rst) delay<=0;
        else delay<=btn_deb[0];
    reg[2:0] BTN_v;                                     //键值取 0～7
    always@(posedge btn_deb[1], posedge rst)
        if(rst) BTN_v<= 0;
        else BTN_v<= BTN_v + 1;
    //按键一次,启动单步执行一次
    always@(posedge clk, posedge rst)
        if(rst) start<= 0;
        else begin
            if((btn_deb[0]==1)&(delay==0)) start<=1;
            else start<=0;
        end
endmodule
//生成显示信息模块
module cpu_display_data(BTN_v,PC,IR,rf_data,dsp);
    input[2:0] BTN_v;
    input[7:0] PC;
```

```
    input[15:0] IR;
    input[39:0] rf_data;
    output reg[15:0] dsp;
    always @( * ) begin
        case(BTN_v)
        0: dsp <= {8'h0,PC};
        1: dsp <= IR;                    //第二个显示的是 16 位指令
        2: dsp <= {4'ha,4'h0,rf_data[7:0]};
        3: dsp <= {4'ha,4'h1,rf_data[15:8]};
        4: dsp <= {4'ha,4'h2,rf_data[23:16]};
        5: dsp <= {4'ha,4'h3,rf_data[31:24]};
        6: dsp <= {4'ha,4'h4,rf_data[39:32]};
        7: dsp <= 16'heeee;
        endcase
    end
endmodule
```

分别结合例 3-4 和例 3-5 对本设计的顶层模块 P27_cpu_mem_test 的输入和输出指定引脚,然后进行综合、实现、生成配置文件、编程到 Basys2 开发板和 Basys3 开发板。下载到开发板后,观察 4 个数码管的显示信息,同时不断操作 BTN0 和 BTN1。按下按键 BTN0,将单步执行程序指令;同时使用 BTN1,可切换在数码管上显示的内容,依次查看当前 PC 值、当前指令、寄存器文件中各寄存器的内容。请读者将显示信息结合处理器运行程序的功能来判断当前运行是否正常。

也可以建立 ILA 逻辑分析文件,引出相应的引脚,然后将设计编译下载到硬件 FPGA 板中,通过 ISE 内嵌的逻辑分析仪观察。观察到的现象与硬件开发板上的结果一致。这一步由读者自行完成。

7.4 小结

本章完成了一个功能简单的简易处理器的设计。该简易处理器可通过运行存储在 ROM 中的程序来完成一定的功能,并将结果存储于数据存储器 RAM 中。

具体内容包括:

✓ 完成处理器指令集的设计。

✓ 完成处理器的设计。该处理器能够识别处理指令集中的任何指令。

✓ 编制程序,并通过处理器运行这段程序。

✓ 在 ISim 中仿真,实现设置断点,单步执行程序,查看处理器内部寄存器、ROM、RAM 内容,查看波形等功能。

✓ 在 FPGA 开发板上进行硬件验证,实现由按键控制单步执行程序指令,并且由按键控制切换需要在数码管上显示的信息。

7.5　习题

1. 根据控制器中状态机的代码，说明指令“ADD R0，R1；”的执行过程。

2. 根据控制器中状态机的代码，说明指令“MOV 10H，R4”的执行过程。

3. 修改简易处理器，为其增加一条装载指令 LOAD，其功能是从数据存储器的任意一个地址取出数据并放入寄存器文件。给出 LOAD 指令的运算流程，对控制器的状态机做相应的修改。

4. 对于控制器，本节没有给出状态图。请读者根据控制器的代码，画出与控制器中的状态机相对应的状态图。

提示：控制器代码是根据状态图得出的。同样，要读懂代码，首先要清楚跟该代码对应的状态图，所以画出状态图是读懂代码的第一步。读者可从 CPU 指令执行的角度来绘制状态图。

5. 单步执行程序，并使用 ISE 内嵌的逻辑分析仪观察每条指令的执行过程。

参考文献

[1] Richard E. Haskell,Darrin M. Hanna. FPGA 数字逻辑设计教程——Verilog 系统设计[M]. 郑利浩,王荃,陈华锋,译. 北京：电子出版社,2010.

[2] 刘福奇. 基于 VHDL 的 FPGA 和 NiOSⅡ实例精炼[M]. 北京：北京航空航天大学出版社,2011.